Verlag für Systemische Forschung
im Carl-Auer Verlag

Michael Rautenberg

Der Dialog in Management und Organisation – Illusion oder Perspektive?

Eine systemtheoretische Zuspitzung

Mit einem Vorwort von Rudolf Wimmer
2010

Der Verlag für Systemische Forschung im Internet:
www.systemische-forschung.de

Carl-Auer im Internet: www.carl-auer.de
Bitte fordern Sie unser Gesamtverzeichnis an:

Carl-Auer Verlag GmbH
Häusserstr. 14
69115 Heidelberg

Erste Auflage, 2010
ISBN 978-3-89670-928-8
© 2010 Carl-Auer-Systeme,
Verlag und Verlagsbuchhandlung GmbH, Heidelberg

Bibliografische Information Der Deutschen Nationalbibliothek
Die Deutsche Nationalbibliothek verzeichnet diese Publikation
in der Deutschen Nationalbibliografie; detaillierte bibliografische
Daten sind im Internet über http://dnb.d-nb.de abrufbar.

Diese Publikation beruht auf der Inauguraldissertation „Dialog und Organisation.
Systemtheoretische Zugänge" zur Erlangung des Grades eines Doktors der Wirtschafts-
wissenschaft der Universität Witten/Herdecke gGmbH im Bereich der Wirtschaftswissenschaften, 2009.

Meinen Eltern

Vorwort

Die neunziger Jahre des vergangenen Jahrhunderts waren in der Management- und Organisationsforschung von einem wachsenden Interesse an Fragen der Lernfähigkeit von Organisationen geprägt. Die Arbeiten von Peter Senge zur „Fünften Disziplin" haben dabei für viele Akteure sowohl im akademischen Bereich wie auch im Feld der Beratung eine richtungsweisende Funktion gewonnen. Im Interventionsrepertoire dieses Verständnisses organisationaler Lernfähigkeit spielt der Dialog als hochspezialisierte Kommunikationsform eine herausragende Rolle. Es handelt sich dabei um spezifisch eingerichtete, stets mehrere Personen umfassende Kommunikationssettings, die gleichsam einen auf die Organisation bezogen exterritorialen sozialen Raum entstehen lassen, in dem sich die Teilnehmer von den dominierenden Verhaltensmustern des organisationalen Alltags lösen, ihre pragenden mentalen Modelle reflektieren und aus der Distanz zu diesen eine ungewöhnlich kreative kollektive Intelligenz entwickeln. Mit der Realisierung des Dialogs gingen hohe Veränderungserwartungen einher, die sich mit dessen Hilfe an ein nachhaltig steigerbares Leistungsvermögen von Organisationen knüpfen.

In der Zwischenzeit ist es rund um dieses organisationale Lernverständnis und um seine praktische Realisierbarkeit sehr viel ruhiger geworden. Wenn es um Fragen der organisationalen Lernfähigkeit geht, so dominieren heute eher evolutionstheoretische Zugänge und damit die Frage nach der gezielten Dynamisierung von „organizational capabilities", die immer wieder von neuem in der Lage sind, Organisationen für künftige Herausforderungen antwortfähig zu halten. Diese Diskussion dreht sich um einen kreativen Umgang mit der bekannten Paradoxie organisierter Sozialsysteme, die ihrer Bestimmung nach davon profitieren, Routinen um ihre erfolgreichen Problembearbeitungsmuster herum zu stabilisieren und diese gegen die unterschiedlichsten Veränderungsimpulse aus ihrer Umwelt zu immunisieren. Genau in dieser Fähigkeit zur Abschirmung von Routinen liegt in der Regel die spezifische Reproduktionsmöglichkeit von Organisationen. Gleichzeitig führt diese unvermeidliche „Pfadabhängigkeit" von Organisationen zur sich seit längerem schon verschärfenden Adaptionsschwierigkeit derselben, weil sich die Umweltherausforderungen bekanntermaßen wesentlich rasanter verändern als dies Organisationen tun.

Der Dialog ist nun seinerzeit mit dem Versprechen angetreten, Organisationen genau mit jenen „Kommunikationsroutinen" auszustatten, die eine regelmäßige und systematische Bearbeitung der genannten Paradoxie erlauben. Mit ihm verband sich die Hoffnung, in Organisationen Kommunikations- und Reflexionsräume zu stabilisieren, die eingespielte Routinen auflösbar machen und das organisationale Leistungsvermögen an zukünftigen Herausforderungen ausrichten. In der Praxis hat der Dialog dieses organisationale Selbsterneuerungsversprechen keineswegs eingelöst. Wir könnten deshalb das Interesse an der Implementierung dialogischer Kommunikationssettings im Kontext von Organisationen als vorübergehende Managementmode abtun, wenn es nicht gerade wiederum eine gewisse Renaissance dieser Interventionsrichtung gäbe. Claus Otto Scharmers „Theory U" mit ihrem Presencing-Ansatz hat den Grundprinzipien dieser Kommunikationsform wieder zu einer breiteren Aufmerksamkeit verholfen nicht zuletzt deshalb, weil damit ein latentes Bedürfnis an einer spirituellen Verankerung individueller Sinnsuche mit abgedeckt wird.

Deshalb ist es ein großer Verdienst der vorliegenden Doktorarbeit, dass sie sich speziell der Frage angenommen hat, inwieweit der Dialog in seiner spezifischen Eigenart im Kontext von Organisationen überhaupt implementierbar ist. Gehen Dialog und Organisation vom Grundsatz her zusammen? Wenn ja, unter welchen Bedingungen kann da so etwas wie eine Beförderung der organisationalen Lernfähigkeit mit solchen Interventionen verbunden sein? Um dieser Kernfrage auf den Grund zu gehen, stützt sich der Autor auf das Denkinstrumentarium der neueren Systemtheorie, weil er sich damit einen metatheoretischen Rahmen erhofft, von dem aus diese Frage der Passung von Dialog und Organisation beantwortbar wird. Im Einzelnen entfaltet Michael Rautenberg seinen Gedankengang in sorgfältig gewählten Schritten.

Ganz zu Beginn schildert er seinen höchstpersönlichen Weg, der ihn zur Zuspitzung der leitenden Forschungsfrage geführt hat. Damit verdeutlicht er ganz im Habermas'schen Sinne das ihn bewegende Erkenntnisinteresse. Dies erleichtert es dem Leser, ihn als Beobachter beim Beobachten und Bearbeiten seines Forschungsfeldes zu beobachten. Zielsetzung, Gegenstand und Vorgehensweise werden in dieser Einleitung verdeutlicht.

Darauf aufbauend rekonstruiert er das Leistungsversprechen, das die Hauptproponenten des Dialoges abgeben und die vorherrschenden Vorstellungen, wie dieses Leistungsversprechen praktisch eingelöst werden kann. Er greift dafür auf die Arbeiten Peter Senges zurück, insbesondere auf die Rolle des Teamlernens, die diesem in seinem Verständnis von organisationaler Lernfähigkeit zukommt. Er benennt die Wurzeln dieses Denkens bei David Bohm und seiner Vorstellung vom Dialog als einer einzigartigen Möglichkeit, „den Fluss einer größeren Intelligenz" zu öffnen. Ähnliche Kreativitätspotenziale sieht Ed Schein im Kontext „helfender Beziehungen" (d.h. in der Prozessberatung), wenn es gelingt, die dem Dialog immanente Qualität des kommunikativen Miteinanders zu realisieren. Eine zentrale Rolle in dem Ganzen spielt natürlich William Isaacs' Vorstellung vom Dialog „als Kunst gemeinsam zu denken". Der Dialog schafft einen ganz außergewöhnlichen Raum „kollektiver Intelligenz". Dieses Potenzial erschließt sich letztlich nur über diese anspruchsvolle Kommunikationsform, so sehen es zumindest die Proponenten.

Ausgesprochen spannend liest sich die Analyse des Organisationsverständnisses dieser Hauptvertreter des Dialogs. Damit wird eindrucksvoll deutlich, dass keines dieser Konzepte auf einer elaborierten Organisationstheorie aufsetzt, ein Umstand, der die vergleichsweise dünnen Vorstellungen dieser Theoriestränge zur Implementierung in einem organisationalen Kontext verständlich werden lässt.

Vor diesem Hintergrund entfaltet der Autor dann jene Theoriefiguren der neueren Systemtheorie und der ihr zugrundeliegenden Epistemologie, die er für seinen Argumentationsgang zu benötigen glaubt. Er fasst diese Theorierekonstruktion in drei Abschnitte zusammen: zentrale Aspekte des systemtheoretischen Denkens (Autopoiesis, operative Geschlossenheit, strukturelle Kopplung, etc.), Grundannahmen des radikalen Konstruktivismus (mit einem starken Bezug auf der Glasersfeld'schen Vorstellung von der Subjektgebundenheit allen Erkennens) sowie die wesentlichen Merkmale eines systemischen Organisationsverständnisses, wie sie vor allem den Luhmann'schen Arbeiten entnommen werden können.

Ein persönlich durchaus spürbares Engagement ist schließlich der sorgfältigen Ausarbeitung der Dialogtheorie selbst gewidmet. In diesem Zusammenhang geht der Autor zurecht ausführlich auf Martin Bubers dialogisches Prinzip ein. Alle nachfolgenden Arbeiten am MIT besitzen hier ihre Wurzeln. Eindrucksvoll wird in diesem Abschnitt das anthropologische Fundament des Buber'schen Denkens freigelegt: Der Mensch macht sich zum Menschen erst in der Beziehung zum anderen, zum Du. Im „echten Gespräch" realisiert sich die menschliche Bestimmung als „zoon politikon" (ganz im aristotelischen Sinn). In dieser Art von unverstellter kommunikativer Begegnung konstituiert sich jene Authentizität des Seins, die Buber „ontologische Sphäre" nennt. Diese feinsinnige Rekonstruktion des Buber'schen Gedankengebäudes enthüllt in aller Deutlichkeit die idealtypische

Konfiguration, in der das wahre Menschsein im dialogischen Geschehen zur Verwirklichung kommt.

Auf dieser Begriffsbestimmung aufbauend werden jene grundlegenden Fähigkeiten erörtert, die nach Isaacs Dialogpartner mitbringen müssen, um diesen besonderen sozialen Raum miteinander entstehen zu lassen: Zuhören, Respektieren, Suspendieren, Artikulieren. Die „Containerfunktion" sorgt letztlich für die schützende Rahmenbedingung, damit sich diese Fähigkeiten im Miteinander voll entfalten können. Spannend ist hier, dass die konkrete Ausgestaltung dieser Funktion ähnlich wie der organisationale Kontext insgesamt weitestgehend im Dunkeln bleibt.

In den abschließenden Überlegungen versucht Michael Rautenberg dann seine system- und organisationstheoretischen Ausführungen mit der Theorie des Dialoges zusammenzubringen. Trotz ganz unterschiedlicher Herkünfte des jeweiligen Denkens konstatiert er viele grundlegende Gemeinsamkeiten hinsichtlich der theoretischen Grundannahmen (z.B. die Buber'sche Vorstellung vom „Dazwischen" und der Luhmann'sche Kommunikationsbegriff als Basiselement jeder Art von sozialen Systemen). Während der Autor in den wesentlichen Theoriefiguren wie auch in den zentralen epistemologischen Grundannahmen viele Übereinstimmungen entdeckt, sieht er große Schwierigkeiten, den Dialog mit der Organisation zusammenzubringen, nimmt man das systemische Verständnis von Organisationen ernst. Aus seiner Sicht schaffen Organisationen normalerweise Kontextbedingungen für Kommunikationsprozesse, die das Entstehen jenes sozialen Raumes verunmöglichen, auf den der Dialog seine außergewöhnliche Produktivität stützt (das fängt von den nicht umgehbaren asymmetrischen Beziehungskonstellationen an und hört bei den aufgabengeprägten Rollenverantwortungen auf, die in jeder einzelnen Stelle gebündelt sind). Am ehesten sieht der Autor noch in der sozialen Formation des Teams einen Ort in heutigen Organisationen, an dem sich dialogähnliche Kommunikationsprozesse realisieren können und wo sie auch Sinn machen. Dieses Resultat stimuliert ihn zu einer neuen „Nüchternheit" in der Einschätzung der Implementierbarkeit des Dialoges im Kontext von Organisationen, zu einem „Dialog 2.0.". Die Chancen eines solchermaßen redimensionierten Verständnisses sieht er exemplarisch in Organisationen realisiert, die Weick & Sutcliff als „High Reliability Organizations" bezeichnen. Diese brauchen für die Aufrechterhaltung ihrer Funktionstüchtigkeit angesichts eines ständig präsenten existentiellen Bedrohungspotenzials eine Art von „mindfulness", die sich nur mit dem Dialog ähnlichen Kommunikationsmustern stabilisieren lässt.

Am Beispiel der systemischen Strategieentwicklung lassen sich schließlich weitere Möglichkeiten entfalten, wie dialogförmige Kommunikationssettings in bestimmten Abschnitten eines solchen Prozesses sehr wirkungsvoll zum Einsatz kommen können. Es sind dies Situationen, in denen es darauf ankommt, in besonders geschützten sozialen Räumen die gemeinsame Suche nach neuen Entwicklungschancen für das Unternehmen zu stimulieren, ohne dabei in die Verteidigung bzw. in die Durchsetzung schon vorgefertigter Perspektiven zu verfallen. Dieses gemeinschaftliche Neuerfinden einer künftigen kollektiven Identität braucht zweifelsohne Kommunikationsqualitäten, die dem Dialog sehr ähnlich sind. Hier schließt sich sichtlich der Bogen zu Scharmers Überlegungen, auf welchem Wege das „Neue", das bislang Unvorstellbare in die Organisation kommen kann.

Michael Rautenberg nimmt den Leser auf einen ausgesprochen geistreichen Gedankengang mit, insgesamt eine intellektuell anspruchsvolle Reise, die zu unternehmen es sich aber allemal lohnt, wenn einem die Zukunftsfähigkeit von Organisationen ein echtes Anliegen ist.

Witten, im März 2010   Prof. Dr. Rudolf Wimmer

Danksagung

Dank gebührt in erster Linie meinem Doktorvater Rudolf Wimmer. Hart in der Sache und charmant im Stil, kritisch im Diskurs und wohlwollend im Miteinander war er mein Lehrer im besten Sinne. In wenigen, äußerst intensiven Besprechungen half er mir, blinde Flecken auszuleuchten, Verwirrung in Klarheit zu verwandeln, vermeintliche Klarheit zu hinterfragen und die Freude am wissenschaftlichen Arbeiten zu erhalten. Ich befand mich mit ihm selbst dann im Dialog, wenn wir keine Chance hatten, persönlich miteinander zu reden. Der Prozess dieser Zusammenarbeit war für mich eine seltene und wertvolle, menschliche Begegnung. Danken möchte ich auch Fritz B. Simon, der mich Mitte der 1990er Jahre mit dem Virus systemtheoretisch-konstruktivistischen Denkens infiziert und mir damit regelmäßig wiederkehrende Fieberschübe beschert hat. Ich bedanke mich auch bei Arist von Schlippe für die Erweiterung und Bereicherung meiner Perspektiven auf den Dialog. Wolfgang Looss danke ich für den ersten Impuls, ohne den diese Arbeit vielleicht nie zustande gekommen wäre. Dank gilt ebenfalls zwei Freunden, Ernst Pálffy-Daun und Alexander Zock, die mir in je unterschiedlicher und ergänzender Weise als intellektuelle Sparringpartner halfen, meine Gedanken zu schärfen und die stets für einen Dialog bereit standen.

Ludgera van der Zwiep danke ich für die Ausmerzung zahlreicher grammatischer, orthographischer und syntaktischer Fehler. Als Großmutter meiner Töchter hat sie gemeinsam mit Hendrikus van der Zwiep durch liebevollste Kinderbetreuung und entsprechende Entlastung des Familiensystems außerdem für wichtige zeitliche Freiräume gesorgt. Meiner Frau Claudia danke ich, weil unsere Gespräche auch nach elf Jahren Ehe intellektuell anregend und bereichernd sind. Meinen Kindern Chiara-Marie und Lykke Julie danke ich, weil sie verständnisvoll mit jahrelanger zusätzlicher Abwesenheit ihres Vaters umgegangen sind und nach Fertigstellen der Arbeit freudig auf meine vermehrte Anwesenheit reagiert haben.

Ich danke meinem Vater Siegfried Rautenberg[†], der vor ca. 25 Jahren den ersten Anstoß gab, indem er mir sagte: „Michael, Du musst unbedingt mal ein Buch schreiben."

Michael Rautenberg, im Frühjahr 2010

Inhaltsverzeichnis

1 Einführung   **7**
1.1 Wege zur vorliegenden Arbeit 7
1.2 Theoretische Selektionen 8
1.3 Zielsetzung, Gegenstand und Vorgehensweise 11

2 Der Dialog: Leistungsversprechen und Implementierung   **13**
2.1 Dialog und Lernende Organisation 13
     2.1.1 Ideen und Konzepte 13
     2.1.2 Implementierung 17
2.2 Dialog als Instrument der Prozessberatung 19
     2.2.1 Ideen und Konzepte 19
     2.2.2 Implementierung 20
2.3 Dialog als Kunst, gemeinsam zu denken 21
     2.3.1 Ideen und Konzepte 21
     2.3.2 Implementierung 21
2.4 Dialog als Instrument für grundlegenden Wandel 22
2.5 Zwischenfazit 24
2.6 Anlässe zur Skepsis 25
2.7 Das Organisationsverständnis der Hauptprotagonisten des Dialogs in der Organisation 27
2.8 Empirische Befunde 35
     2.8.1 Hierarchie 35
     2.8.2 Setting 36
     2.8.3 Ökonomische Logik 36
     2.8.4 Entscheidungen 37
2.9 Fazit 38

3 Systemtheorie und Konstruktivismus   **40**
3.1 Grundlegende Aspekte der Systemtheorie 40
     3.1.1 Autopoiesis, Selbstreferenz und operative Geschlossenheit 41
     3.1.2 Strukturelle Kopplung 47
     3.1.3 Beobachter und Beobachtung 51
     3.1.4 Doppelte Kontingenz und Kontingenz 58
     3.1.5 Kommunikation 62

3.1.6 Zwischenbetrachtung zum Verhältnis von neuerer Systemtheorie und Dialog 66

3.2 Grundlegende Aspekte des Konstruktivismus 67

3.2.1 Subjektgebundenheit 67

3.2.2 Viabilität 71

3.2.3 Kybernetik 2. Ordnung 74

3.2.4 Verantwortung 76

3.2.5 Schlussfolgerungen für das Managementgeschehen in Organisationen 80

  3.2.5.1 Erosion des traditionellen Autoritätsbegriffes 80

  3.2.5.2 Viele Wege führen nach Rom 81

  3.2.5.3 Selbständiger Erkenntnisaufbau und eigenmächtige Deutung 81

  3.2.5.4 Sprachliche Leitplankenfunktion 82

  3.2.5.5 Koevolution 82

3.2.6 Zwischenbetrachtung zum Verhältnis zwischen Konstruktivismus und Dialog 82

3.3 Systemische Organisationstheorie 83

3.3.1 Entscheidung 85

3.3.2 Entscheidungsprämissen 87

  3.3.2.1 Entscheidungsprogramme 87

  3.3.2.2 Ausgewählte Verknüpfungen 88

  3.3.2.3 Person 88

  3.3.2.4 Kultur und Werte 90

3.3.3 Stelle 92

3.3.4 Unsicherheitsabsorption 93

3.3.5 Mitgliedschaft 93

3.3.6 Interaktionssystem 94

3.3.7 Hierarchie 96

3.3.8 Führung 97

3.3.9 Macht 99

3.3.10 Zwischenbetrachtung zum Verhältnis zwischen systemischer Organisationstheorie und Dialog 101

3.3.11 Mutualistische Konstitution, Dialog und soziales System 102

2

4   Dialogtheorie   104

4.1   Grundlagen: Bubers dialogisches Prinzip – Das Wesen des
      Dialogs hat einen systemisch-konstruktivistischen Charakter   104

4.2   Praktische Grundlagen – Das echte Gespräch   112

    4.2.1   Voraussetzungen für das echte Gespräch   113

        4.2.1.1   Wahrhafte und wesenhafte Hinwendung .   113

        4.2.1.2   Selbst einbringen   113

        4.2.1.3   Schein überwinden   114

        4.2.1.4   Keine Prädisposition   116

        4.2.1.5   Eignung der Teilnehmer   117

        4.2.1.6   Einbeziehung aller Anwesenden   117

    4.2.2   Folgen und Charakteristika des echten Gesprächs . .   118

        4.2.2.1   Ontologische Sphäre   118

        4.2.2.2   Gemeinschaftliche Fruchtbarkeit   119

        4.2.2.3   Elementares Mitsammensein   119

    4.2.3   Grenzen des Dialogs   120

4.3   Fähigkeit zum Dialog   121

    4.3.1   Zuhören   123

    4.3.2   Respektieren   126

    4.3.3   Suspendieren   127

    4.3.4   Artikulieren   129

    4.3.5   Container   131

4.4   Zwischenfazit zum Dialogbegriff   132

    4.4.1   Innere Haltung der Dialogführenden   132

    4.4.2   Kompetenzen und Verhalten der Dialogführenden . .   133

    4.4.3   Rahmen- und Kulturgestaltung für den Dialog   134

    4.4.4   Der individuell-kommunikative Anspruch des Dialogs   134

    4.4.5   Der organisationale Anspruch des Dialogs   135

**5   Theorie des Dialogs im Verhältnis zu ausgewählten Aspekten der
neueren Systemtheorie, des Konstruktvismus und der systemischen Organisationstheorie   138**

5.1   Dialog und systemtheoretisch-konstruktivistische Grundlagen   138

    5.1.1   Dialog und Autopoiesis, Selbstreferenz sowie ope-
        rative Geschlossenheit   138

    5.1.2   Dialog und strukturelle Kopplung   139

    5.1.3   Dialog und Beobachter/Beobachtung   141

    5.1.4   Dialog und Kommunikation   142

5.1.5   Dialog und Kontingenz 144
5.1.6   Dialog und Subjektgebundenheit 145
5.1.7   Dialog und Viabilität 146
5.1.8   Dialog und Kybernetik zweiter Ordnung 146
5.1.9   Dialog und Verantwortung 147
5.1.10   Zwischenfazit zur Beziehung von Dialog und sys-
         temtheoretisch-konstruktivistischen Grundlagen . . . 147
5.2   Dialog und systemische Organisationstheorie 148
      5.2.1   Dialog und Entscheidung, Entscheidungsprämisse so-
               wie Entscheidungsprogramm 148
               5.2.1.1   Dialog und Person 149
                          5.2.1.1.1   Innere Zustände der Organisati-
                                       onsmitglieder 149
                          5.2.1.1.2   Verhalten der Organisationsmit-
                                       glieder 151
                          5.2.1.1.3   Rollen der Organisationsmitglie-
                                       der 152
               5.2.1.2   Dialog und Kultur 154
      5.2.2   Dialog und Stelle 154
      5.2.3   Dialog und Unsicherheitsabsorption 155
      5.2.4   Dialog und Mitgliedschaft 156
      5.2.5   Dialog und Interaktionssystem 157
      5.2.6   Dialog und Team 158
      5.2.7   Dialog und Hierarchie 161
      5.2.8   Dialog und Führung 162
      5.2.9   Dialog und Macht 162
      5.2.10   Zwischenfazit zur Beziehung von Dialog und syste-
               mischer Organisationstheorie 164
5.3   Chancen der Implementierung 166
      5.3.1   Neue Nüchternheit im Dialog – Dialog 2.0 167
      5.3.2   Chancen einer Kulturentwicklung analog zu „High
               Reliability Organizations" 169
      5.3.3   Dialogischer Kulturauftrag für die Mächtigen 171
      5.3.4   Mehr personennahe Kommunikation und kommuni-
               katives Unternehmertum ermöglichen 172
      5.3.5   Dialog als Entscheidungsprämisse einbauen 173

6   Strategieentwicklung und dialogische Kommunikation   175
    6.1   Kategorien der Strategieentwicklung 175
    6.2   Systemische Strategieentwicklung als Fall für die Anwendung der Dialogmethodik in der Organisation 178
    6.3   Zwischenbetrachtung zu Strategieentwicklung und Dialog . 183

7   Ergebnis und Abschlussbetrachtung   185

Literatur   188

5

Abkürzungsverzeichnis

Anm.	Anmerkumg
bzw.	beziehungsweise
ca.	circa
d. h.	das heißt
ebd.	ebenda
ed.	editor
engl.	englisch
etc.	et cetera
f.	folgende
ff.	fortfolgende
frz.	französisch
ggf.	gegebenenfalls
gr.	griechisch
Hrsg.	Herausgeber
lat.	lateinisch
m. E.	meines Erachtens
m. H.	mit Hilfe
MIT	Massachusetts Institute of Technology
S.	Seite
u. a.	unter anderem
u. U.	unter Umständen
usw.	und so weiter
v. a.	vor allem
vgl.	vergleiche
z. B.	zum Beispiel

1 Einführung

1.1 WEGE ZUR VORLIEGENDEN ARBEIT

Die Geschichte dieser Untersuchung beginnt mit der Begeisterung für Martin Bubers „Dialogisches Prinzip"[1] und mit einer gewissen Faszination, die Jürgen Habermas' „Theorie des kommunikativen Handelns"[2] auf mich ausgeübt hat. Bubers grundlegende Texte zum Dialog las ich in einer Zeit, als mein Denken bereits durch Systemtheorie, moderne Kommunikationstheorie und Konstruktivismus infiziert[3] war. Zunächst war ich an den religions- und existenzphilosophischen Perspektiven des Buberschen Denkens interessiert, nach und nach meinte ich darüber hinaus zu erkennen, dass es wesentliche Parallelen zwischen Martin Bubers Weltsicht und der konstruktivistischen Erkenntnistheorie gab. Die Terminologien waren selbstverständlich unterschiedlich, aber einige fundamentale Einsichten und Prinzipien schienen mir sehr verwandt. So entwickelte sich zunächst eine gewisse Neugier hinsichtlich des allgemeinen Verhältnisses zwischen Bubers Dialogideen auf der einen Seite und System- und Kommunikationstheorie sowie Konstruktivismus auf der anderen Seite.

Habermas' Idee des zwanglosen Zwangs des besseren Arguments in einem herrschaftsfreien Diskurs wäre in diesem Zusammenhang schon insofern eine nähere Betrachtung wert, als Peter Senge in seiner Konzeption der lernenden Organisation das Team als Dreh- und Angelpunkt für erfolgreiches organisationales Lernen[4] verortet und dem Team die Instrumente Diskussion und Dialog als zentrale Kommunikationstechniken verschreibt. Faszinierend war für mich Habermas' Gedanke, dass Prozesse der Vernunft weniger im einzelnen Subjekt als vielmehr in der kommunikativen Verständigung zwischen Subjekten stattfinden – ein Gedanke, der sowohl systemisch ist als auch der Grundidee des Dialogs sehr verwandt. Die praktische Verwendbarkeit von Habermas' Diskursideal schien mir dann aber doch eingeschränkt, da es den Eindruck vermittelt, als gäbe es *die* Vernunft und *eine* Wahrheit. Solch absolute Vorstellungen waren mir im Zusammenhang mit sozialen Systemen inzwischen zu fremd geworden.

---

[1] Buber (2002)

[2] Habermas (1981)

[3] Den Ausgangspunkt für diese ‚Infektion' bildete die von Fritz Simon empfohlene Lektüre von Watzlawicks „Lösungen" [Watzlawik, Weakland, Fisch (1992)], später folgten Watzlawick (1997) und Watzlawick, Beavin, Jackson (2000).

[4] Senge (1998)

1.2 Theoretische Selektionen

Als ich später erwog, mich wissenschaftlich mit Fragen zu Dialog und Management zu beschäftigen, musste auch ein theoretischer Ansatz für den organisationalen Rahmen einbezogen werden.

Wahrscheinlich ist ein Großteil des zeitgenössischen Denkens über Organisationen immer noch von klassischen Organisationstheorien geprägt, die mit der Industrialisierung aufkamen. Sie zeichnen ein Bild von Organisationen, deren Existenzberechtigung darin besteht, bestimmte wirtschaftliche und Produktionsziele zu erreichen und für die es einen optimalen Weg der Produktionsorganisation gibt, welchen man systematisch ermitteln kann. Sie sind durch Spezialisierung und Arbeitsteilung gekennzeichnet und ihre Mitarbeiter handeln rational im Sinne der Organisationsziele. Im frühen 20. Jahrhundert hat Frederick W. Taylor als einer ihrer prominentesten Vertreter in seinem „Scientific Management"[5] u. a. die Prinzipien von Arbeitsteilung, Produktionseffizienz und entsprechend rationalem Handeln für die Betriebsführung dargelegt. Klassische Organisationstheorien gehen von einem mechanistischen Bild der optimalen Kombination von Mensch, Material, Maschine und Finanzkapital aus und zeichnen damit ein eher statisches Bild der Organisation. Als ich in der zweiten Hälfte der 1980er Jahre meine Universitätsausbildung genoss, war zumindest das betriebswirtschaftliche Organisationsverständnis noch sehr klassisch geprägt.

Diese Perspektive verblasste zunehmend, je mehr Nähe zu und Erfahrungen in real existierenden großen Organisationen ich bekam. Insbesondere die Erfahrung, dass das Verhalten von Akteuren in Organisationen häufig nicht rational und zielorientiert im Sinne der Organisationsziele erschien, ließen Zweifel an der Erklärungskraft dieses theoretischen Denkrahmens aufkommen. Vertreter neoklassischer Ansätze der Organisationstheorie wie Herbert A. Simon[6], Philip Selznik[7] und James G. March[8] ergänzen die klassische Sicht um Aspekte aus Soziologie und Verhaltensforschung. Sie stellen z. B. fest, dass Akteure ihr Verhalten nicht unternehmenszielkonform, sondern nach individuellen Interessen ausrichten, dass Macht- und Einflussdynamiken ein wichtige Rolle in Organisationen spielen und manche Entscheidung das Ergebnis von Aushandlungsprozessen ist und nicht aus einer systematischen Analyse resultiert, die den objektiv richtigen Weg aufzeigt. Dies schi-

---

[5] Taylor (1911)
[6] Simon, H. A. (1947)
[7] Selznik (1948)
[8] March, Simon (1948)

en mir wesentlich näher an der erlebten Wirklichkeit und somit eine validere Sicht der Organisation.

Mitte der 1990er Jahre stieß ich dann, zunächst in der Ausprägung des Maschinenmodells, auf die Systemtheorie. Ihr Bild von der Organisation ist das eines Systems von Elementen, die komplex und dynamisch miteinander verknüpft und wechselseitig voneinander abhängig sind. Elemente können Input- oder Outputvariablen, Prozesse und auch Akteure sein, sie können innerhalb der Organisation oder in ihrer Umwelt angesiedelt sein. Die Veränderung eines Elements bewirkt Veränderungen im ganzen System und es kommt darauf an, Ursache-Wirkungs-Zusammenhänge der Systemelemente zu verstehen. Als Vertreter dieser theoretischen Sicht hat Norbert Wiener[9] die Vorstellung der Organisation als eines Systems mitgeprägt, das sich an Veränderungen in der Umwelt anpasst, um zu überleben. Er hat auch den Begriff der Kybernetik eingeführt, dessen Etymologie[10] klar anzeigt, dass es in dieser ingenieurhaften Sicht der Organisation darum geht, über Einsicht in ihre komplexen Wechselwirkungen die Steuerung zu ermöglichen. Dies war aus meiner Sicht zwar theoretisch plausibel, aber von geringem praktischen Erklärungswert, da die Komplexität der Wirkweisen in Organisationen sich nach meiner Überzeugung in keinem Modell abbilden lassen würde, welches dann auch real verwertbare Ergebnisse produzieren könnte.

Auf die neuere Systemtheorie wurde ich über die Beschäftigung mit Kommunikationstheorie aufmerksam. Meine praktischen Erfahrungen mit Verantwortungsträgern in Organisationen hatten klar gezeigt, dass deren Alltagsverständnis von Kommunikation sich immer noch an der Idee gelingender Informationsübertragung orientierte. Diese Vorstellung geht u. a. auf Claude E. Shannon und Warren Weaver zurück.[11] Im Alltagserleben des Autors hat sich dieses Verständnis jedoch immer wieder mit schwer erklärbaren Störungen konfrontiert gesehen. Wie konnte es sein, dass bei noch so präziser Formulierung einer Nachricht und störungsfreiem Informationskanal dennoch immer wieder erhebliche Missverständnisse entstanden? Als typisches Reaktionsmuster folgte stets die Frage, was in der Kommunikation schief gelaufen sei und wie dies zu reparieren wäre. In dieser persönlichen Erfahrungs- und Ausgangslage fielen die Berührungen mit soziologischen Ideen zur Kommunikationstheorie bei mir auf fruchtbaren Boden. Dirk Bae-

---

[9]Wiener (1948)

[10]Gr. Kybernetes = Steuermann, Kybernetik: „Lehre von den Regelungs- und Steuerungsmechanismen" [Kluge (2002): 550]

[11]Shannon, Weaver (1976)

cker hat zur Beziehung zwischen letzteren und dem Shannon-Weaverschen Ansatz erklärt: „So hat es in der Tat nur einen ingenieurwissenschaftlichen Sinn, wenn Shannon Kommunikation als Übertragung von Nachrichten definiert. Im Rahmen von sozialen Verhältnissen kann von »Übertragung« keine Rede sein, weil die sozialen Verhältnisse durch unüberbrückbare Differenzen zum einen zwischen Kommunikation und Individuum und zum anderen zwischen verschiedenen Individuen gekennzeichnet sind. Kommunikation ist dadurch definiert, dass sie angesichts der Verschlossenheit der Individuen einen sozialen Vorgang *an die Stelle* der Übertragung von Nachrichten treten lässt."[12] Dieses Verständnis von Kommunikation als sozialem Vorgang habe ich als praktisch äußerst ertragreich erlebt. Die Frage, wie ein solcher sozialer Vorgang verstanden werden kann, ist für die vorliegende Arbeit von erheblicher Bedeutung, da die Sozialität von Dialog und Organisation auf der Hand liegt.

Von diesem neu gewonnenen Ausgangspunkt waren zwei weitere Schritte sehr nahe liegend. Der eine war erkenntnistheoretischer Natur: ebenso wie die Information in der Kommunikation kein objektiv gegebener Gegenstand ist, ist die Wirklichkeit unserer Welt nicht im Sinne des cartesianischen Weltbildes zu verstehen, wonach die Welt in ihrem Sosein ontologisch vorhanden und für uns auch erkennbar wäre. Aus konstruktivistischer Perspektive ist sie jedoch unsere Schöpfung, die wir durch notwendig subjektive Wahrnehmung sowie durch Kommunikation erzeugen.[13] Eine hinter dieser von uns geschaffenen und für uns zugänglichen Wirklichkeit liegende Realität mag es geben, aber sie hat für uns keine praktische Relevanz. An die Stelle von wahrer oder falscher Erkenntnis tritt nun die Frage, ob eine Wirklichkeitskonstruktion im gegebenen Bezugsrahmen nützlich ist. Der zweite Schritt war das Verständnis von Organisationen als soziale Systeme, die sich durch aneinander anknüpfende kommunikative Operationen selbst erzeugen. In der Systemtheorie dieser Ausprägung, die insbesondere von Niklas Luhmann[14] ausgearbeitet wurde, kombiniert mit der konstruktivistischen Erkenntnistheorie, fand ich einen Denkrahmen, der mir wertvolle

---

[12]Baecker (2005): 63, Baecker unterscheidet zwischen soziologischer und mathematischer Kommunikationstheorie aus der Perspektive der Problemstellung: „Die Problemstellung der mathematischen Kommunikationstheorie besteht in der Sicherstellung technischer Signalübertragung unter der Bedingung rauschender Kanäle, die Problemstellung der soziologischen Kommunikationstheorie in der Frage, wie Kommunikation zwischen unabhängigen Lebewesen möglich ist." [Baecker (2005a): 33 f.]

[13]Z.B. Watzlawik (1981)

[14]Luhmann (1984)

Einsichten für das Geschehen in Management und Organisation vermittelte.

Diesen Denkrahmen nutze ich auch in der vorliegenden Arbeit, um ihn mit der speziellen Kommunikationsform des Dialoges in Beziehung zu setzen. Die Geschichte des Dialoges ist deutlich älter als die der Organisation und ihrer Theorie. Sie reicht bis in die Antike zurück: denken wir an die platonischen Dialoge[15], in welchen Sokrates, die von ihm so genannte „Hebammenkunst" praktizierend, seinen Gesprächspartnern zu Einsicht und Erkenntnis verhilft[16]. Die Technik des sokratischen Gesprächs hat Eingang in Pädagogik, Psychotherapie und Beratung gefunden. Dies sind Anwendungsfelder, in denen zwischen den Akteuren ein gewisser Grad an Asymmetrie herrscht. Es handelt sich um helfende Beziehungen, die von der Idee bestimmt werden, dass einer etwas hat, was der andere erlangen möchte oder ihn unterstützt, bestimmte Ziele zu erreichen. Das dieser Arbeit zu Grunde liegende Dialogkonzept beruht dagegen v.a. auf den Arbeiten von Martin Buber und William Isaacs[17]. Ihr Dialogverständnis ist grundlegend von einer symmetrischen Beziehung zwischen den Dialogpartnern geprägt.

1.3 ZIELSETZUNG, GEGENSTAND UND VORGEHENSWEISE

Bei der vorliegenden Arbeit handelt es sich um eine theoretische Untersuchung der Chancen und Möglichkeiten, den Dialog als spezielle Kommunikationsform nachhaltig in Organisationen zu implementieren und damit seine Leistungsversprechen für diese nutzbar zu machen.

Um die Nutzenpotenziale des Dialogs für Organisationen aufzuzeigen, werden in Kapitel 2 die von prominenten Vertretern der Managementlehre angeführten Leistungsversprechen dieser Kommunikationsmethode sowie entsprechende Hinweise für ihre Implementierung skizziert. Diese Dialogprotagonisten, Peter Senge, William Isaacs, Edgar Schein und Claus Otto Scharmer, sehen im Dialog ein modernes Managementinstrument, dessen Anwendung für Organisationen so vielversprechend ist, dass es lohnend erscheint, die Chancen für seine Implementierung in Organisationen näher zu untersuchen.

In Kapitel 3 werden Grundlagen der neueren Systemtheorie, des Konstruktivismus sowie die Grundzüge der systemischen Organisationstheorie dargelegt, soweit sie aus Sicht des Autors im Rahmen dieser Untersuchung

---

[15]Vgl. z. B. Boni & Liveright's (1927)
[16]Vgl. z. B. Birnbacher, Krohn (2002)
[17]Isaacs (2002)

und im Zusammenhang mit dem Dialog bedeutsam sind. Dies bietet sich auch deshalb an, weil die Dialogtheorie (Kapitel 4) m. E. eine Reihe von Konzeptmerkmalen aufweist, die man als systemisch-konstruktivistisch bezeichnen kann. M. H. der systemischen Organisationstheorie soll am Ende des dritten Kapitels der konkrete theoretische Rahmen für eine praktische Implementierung des Dialogs in Organisationen dargelegt werden.

Im Anschluss dient Kapitel 4 dazu, den Dialogbegriff konzeptionell systematisch zu erfassen und zu schärfen, damit im weiteren Verlauf der Arbeit mit einer soliden Dialogtheorie gearbeitet werden kann. Diesbezügliche Quellen beziehen sich regelmäßig auf die entsprechenden Schriften Martin Bubers, denen deshalb auch in dieser Arbeit ein entsprechender Platz eingeräumt wird.

In Kapitel 5 erfolgt dann die Zusammenführung der Dialogtheorie mit den behandelten Ansätzen von neuerer Systemtheorie, Konstruktivismus und systemischer Organisationstheorie. In diesem Abschnitt wird im Einzelnen untersucht, wie kompatibel der Dialog und die systemtheoretisch-konstruktivistischen Konzepte sind, um theoretisch fundiert abschätzen zu können, wie gut die Chancen für eine nachhaltige Nutzung der Dialogmethode in Organisationen sind.

In Kapitel 6 wird die systemische Strategieentwicklung als ein Anwendungsfeld aufgegriffen, welches aus Sicht des Autors besonders geeignet für die dialogische Methodik in Organisationen ist.

Kapitel 7 ist der zusammenfassenden Abschlussbetrachtung gewidmet.

2 Der Dialog: Leistungsversprechen und Implementierung

Prominente Vertreter des Dialogs im Rahmen von Management und Organisation sind Peter Senge, William Isaacs und Edgar Schein. Senge hat den Dialog als wesentliches Element in sein Konzept der „Lernenden Organisation"[18] integriert. Für Isaacs ist der Dialog ein Instrument für die Kunst, gemeinsam zu denken.[19] Er hat die Methode des Dialogs systematisiert und analytisch aufbereitet. Und Schein positioniert den Dialog als Instrument der Prozessberatung für die Organisation der Zukunft.[20] Ein vierter Autor, für den Elemente des Dialogs eine wichtige Rolle spielen, Claus Otto Scharmer, hat seine Konzepte[21] in engem Austausch mit Senge und Isaacs entwickelt.

Ihm dienen dialogische Techniken als Instrumente, um grundlegend neue Wege des Wandels und der Innovation auf individueller, organisationaler und gesellschaftlicher Ebene zu beschreiten. Alle genannten Autoren sind an der Sloan School of Management des Massachusetts Institute of Technology lehrend oder forschend tätig oder tätig gewesen. Man könte das MIT also mit einigem Recht als Brutstätte der organisationalen Dialogbewegung bezeichnen.

Im Folgenden soll erläutert werden, was diese Autoren sich und der Organisation vom Einsatz des Dialogs versprechen und welche Wege und Mittel sie vorschlagen, um ihn in der Organisation zur Entfaltung zu bringen.

2.1 DIALOG UND LERNENDE ORGANISATION

2.1.1 Ideen und Konzepte

Das in Peter Senges „Die Fünfte Disziplin" ausgearbeitete Konzept der Lernenden Organisation steht in einem engen Zusammenhang mit dem Dialog, da dieser neben der Diskussion eines von zwei Instrumenten für den Prozess des Teamlernens[22] darstellt. Sie sind die beiden dem Team zur Verfügung stehenden Gesprächsmethoden. Teamlernen besteht nach Senge v. a. im echten gemeinsamen Denken, welches sich insbesondere dadurch auszeichnet, dass die Teammitglieder eigene Annahmen aufheben und sich so dem unge-

---

[18] Senge (1998)
[19] Isaacs (2002)
[20] Schein (2000)
[21] Senge, Scharmer, Jaworski, Flowers (2004)
[22] Vgl. Senge (1998): 288

hinderten „Fluten von Sinn, von Bedeutung in einer Gruppe, wodurch diese zu Einsichten gelangen kann, die dem einzelnen verschlossen sind"[23], hingeben. Nun nimmt das Team bei Senge eine Schlüsselrolle bei der Verwirklichung der Lernenden Organisation ein, denn das lernende Team wird zum „Mikrokosmos"[24] für das Lernen in der ganzen Organisation. Folglich kommt dem Dialog, wie der Diskussion, als wichtiges Lerninstrument für das Team eine hohe Bedeutung für die Lernende Organisation zu. Die Bedeutung des Dialogs für die Organisation hängt also direkt mit dem Leistungsversprechen der Lernenden Organisation zusammen.

Senges „Die Fünfte Disziplin" ist letztlich die Buch gewordene These, dass die Überlebenschancen von Unternehmen direkt mit ihrer Lernfähigkeit zusammenhängen. Im Zusammenhang mit einer Studie von 1983, wonach die durchschnittliche Lebenserwartung eines Fortune 500-Unternehmens weniger als 40 Jahre beträgt[25], Senge bewertet dies als „notorisches Unternehmenssterben"[26], stellt er fest: „Es ist kein Zufall, daß die meisten Unternehmen schlecht lernen. Die Planungs- und Führungsmethoden in heutigen Unternehmen, die üblichen Arbeitsplatzbeschreibungen und vor allem die Denk- und Interaktionsweisen, die unser Verhalten steuern (nicht nur in Organisationen, sondern generell), verursachen fundamentale Lernhemmnisse (...). Lernhemmnisse bei Kindern sind ein großes Problem, insbesondere wenn sie unentdeckt bleiben. Sie sind auch ein großes Problem für Organisationen, wo sie ebenfalls größtenteils unentdeckt bleiben."[27]

Es lässt sich also feststellen, dass der Dialog in Senges Denken eine existenzielle Rolle für das Unternehmen einnimmt: Der Dialog ermöglicht und beflügelt das Teamlernen, welches als entscheidender Transmissionsriemen für das organisationale Lernen die Überlebenschancen der Organisation steigert.[28]

---

[23]Senge (1998): 19, Senge stellt an dieser Stelle fest, dass dies das Verständnis der alten Griechen vom Dialog gewesen sei und dass diese Praxis in „primitiven", z. B. indianischen Kulturen betrieben worden, in der modernen Gesellschaft aber fast völlig verloren gegangen sei.

[24]Senge (1998): 287

[25]Vgl. Senge (1998): 28

[26]Senge (1998): 28

[27]Senge (1998): 28 f., Im Klappentext des „Fieldbook zur Fünften Disziplin" heißt es, dass Senge mit seiner „Theorie der lernenden Organisation (...) die Welt des Managements revolutioniert" hat. [Senge, Kleiner, Smith, Roberts, Ross (1997)]. Die folgende theoretische Untersuchung wird erhebliche Zweifel an dieser Aussage aufkommen lassen.

[28]Ob dieser Transmissionsriemen tatsächlich gut funktioniert ist zumindest zweifelhaft. [Vgl. z. B. Wimmer (1995): 103]

Mit diesem Versprechen verknüpfen sich eine Reihe von weiteren Versprechen, die direkt mit dem Einsatz des Dialogs erfüllt werden. Dialog und Diskussion können sich als Gesprächsmethoden für das Team ergänzen. Während es bei der Diskussion um die Kraft und Durchsetzungsfähigkeit von aufeinander treffenden Argumenten und Meinungen geht und anstehende Entscheidungen mit der Kraft des besten Arguments getroffen werden[29], ermöglicht der Dialog, „daß man frei und kreativ komplexe und subtile Fragen erforscht, einander intensiv ‚zuhört' und sich nicht von vornherein auf eine Ansicht festlegt."[30] Der Dialog stellt also für das Team ein exploratives Verfahren dar, in welchem Sachverhalte und Zusammenhänge erforscht werden, ohne Bewertungen vorzunehmen und allzu sehr an vorher Gedachtem festzuhalten. Sein charakteristisches Merkmal ist Offenheit der beteiligten Personen sowie Offenheit des Denkens und der Ergebnisse. Er grenzt sich damit klar von der Diskussion ab, die die Überwindung des schwächeren durch das stärkere Argument bewirkt und die durch konsequentes Abzielen auf Entscheidungen eine Schließung des kommunikativen Prozesses vornimmt.

In Übereinstimmung mit David Bohm[31] stellt Senge fest, dass diese öffnende Eigenschaft des Dialogs auch zu einer Aufmerksamkeit für unsere inneren Modelle und „mentalen Landkarten"[32] führen kann und eine Gruppe damit letztlich „für den Fluss einer größeren Intelligenz öffnen kann."[33] Diese Aufmerksamkeit besteht einerseits darin, bestehende mentale Modelle transparent zu machen, und andererseits darin, im Wege des kollektiven dialogischen Denkens gemeinsam neue mentale Modelle zu schaffen. Der nach einer Verheißung klingende „Fluss einer größeren Intelligenz" findet seine Ergänzung in Bohms von Senge vorgetragener Vorstellung, dass Denken v. a. ein kollektives Phänomen ist und dass der Zweck des Dialogs ist, über die Grenzen individuellen Verstehens hinauszukommen.[34] Nach diesem Verständnis werden Denken und Verstehen durch Anwendung des Dialogs also leistungsfähiger. Es ist leicht nachvollziehbar, dass der Dialog im Rahmen dieses Verständnisses eine Schlüsselbedeutung für das Lernen in der Organisation bekommt. Durch das Aufdecken innerer Landkarten werden die am

---

[29] Vgl. Senge (1998): 288
[30] Senge (1998): 288
[31] Bohm (1996)
[32] Senge (1998): 291
[33] Senge (1998): 291
[34] Vgl. Senge (1998): 292 f.

Dialog Beteiligten zu Beobachtern ihres eigenen Denkens[35] und legen damit die Grundlage für die Veränderung desselben, also für einen grundlegenden Lernprozess. Sie ermöglichen gewissermaßen die Loslösung und Befreiung von festgefügten Mustern und Modellen. Nicht zuletzt eröffnet dieser Prozess für eine Gruppe kommunizierender Menschen die Möglichkeit der Entwicklung eines gemeinsamen Sinns und die Teilhabe an einem gemeinsamen Sinnreservoir.[36]

Senge stellt außerdem fest, dass der Dialog eine besondere Beziehung zwischen den Teilnehmern stiftet, welche ein „tiefes Vertrauen"[37] entwickeln, das sich auch auf die Diskussionskultur auswirke. Hier stellt sich die klassische „Henne-Ei-Frage": Ist das Vertrauen Folge oder Voraussetzung des Dialogs? Es liegt nahe, zwischen Dialog und Vertrauen eine zirkuläre Beziehung zu unterstellen. Zunächst gehört Vertrauen dazu, sich auf einen Dialog einzulassen, und wenn der Dialog dann gelingt, kann er wiederum die Vertrauensbasis stärken und damit das Sich-Einlassen erleichtern.

Der Dialog ermöglicht und steigert nach Senge außerdem die Kreativität, denn der „freie Fluß von widersprüchlichen Ideen ist von entscheidender Bedeutung für ein kreatives Denken, für die Entdeckung neuer Lösungen, zu denen ein einzelner Mensch nie vorstoßen könnte."[38]

Senge führt den Dialog ebenfalls als Mittel gegen die von Chris Argyris so genannten „Abwehrroutinen"[39] an. Diese Abwehrroutinen dienen dem Schutz der unseren Handlungen zu Grunde liegenden Annahmen und sind von hoher Relevanz für Interaktionen in Organisationen, in welchen sie das Lernen blockieren und als Mittel der Mikropolitik dienen.[40]

Zusammenfassend lässt sich sagen, dass Senges Leistungsversprechen im Zusammenhang mit dem Dialog ein breites Spektrum abdecken. Auf der Ebene von Mensch zu Mensch stärkt er das gegenseitige Vertrauen und ermöglicht das Verständnis von unausgesprochenen Annahmen und inneren Landkarten. Für eine Gruppe stellt er kreative Impulse zur Verfügung. Für die Organisationskultur wirkt er Abwehrroutinen und Mikropolitik entgegen. Für die Unternehmensentwicklung und Sicherung des Überlebens der

---

[35] Vgl. Senge (1998): 294
[36] Vgl. Senge (1998): 292 f.
[37] Senge (1998): 301
[38] Senge (1998): 303
[39] Senge (1998): 303
[40] Vgl. Senge (1998): 303 ff.

Unternehmung dient er als Mittel zur Verwirklichung der Lernenden Organisation.[41]

2.1.2 Implementierung

Die Einführung des Dialogs in die Organisation ist, wie oben ausgeführt, bei Senge mit der Etablierung der Lernenden Organisation verbunden. Er führt für diesen Prozess den Begriff der „Metanoia"[42] an, welcher bei den Griechen ein fundamentales Umdenken und in frühchristlicher Bedeutung die Erweckung kollektiver Intuition im Sinne göttlicher Erkenntnis bezeichnete. Senge stellt Metanoia in eine enge Beziehung zu seinem Lernbegriff in dessen tieferer Bedeutung, die den Kern der menschlichen Existenz berühre.[43] In diesem Zusammenhang zitiert er einen Manager, der die These aufstellt, dass Lernen „ein ebenso elementares Bedürfnis des Menschen wie der Sexualtrieb"[44] sei. Somit wäre die Lernende Organisation ein Umfeld, das gewissermaßen einem Teil der Triebbedürfnisse des Menschen gerecht würde. Ein Umdenken der Akteure und entsprechendes Neuausrichten ihrer Handlungen würde demnach nur ihrer Natur entsprechen. Die Implementierung des Dialoges entspricht nach dieser Lesart also den Bedürfnissen der Menschen, die in Organisationen arbeiten, und wird insofern von diesen begrüßt.

Ferner setzt Senge auf die Haltung der Führungskräfte, indem er in dem Kapitel „Personal Mastery"[45] die zu beherrschenden Kompetenzen und Einstellungen auf individueller Ebene darlegt, die nötig sind, um die Lernende Organisation zu verwirklichen. Es geht hier um Konzepte wie Kreativität, Offenheit, emotionale Reife, Autonomie, Fähigkeit zur Vision und Wahrhaftigkeit. Am Ende des Kapitels appelliert Senge an die Führungskräfte, diese Tugenden, Kompetenzen und Einstellungen anzustreben: „Seien Sie ein Vorbild."[46]

Ein weiterer Aspekt der Implementierung ist die Übung entsprechender Verhaltensweisen für das Teamlernen. „Aber genau diese Übung fehlt in vie-

---

[41] Edgar Schein argumentiert, „... that dialogue is necessary as a vehicle for understanding cultures and subcultures, and that organizational learning will ultimately depend upon such cultural understanding." und „Dialogue thus becomes a central element of any model of organizational transformation." [Schein (1993): 27]

[42] Senge (1998): 23

[43] Vgl. Senge (1998): 23 f.

[44] Senge zitiert Bill O'Brien von Hanover Insurance, [Senge (1998): 24]

[45] Senge (1998):171–212

[46] Senge (1998): 212

len modernen Organisationen"[47] stellt Senge fest. „Dialogsitzungen geben dem Team die Möglichkeit, den Dialog gemeinsam zu ‚üben' und die dazu erforderlichen Fertigkeiten zu entwickeln."[48] Senge gibt dann an, welche Bedingungen erfüllt sein müssen, damit dieser Übungs- und Lernprozess stattfinden kann: alle Teammitglieder müssen teilnehmen, die Dialogregeln (Aufheben von Annahmen, Kollegialität, Forschergeist[49]) müssen erklärt und umgesetzt werden, die Teilnehmer müssen ermutigt werden, „die schwierigsten, subtilsten und konfliktträchtigsten Fragen ihrer Zusammenarbeit zu thematisieren."[50] In einem Fallbeispiel schildert Senge, was dann passiert. So äußert ein Teilnehmer einer Dialogsitzung beispielsweise: „Ziel dieser Sitzung ist, dass wir als Kollegen zusammenkommen, die ihre Rollen und Positionen draußen vor der Tür lassen. In diesem Dialog sollten wir uns als Gleichgestellte betrachten ..."[51] Diese Zielsetzung ist möglicherweise viel anspruchsvoller, als sie auf den ersten Blick wirkt. Auffällig ist, dass sie einen formalen und nicht einen inhaltlichen Anspruch postuliert. Indem die Dialogteilnehmer Rollen und Positionen draußen vor der Tür lassen und auch die Hierarchie suspendieren, streifen sie gleichermaßen die Organisation ab, wenn sie sich in den Dialog begeben. Können Personen, deren alltägliche Beziehungen und Interaktionen von einem organisationalen Rollen- und Hierarchiegefüge geprägt sind, dies einfach so tun? Welche Voraussetzungen müssen dafür erfüllt sein? Wie wahrscheinlich ist das Gelingen einer solchen Lösung von der Organisationsdynamik, die eine Enthierarchisierung und Rückführung der Interaktionen auf die menschliche Dimension bedeuten würde? Diese Fragen spielen für den Fortgang der vorliegenden Arbeit eine wichtige Rolle.

Außerdem hilft aus Senges Sicht für die Implementierung des Dialoges, den beteiligten Akteuren die Angst zu nehmen, sich offen zu äußern[52], einen Geist der Offenheit zu fördern[53] und eine neue Führungskultur zu realisieren, die alle erwähnten Fähigkeiten, Werte und Tugenden beinhaltet und belohnt.[54]

---

[47] Senge (1998): 289
[48] Senge (1998): 315
[49] Vgl. Senge (1998): 318
[50] Senge (1998): 316
[51] Senge (1998): 317
[52] Vgl. Senge (1998): 339
[53] Vgl. z. B. Senge (1998): 347
[54] Vgl. Senge (1998), Kapitel 18: 410–436

2.2 Dialog als Instrument der Prozessberatung

2.2.1 Ideen und Konzepte

In seiner „Prozessberatung für die Organisation der Zukunft"[55] äußert Edgar Schein folgendes Dialogverständnis: „Dialog lässt sich als eine Konversationsform beschreiben, die es ermöglicht, ja sogar wahrscheinlich macht, dass die Teilnehmer sich einiger verborgener, impliziter Annahmen bewusst werden, die sich von den jeweiligen kulturellen Erfahrungen, der jeweiligen Sprache und Psychologie ableiten."[56] Es geht also im Kern um die auch bei Senge ins Auge gefassten mentalen Modelle oder inneren Landkarten.

Für Schein hat der Dialog die Funktion einer Intervention in der Prozessberatung, die dazu dient, den Teilnehmern ein tieferes gegenseitiges Verständnis durch Aufdecken der impliziten Annahmen zu ermöglichen, das interpersonale Lernen wirksamer zu machen und nachhaltige Konfliktlösungen zu ermöglichen, wenn die Konflikte auf unterschiedlichen mentalen Modellen beruhen. Er hilft weiterhin dem Berater und seinem Klienten, gemeinsame Annahmen und eine gemeinsame Sprache zu entwickeln und auf diese Weise den Beratungserfolg zu steigern. Der Dialog kann, ähnlich wie bei Senge, die Kreativität einer Gruppe beflügeln, auch wenn die einzelnen Gruppenmitglieder wenig kreativ zu sein scheinen. Er hebt das Kommunikationsniveau der Gruppe und beschleunigt die Gruppenbildung.[57]

Neben einem Mittel zur dyadischen Beratungsprozessgestaltung hat der Dialog bei Schein also eine Bedeutung für die Gruppe, die der bei Senge entwickelten Bedeutung für das Teamlernen sehr ähnlich ist. Allerdings findet sich bei Schein kein Hinweis auf Wirkungen und Leistungsversprechen für die Organisation. Er beschreibt den Dialog und seine Wirkungen ausschließlich im interpersonalen Bereich. Indirekt gibt Schein aber Hinweise auf organisationale Zusammenhänge, indem er beschreibt, wie Dialogteilnehmer sich zunächst mit dem Verstoß gegen organisationskulturelle Normen schwer tun. Dies gilt z. B. dafür, dass man beim dialogischen Kommunizieren keinen Blickkontakt hat, Äußerungen nicht begründen und Fragen nicht beantworten muss.[58] Wirkungen in der Organisation bestehen also aus Regelverletzungen und Kulturbrüchen.

In seiner „Organisationskultur"[59] hebt Schein die Bedeutung der Dialogmethode für interkulturelle Erhebungen an den Kulturgrenzen bei Joint

---

[55] Schein (2000)
[56] Schein (2000): 251
[57] Zu den erwähnten Leistungen des Dialogs vgl. Schein (2000), Kapitel 10: 251–270
[58] Vgl. Schein (2000): 266
[59] Schein (2003)

Ventures, Fusionen oder Unternehmenskäufen hervor, um an die tieferen Schichten von Organisationskulturen zu kommen: „Ausgangspunkt ist hier die Grundannahme, dass der oben erwähnte normale Erhebungsprozess – Vergleich von Artefakten und propagierten Werten in verschiedenen Geschäftsprozessen – nicht genügend Aufschluss über die gemeinsamen unausgesprochenen, grundlegenden Annahmen gibt, auch wenn ein solcher Vergleich von Artefakten ein guter Anfang für den Dialog sein kann."[60]

2.2.2 Implementierung

Der Absicht seines Buches über Prozessberatung entsprechend, „eine allgemeine Theorie und Methodologie des Helfens vorzustellen"[61], beziehen sich auch die Implementierungsvorstellungen auf die Beziehungsgestaltung zwischen dem Berater-Helfer und dem Klienten (bzw. der Klientengruppe). Hierbei ist die helfende Beziehung anscheinend ausschließlich eine interpersonale Beziehung zwischen zwei Individuen oder zwischen einem Individuum und einer Gruppe. Der Berater agiert als Prozessexperte, instruiert den oder die Klienten über die Spielregeln des Dialoges, sorgt für ein dialogförderliches Setting und überwacht die Einhaltung des Prozesses. Er schafft und hält den „Container"[62], der es den Dialogführenden erlaubt, angstfrei und offen zu kommunizieren. Schein versorgt den Leser mit entsprechenden Übungen und Regieanweisungen zum Dialog.[63] Ähnlich verhält es sich mit seinen Hinweisen zur Realisierung der dialogischen Gesprächsform an organisationalen Kulturgrenzen. In einem „Survival Guide Tipp für die Praxis"[64], eine Art 10-Punkte-Plan für den interkulturellen Dialog, führt Schein genau an, was hinsichtlich Teilnehmerauswahl und Teilnehmerzahl, Aufbau des Settings, Instruierung, Durchführung, Umgang mit Differenzen und Fortführung des Prozesses zu bedenken ist, wenn man einen Dialog realisieren will.

---

[60]Schein (2003): 170

[61]Schein (2000): 14

[62]Schein (2000): 269, der Begriff ‚Container' taucht weiter unten wieder bei William Isaacs auf.

[63]Schein (2000): 257, 269 f.

[64]Vgl. Schein (2003): 171

2.3 DIALOG ALS KUNST, GEMEINSAM ZU DENKEN

2.3.1 Ideen und Konzepte

Isaacs' „Dialog als Kunst gemeinsam zu denken"[65] ist allgemein angelegt und deckt ein entsprechend breites Spektrum an Leistungsversprechen ab: „Der dialogische Prozess ist eine sinnvolle Gesprächsform für Menschen aus allen sozialen Schichten, Nationalitäten, Berufen und Verantwortungsbereichen in Organisationen und Gemeinschaften. Es gibt zahlreiche Gründe, sich für den Dialog zu entscheiden: z. B. der Wunsch, Konflikte zu lösen, die Beziehungen zu anderen, etwa Geschäftspartnern, Vorgesetzten, Ehepartnern, Eltern oder Kindern, zu verbessern, oder aber auch der Wunsch nach effektiverer Problemlösung."[66]

Im Rahmen der vorliegenden Arbeit ist der Nutzen für Management und Organisation von Interesse.

Isaacs weist auf die Chance hin, mit Hilfe des Dialoges für Firmen die „kollektive Intelligenz"[67] nutzbar zu machen, mit welcher die heutigen Probleme, die für den Einzelnen zu komplex seien, besser gelöst werden könnten: „... zusammen sind wir wacher und klüger als allein. Zusammen können wir auch neue Wege und Chancen deutlicher erkennen."[68] Um diesen Nutzen zu erlangen, bedarf es einer neuen Führungskultur, die Isaacs am Beispiel der Mineralölgesellschaft Shell verdeutlicht, deren Spitzenmanager ihre Dialogfähigkeit ausgebaut hätten. Statt, wie früher, Entscheider über Ressourcenverteilung, Investitionen und Strategien zu sein, hätten diese nun einen Großteil dieser Entscheidungsbefugnisse in die lokalen Einheiten des Konzerns abgegeben und die Rolle von Coaches, Beratern und Vordenkern für die Unternehmensentwicklung angenommen. Hierfür sei weniger Hierarchie und mehr Dialog nötig gewesen.[69]

2.3.2 Implementierung

Isaacs betont, dass unternehmenskulturelle Veränderungen wie Empowerment oder die Schaffung einer Lernenden Organisation erheblichen Schwierigkeiten ausgesetzt sind, weil sie im organisationalen Umfeld zu Normen oder Verordnungen degenerieren und damit ihren eigentlichen Zweck konterkarieren.[70] Diese Hindernisse müssen bei der Implementierung des Dialo-

---

[65] Isaacs (2002)
[66] Isaacs (2002): 21 f.
[67] Isaacs (2002): 22
[68] Isaacs (2002): 22
[69] Vgl. Isaacs (2002): 31 f.
[70] Vgl. Isaacs (2002): 276

ges in der Organisation bedacht werden. Ein dialogischer Veränderungsansatz muss im Wege der bereits dargestellten Aufdeckung mentaler Modelle „habituelle, festgefahrene Interaktionsmuster und Gedanken ständig hinterfragen und reflektieren."[71] Im Folgenden führt Isaacs vier Praktiken an, „mit deren Hilfe ganze Organisationen dialogisch werden"[72]. Diese Praktiken erläutert er mit Beispielen aus der Unternehmenswelt.[73] Hier eine kurze Zusammenfassung:

a. Suspendieren bisheriger Selbstverständlichkeiten
Bisherige Selbstverständlichkeiten in der Organisation werden außer Kraft gesetzt, z. B. durch das Einbeziehen breiter Mitarbeiterschichten in die Strategieentwicklung.

b. Beachten von Auswirkungen in der Systemökologie
Isaacs beschreibt beispielhaft eine aufwändige Kommunikations- und Dialogarchitektur, die im Zuge der Divisionalisierung bei Shell in den 1990er Jahren errichtet wurde, um die Auswirkungen der organisationalen Veränderungen in der Vernetzung des Systems aufzudecken und besprechbar zu machen.

c. Zuhören lernen
Im Rahmen eines umfassenden Trainings von Gesprächsmethoden und -fertigkeiten wird echtes Zuhören erlernt. Isaacs erläutert in diesem Zusammenhang das Beispiel der Produktentwicklung bei Ford: Hier wurden die unterschiedlichen beteiligten Funktionsbereiche durch dialogische Formen miteinander ins Gespräch gebracht wurden, um die Wechselwirkungen ihrer jeweiligen Anteile an der Produktentwicklung aufzuzeigen und zu berücksichtigen.

d. Aufforderung zum Sprechen
Durch eine glaubwürdige Aufforderung des Managements an die Mitarbeiter, ihre Standpunkte, Beobachtungen und Einsichten zu artikulieren, wird in einer Organisation Raum und Sicherheit gegeben, um auch unangenehme Einsichten zum Ausdruck zu bringen und Konflikte besprechbar zu machen.

2.4 DIALOG ALS INSTRUMENT FÜR GRUNDLEGENDEN WANDEL

Senge und Scharmer beziehen sich in ihrem ‚Presencing'-Konzept auf einschlägige Quellen zum Dialog, v. a. Buber, Bohm und Isaacs. Über die Bedeutung des Dialogs in Peter Senges Denken wurde oben bereits berich-

---

[71] Isaacs (2002): 277
[72] Isaacs (2002): 278
[73] Vgl. Isaacs (2002): 278–290

tet. Beim Presencing geht es im Kern darum, grundlegenden Wandel nicht nur durch Betrachten und Lernen aus der Vergangenheit, sondern durch Aktualisierung der künftig größten Möglichkeit herbeizuführen. Die vergangenheitsbezogene Vorgehensweise ist in alten Mustern verhaftet, die dazu neigen, mehr vom bereits Vorhandenen zu produzieren. Nur durch eine zukunftsbezogene Vorgehensweise kann man sich vom Hergebrachten lösen und wirklich neue, innovative Wege einschlagen.[74] Dabei ist die Bedeutung der inneren Verfasstheit der Akteure zu berücksichtigen, die aber in klassischen Herangehensweisen vernachlässigt wird: „The rational calculus model of decision making and following through pays little attention to the inner state of the decision maker."[75] Der Dialog ist aus Sicht der Autoren ein kommunikatives Instrument, das helfen kann, lieb gewonnene Vorannahmen zu suspendieren[76], Fragmentierung des Denkens zu überwinden[77] und den inneren Zusammenhang der Welt zu erkennen.[78]

Die Implementierung dieses Ansatzes ist nicht ausdrücklich auf Organisationen bezogen, sondern setzt v. a. bei der personalen Bewusstseinsbildung an. Diese beschreiben die Autoren als einen Prozess, welcher aus drei Phasen besteht: Sensing, Presencing und Realizing.[79] Das Durchlaufen dieser Phasen ermöglicht es Individuen, grundlegend neue Einsichten zu erlangen und einen entsprechenden Wandel zu vollziehen.

In der entsprechenden „Theorie U"[80] arbeitet Scharmer diesen Prozess im Detail aus. Seine Absicht ist es dabei, „eine soziale Technik für transformationale Veränderung zu erarbeiten, die es denen, die Veränderung vorantreiben, und den Führungskräften in allen Bereichen der Gesellschaft erlaubt, tiefere Felder der gemeinsamen Wahrnehmung, der gemeinsamen Willensbildung, der gemeinsamen Gegenwärtigung und des gemeinsamen Experimentierens zu erschließen."[81] An anderer Stelle schreibt er, dass es ihm darum geht, „eine *evolutionäre Grammatik* zu artikulieren, die den Prozess des In-die-Welt-Kommens von sozialer Wirklichkeit beschreibt."[82]

---

[74] Vgl. Senge, Scharmer, Jaworski, Flowers (2004): 86 ff.

[75] Senge, Scharmer, Jaworski, Flowers (2004): 89

[76] Senge, Scharmer, Jaworski, Flowers (2004): 29

[77] Senge, Scharmer, Jaworski, Flowers (2004): 190

[78] Senge, Scharmer, Jaworski, Flowers (2004): 194

[79] Die Autoren bezeichnen dieses Modell als „The Theory of the U" [Senge, Scharmer, Jaworski, Flowers (2004): 83 ff.]

[80] Scharmer 2009

[81] Scharmer 2009: 27

[82] Scharmer 2009: 42

Transformation hat also epistemologische und kollektiv Wirklichkeit konstruierende Dimensionen. Dabei wird der Dialog als Bestandteil dieser sozialen Transformationstechnik immer wieder angeführt. Scharmer nimmt jedoch für sich in Anspruch, das Dialogkonzept einen Schritt weiterzuführen, indem er, sich von Isaacs abgrenzend, Dialog als Kunst „*gemeinsam* (sich selbst und andere) *zu sehen*" bezeichnet. Er beschreibt das Presencing als Schritt der Bewusstwerdung, der über das reflektive Erkunden m. H. des Dialogs zu einer kollektiven Kreativität in schöpferischem Fließen führt.[83] Auch ordnet er den Dialog als Instrument im Zusammenhang mit Spiritualität ein, die neben den „ökonomisch-ökologischen" und „sozial-relationalen" Revolutionen[84] einen grundlegenden Trend im Entstehen einer „neuen Welt"[85] darstelle. Im Rahmen der Theorie U kann es m. H. des Dialoges gelingen, zu vertiefter Erkenntnis zu gelangen, das Lernen aus der im Entstehen begriffenen Zukunft (Presencing) vorzubereiten und so gemeinsam Neues in die Welt zu bringen.

2.5 ZWISCHENFAZIT

Die erörterten Leistungsversprechen decken also insgesamt ein Spektrum ab, das sich von der Erkundung und Veränderung individueller mentaler Modelle über die Organisation kollektiver Intelligenz und kollektiven Lernens bis hin zur Steigerung der Überlebensfähigkeit von Unternehmen erstreckt. Dieses Leistungspotenzial des Dialogs ist auch für den Verfasser der vorliegenden Arbeit hinreichend attraktiv, um die Möglichkeiten der Nutzung des Dialogs in oder für Organisationen weiter zu untersuchen.

Hinsichtlich der Frage, wie der Dialog in die Organisation getragen und dort praktiziert werden kann, damit er seine Wirkungen entfaltet, können zusammenfassend folgende Faktoren genannt werden:

a. „Metanoia"

ein grundsätzliches Umdenken möglichst vieler Akteure im Unternehmen in Richtung einer Lern- und Dialogkultur, die ohnehin den natürlichen Bedürfnissen von Menschen in Organisationen entspreche

b. Vorbild

die kulturelle Vorbildwirkung von Vorgesetzten, die mit gutem Beispiel voran gehen, auf die Belegschaft in den nachgeordneten Hierarchieebenen

c. Training und Weiterbildung

---

[83] Vgl. Scharmer 2009: 270 ff.
[84] Vgl. Scharmer 2009: 99 ff.
[85] ebd

das Einüben von Methoden und Nutzen von Regieanweisungen zur Dialogführung in Organisationen

d. Containerbildung

die Schaffung eines angstfreien und vertrauensvollen Rahmens, eines kommunikativen Gefäßes, in welchem Organisationsmitglieder sich frei artikulieren mögen und Konflikte ansprechen können, ohne Ausgrenzung zu befürchten

e. Externe Expertise

die Begleitung durch einen externen Dialog- und Prozessexperten

2.6 ANLÄSSE ZUR SKEPSIS

Senge erwähnt von David Bohm geäußerte Zweifel an der Implementierbarkeit von Dialogprozessen in Organisationen: „Bohm hat Zweifel daran geäußert, daß Dialoge in Unternehmen möglich sind, weil dort die Bedingung der Kollegialität nur schwer zu erfüllen ist: ‚Hierarchie ist die Antithese des Dialogs, und es ist schwierig Hierarchie in Organisationen zu vermeiden.‘ Er fragt: ‚Können Mitarbeiter in leitenden Positionen sich tatsächlich »auf eine Stufe« mit ihren Mitarbeitern stellen?‘"[86] Senge hält dieser skeptischen Bemerkung entgegen, dass die beteiligten Akteure den Dialog tatsächlich wollen müssen und dass sie ihn für wichtiger erachten sollen als ihre Privilegien und ihre Stellung im Unternehmen.[87] An dieser Stelle reduziert Senge die hierarchischen Hindernisse der Dialogimplementierung auf persönliche Vorteilsmotive von Personen. Er lässt dabei außer Acht, dass die Konstruktionsweise von Organisationen ihren Rollenträgern u. U. keine Möglichkeit lässt, hierarchische Positionen aufzugeben. Wenn es zu den grundlegenden Bedingungen für die Funktionserfüllung von Verantwortungsträgern in Organisationen gehört, dass sie hierarchische Positionen einnehmen und halten und dass sie diese „Privilegien" ausspielen, dann greift der Vorwurf des persönlichen Interesses zu kurz. Entsprechend ist der Ansatz individueller Verhaltensänderungen auch nicht aussichtsreich genug, um bei der Implementierung des Dialoges wirksam zu helfen.

Es stellt sich außerdem die Frage, wie wahrscheinlich es ist, dass derart privilegierte und mit Macht ausgestattete Akteure in real existierenden Organisationen tatsächlich ihre Vorteile gewissermaßen zu Gunsten des höheren Guts Dialog aufgeben würden. Würde solches Handeln nicht die Preisga-

---

[86] Senge (1998): 298, für die in diesem Zitat enthaltenen Zitate von Bohms Äußerungen führt Senge keine Quelle an.

[87] Vgl. Senge (1998): 298 f.

be konkreter Vorteile zu Gunsten vager Versprechen bedeuten? Wenn Senge die These ins Feld führt, dass Lernen ein menschlicher Trieb ist, muss die Frage erlaubt sein, ob nicht auch das Machtstreben[88] zur Triebstruktur des Menschen gehört und ob dieses in Organisationen den egalitären Ansatz dialogischer Kommunikation untergräbt.

In „On Dialogue"[89] schreibt Bohm im Zusammenhang mit dem zeitweiligen Außerkraftsetzen von Grundannahmen in Wirtschaftsunternehmen: „That's also going to be one of the problems in corporate dialogues. Will they ever give up the notion that they are there primarily to make profit? If they could this would be a real transformation of mankind. I think that many business executives in certain companies are feeling unhappy and really want to do something – not merely to save the company. Just as we are they are unhappy about the whole world. It's not that all of them are money-grubbing or exclusively profit oriented.[90] Bohm stellt einen moralischen Bezug her, indem er individuelles und unternehmerisches Gewinnstreben mit dem allgemein beklagenswerten Zustand der Welt in Zusammenhang bringt. Er vermutet, dass viele Manager als Einzelpersonen eine ähnliche Wahrnehmung haben, äußert sich aber gleichzeitig skeptisch, dass Unternehmen den Zweck der Gewinnerwirtschaftung in Frage stellen könnten. Sein Menschenbild, zumindest derjenigen Menschen, die als Angehörige von Unternehmen wirken, scheint dagegen zu sprechen. Solches Suspendieren grundlegender Annahmen in Wirtschaftsunternehmungen käme laut Bohm einer echten Veränderung der Menschheit gleich. Wie wahrscheinlich ist ein solcher Wandel? Wenn man davon ausgeht, dass Gewinnerwirtschaftung elementarer Zweck von privatwirtschaftlichen Unternehmen ist, dann ist die Forderung, dies Gewinnstreben aufzugeben, ähnlich weit reichend wie der Wunsch, alle Katzen müssten das Mausen lassen.

Bei der Sichtung von Leistungsversprechen und Implementierungswegen in den Darstellungen von Senge, Isaacs und Schein hat sich für mich ein weiterer Anlass zur Skepsis ergeben. In den erwähnten Überlegungen der Hauptprotagonisten für den Dialog bleibt ein aus meiner Sicht wesentlicher Aspekt sehr blass: die Organisation. Ist es nicht zwingend erforderlich, ein

---

[88]Immerhin hat Friedrich Nietzsche das Machtstreben als zur menschlichen Natur gehörig gesehen und hat der Ausarbeitung dieses Gedankens die posthum erschienene Schrift „Der Wille zur Macht" [Nietzsche (1996)] gewidmet. Die Alltagsanschauung sozialer Interaktion in Organisationen liefert aus meiner Sicht mindestens so viele Indizien für Machtstreben wie für das Praktizieren von Egalität.

[89]Bohm (1996)

[90]Bohm (1996): 17 f.

klares Bild von den Wirk- und Funktionsweisen der Organisation zu haben, um die Entfaltungsmöglichkeiten des Dialoges in ihr zu erkennen? Mit anderen Worten: Benötigt man nicht eine Organisationstheorie, um die Möglichkeiten einer systematischen Implementierung des Dialoges als Kommunikationsform in der Organisation zu erkunden?

Bei keinem der drei Autoren gibt es im Zusammenhang mit der Implementierung des Dialogs einen eindeutigen Hinweis, auf welche Organisationstheorie er sich dabei stützt, oder gar eine ausführliche Darstellung einer solchen Theorie. Senges Bild von der Lernenden Organisation ist in diesem Sinne keine Theorie der Organisation, sondern vielmehr eine Vision der Organisation, welche es noch zu verwirklichen gilt. Bei solcher Transformation einer bestehenden in eine Lernende Organisation handelt es sich um einen Veränderungsprozess, der m. E. von Annahmen darüber ausgehen muss, wie die Logik des Organisationsgeschehens ist. Kurz: Auch der zu einer Lernenden Organisation führende Prozess muss auf einer Theorie der Organisation fußen.

Immerhin gibt es bei den Protagonisten des Dialogs eine Reihe von Hinweisen auf ihr Organisationsverständnis. Diese sollen im folgenden Abschnitt näher untersucht werden. Der Autor beschränkt sich dabei auf solche organisationstheoretischen Hinweise, die sich im Zusammenhang mit Erörterungen der Protagonisten zum Dialog finden lassen.

2.7 DAS ORGANISATIONSVERSTÄNDNIS DER HAUPT-PROTAGONISTEN DES DIALOGS IN DER ORGANISATION

Bei Peter Senge findet sich der Hinweis, dass die Lernende Organisation ein Ort sei, „an dem die Menschen kontinuierlich entdecken, daß sie ihre Realität selbst erschaffen. Und daß sie sie verändern können."[91] Aus dem Kontext erschließt sich, dass er damit v. a. sagen will, dass es an den Menschen ist, das Organisationsgeschehen und ihr eigenes Schicksal im Rahmen desselben in die Hand zu nehmen. Ob die real existierende, dem Idealbild der Lernenden Organisation nicht entsprechende Organisation auch ein solcher Ort für die selbst bestimmte Gestaltungskraft von Menschen ist, bleibt offen. Aber es klingt an, dass aus Senges Sicht die Menschen in Organisationen einen Hebel für gewünschte organisationale Veränderungen in der Hand haben. Ferner könnte das Zitat als Ansatz eines konstruktivistischen Weltbildes interpretiert werden. Senge gibt darüber aber keinen näheren Aufschluss und

---

[91] Senge (1998): 22 f.

führt seine zu Grunde liegenden Überlegungen oder Überzeugungen nicht weiter aus.

Im Kapitel „Ideen in die Praxis umsetzen"[92] berichtet Senge von dem Einfluss Jay Forresters auf sein Denken. Forrester ist einer der Begründer des System Dynamics-Ansatzes, der bestrebt ist, die zirkulären Wirkweisen von Systemelementen zu verstehen und damit ein grundlegendes Verständnis für das Funktionieren eines Systems insgesamt zu erlangen. Auf diese Weise würde man dann in die Lage kommen, das System steuern zu können.[93] Dies kann man als systemtheoretischen Ansatz im Sinne der Kybernetik erster Ordnung bzw. des Maschinenmodelles verstehen. Dieses Verständnis scheint sich auch in Senges Beispiel von Design und Konstruktion der DC-3 zu manifestieren, welches ihn zu der Feststellung führt: „Das Entscheidende beim Design ist, daß man erkennt, wie die Teile als Ganzes zusammenwirken."[94] Die Auswahl eines Beispiels aus der Welt des Ingenieurwesens könnte als Indiz dafür dienen, dass Senge ein ingenieursmäßiges Verständnis der Organisation hat. Aber er legt sich nicht auf diese Theoriesicht fest, sondern schildert lediglich seine Sympathie für spezielle Forschungsgegenstände Forresters wie Umweltzerstörung und Verfall der Städte.

Im gleichen Kapitel erwähnt Senge die Vergeblichkeit von Teamentwicklungsmaßnahmen, die die Teams aus ihren Alltagsstrukturen heraus- und in ungewohnte Settings außerhalb der Organisation, etwa Wildwasserrafting, hineinführen: „...wenn sie nach Hause zurückkehrten, waren sie in geschäftlichen Fragen genauso zerstritten wie vorher."[95] Dieses Beispiel ist ein Indiz dafür, dass es in der Organisation spezifische Wirkweisen gibt, die dafür sorgen, dass Lernerfolge „von draußen" nicht ohne weiteres importiert werden können.

In dem Kapitel über organisationale Lernhemmnisse[96] finden sich einige phänomenologische Hinweise auf Senges Organisationsverständnis:
a. Positionsinteressen
Funktionsträger identifizieren sich mit ihren Positionen in der Organisation. Sie argumentieren und agieren im Sinne dieses Positionsinteresses.
b. Mangelnde Verantwortungsübernahme
Statt zu eigenen Fehlleistungen zu stehen, neigen Organisationsmitglieder dazu, andere für Fehler und Missstände verantwortlich zu machen.

---

[92] Senge (1998): 24 ff.
[93] Vgl. z. B. Forrester (1961)
[94] Senge (1998): 414
[95] Senge (1998): 26
[96] Senge (1998): 28–38

c. Handeln schlägt Denken

Es herrscht eine Neigung zu schnellen, manchmal vorschnellen Entscheidungen und Aktionismus.

d. Ergebnisorientierung

Es existiert eine Fixierung auf Ereignisse und Ergebnisse statt auf Prozesse, Reflektionen und (Ergebnis-) Offenheit, wodurch die Kreativität leidet.

Daraus resultiert die Unfähigkeit, schleichende Entwicklungen wahrzunehmen und in ihren Auswirkungen abzuschätzen.

e. Kurzfristorientierung

Die Fixierung auf kurzfristige Auswirkungen eigener Entscheidungen und die Vernachlässigung mittel- bis langfristiger Auswirkungen ist nach Senge ebenfalls ein typisches Phänomen in Organisationen.

f. Mikropolitik

Hiermit ist die Bedeutung des Macht- und Einflussgeflechts sowie taktischer Erwägungen innerhalb von Managementteams gemeint.

Senge beschreibt den typischen Verlauf eines am MIT in den 1960er Jahren entwickelten Planspieles[97], in welchem die Mitspieler die Aufgabe haben, in einem Szenario von Produktion und Distribution einer bestimmten Biermarke den Gewinn ihres jeweiligen Unternehmens zu maximieren. An diesem „Laborexperiment" möchte Senge zeigen, dass „viele Probleme durch grundsätzliche Denk- und Interaktionsweisen verursacht werden und nicht durch Besonderheiten der Organisationsstruktur und -politik."[98] In einem Unterabschnitt dieses Kapitels, welcher den Titel „Die Struktur beeinflußt das Verhalten"[99] trägt, kommt Senge zu einem wichtigen Fazit, welches ich ausführlich zitieren möchte, da es m. E. eine hohe organisationstheoretische Relevanz hat:

„Innerhalb von ein und demselben System produzieren alle Menschen, so verschieden sie auch sein mögen, tendenziell die gleichen Ergebnisse."

Aus der Systemperspektive lässt sich erkennen, daß wir über einzelne Fehler oder Mißgeschicke hinaus schauen müssen, wenn wir größere Probleme begreifen wollen. Wir müssen den Blick von einzelnen Menschen und Ereignissen lösen und die größeren Zusammenhänge sehen. Wir müssen die grundlegenden Strukturen erkennen, die das individuelle Handeln beeinflussen und bestimmte Ereignisformen begünstigen. Wie Donella Meadows es formuliert:

---

[97] Senge (1998): 39–71
[98] Senge (1998): 39
[99] Senge (1998): 57 ff.

„Durch eine wirklich tiefe und andere Betrachtungsweise gelangt man allmählich zu der Erkenntnis, dass das System sein Verhalten selbst verursacht.“[100]

Ist das in obigem Zitat enthaltene Plädoyer für die Abstraktion vom einzelnen Menschen und für die Strukturdeterminiertheit individuellen Handelns nicht ein Widerspruch zu Senges Fazit, dass viele Probleme durch grundsätzliche Denk- und Interaktionsweisen, die doch wohl von Individuen praktiziert werden, verursacht werden? Senge gibt keinen Aufschluss über diese Fragestellung. Auch sein Systembegriff in diesem Zusammenhang wird nicht klar: „ Aber man muß sich immer bewußt sein, daß mit dem Begriff ‚systemische Struktur' nicht einfach eine Struktur außerhalb des Individuums gemeint ist. Die Struktur in menschlichen Systemen ist so subtil, weil *wir* ein Teil dieser Strukturen sind. Das bedeutet, daß es häufig in unserer Macht steht, die Strukturen, in denen wir uns bewegen, zu verändern. Aber in den meisten Fällen nehmen wir diese Macht nicht wahr. Tatsächlich erkennen wir in den meisten Fällen so gut wie nichts von den Strukturen, die am Werk sind. *Wir fühlen uns vielmehr zu bestimmten Handlungsweisen gezwungen.*“[101] Als Beispiel hierfür führt Senge ein Experiment an, das der Psychologe Philip Zimbardo 1973[102] in Stanford durchgeführt hat. Die Probanden hatten die Aufgabe, in die Rollen von Wächtern und Häftlingen eines Gefängnisses zu schlüpfen. Das Experiment musste vorzeitig abgebrochen werden, weil Konflikte immer mehr eskalierten und die Situation außer Kontrolle zu geraten drohte, so dass die seelische und körperliche Unversehrtheit der Teilnehmer nicht mehr gewährleistet werden konnte.

Auch an anderer Stelle stellt Senge noch einmal ausdrücklich fest, dass eine Veränderung der grundlegenden Strukturen neue Verhaltensmuster hervorbringen kann, weil das Verhalten strukturdeterminiert ist.[103] Senge gibt aber keinen weiteren Aufschluss darüber, warum sich individuelles Verhalten so stark strukturell determinieren lässt, außer, wie oben angeführt, dass der Einzelne sich zu bestimmten Handlungen gezwungen fühlt, so dass er seine Macht, Strukturen zu verändern, nicht wahrnimmt.

---

[100]Senge (1998): 57, Das Zitat im Zitat stammt aus Meadows (1982): 98–108. In Senges Text ist es nicht in Anführungszeichen gesetzt. An dieser Stelle sei außerdem angemerkt, dass Senge in diesem Zusammenhang keinen erläuternden Hinweis zu dem von ihm verwendeten Systembegriff gibt. Der Autor hat das Zitat in der Originalformatierung mit Absätzen widergegeben.

[101]Senge (1998): 59

[102]Senge (1998): 59 f., in einer neueren Publikation greift Zimbardo die damaligen Erfahrungen noch einmal auf [Zimbardo (2008)].

[103]Senge (1998): 70

Es bleibt also die Frage, wie es zu diesem Zwang kommt, den Strukturen auf Menschen ausüben. Gleichzeitig bleibt diese Frage offen: Woher nimmt Senge die Gewissheit, dass es die individuelle Macht, Strukturen zu verändern, tatsächlich gibt? Für die weitere Untersuchung im Rahmen der vorliegenden Arbeit wird eine theoretisch konsistente Klärung dieser Ungereimtheiten eine wichtige Rolle spielen.

Im Zusammenhang mit dem Lernen auf verschiedenen Ebenen der Organisation wird deutlich, dass Senge individuelles Lernen als notwendige, aber nicht hinreichende Bedingung für organisationales Lernen begreift.[104] Praktisch bedeutet das, dass es nicht genügt, Mitglieder der Organisation zu befähigen, einen Dialog zu führen, um sicherzustellen, dass dieser Dialog auch im Rahmen der Organisation stattfindet und sich in der Organisation entfalten kann. Hinsichtlich des Organisationsverständnisses von Senge heißt dies, dass eine Organisation nicht einfach nur aus der Ansammlung ihrer Mitglieder besteht. Es muss noch etwas anderes geben, das auch in der Lage ist zu lernen. Hier bietet Senge, wie weiter oben erwähnt, die Teams als Mikrokosmos der Organisation an. Es lässt sich allerdings nicht abschließend klären, ob aus Senges Sicht damit die entsprechende Lücke gefüllt ist. Aber dies könnte als Indiz dafür gesehen werden, dass Senges Bild der Organisation einer Art Schichtenmodell entspricht: Die Organisation setzt sich aus Teams zusammen und Teams setzen sich aus Individuen zusammen.

Durch den radikalen Gegensatz, den Senge zwischen der Lernenden und der traditionellen Organisation sieht[105], wird implizit deutlich, wie viel Veränderung hinsichtlich der Eigenlogik und des Funktionierens von Organisationen bei Hinwendung und Entwicklung zur Lernenden Organisation notwendig ist. Er führt die schwere Veränderbarkeit von Organisationen auf die tief verwurzelten mentalen Modelle von Managern zurück.[106] Insofern ist es konsequent, den Dialog im Rahmen der Lernenden Organisation als Instrument zur Aufdeckung dieser mentalen Modelle zu nutzen, um die entsprechend tief greifenden Veränderungen zu ermöglichen. Der Hebel für diese Veränderungen ist letztlich das Bewusstsein der Individuen. Der Veränderungsansatz ist damit sehr personenorientiert und bezieht sich nicht auf Strukturen, Systeme oder gar organisationstheoretische Überlegungen.

Zusammenfassend lässt sich feststellen, dass Senge seinen Überlegungen zu Dialog und Lernender Organisation keine bestimmte Organisationstheo-

---

[104] Vgl. Senge (1998): 171
[105] Vgl. Senge (1998): 179
[106] Vgl. Senge (1998): 248 f.

rie ausdrücklich zu Grunde legt und dass auch implizit kein konsistentes Organisationsverständnis deutlich wird. Die durchaus vorhandenen Indizien lassen sich nicht zu einem schlüssigen Gesamtbild vereinen.

In Edgar Scheins Kategorisierung verschiedener Klententypen gehört die Organisation zur Sorte der „ultimativen Klienten".[107] Dabei handelt es sich um ein System, dem der Beratungsklient angehört und das von dem Beratungsprozess betroffen ist und auch davon profitieren soll. Hierbei kann es sich um jede Art von Gemeinschaft oder auch die ganze Gesellschaft handeln.[108] Im Zusammenhang mit Beratungsinterventionen gilt es, das Terrain der Organisation auszuleuchten, indem die Auswirkungen der Intervention auf verschiedene Interessenträger vorher durchdacht und berücksichtigt werden[109]: „Das Wissen und die Erfahrung des Beraters im Umgang mit der Dynamik in Organisationen ... spielt eine große Rolle."[110] Für Schein ist es also wichtig, in der Beratung ein Verständnis für die Funktionsweisen von Organisationen zu erlangen. Allerdings liefert er keine theoretischen Ansätze im Zusammenhang mit diesem Erkenntnisprozess: weder Hypothesen, die er in der Beobachtung der Praxis testet, noch theoretische Schlussfolgerungen, die er aus der Beobachtung der Praxis zieht. Dies könnte den Schluss nahe legen, dass Schein jede Organisation für so einzigartig hält, dass keine für alle Organisationen geltenden Funktionsprinzipien und Logiken formulierbar sind und entsprechend jede Organisation, auf's Neue' ohne theoretische Vorannahmen zu untersuchen ist. Dafür spricht auch, dass Schein bei der Erläuterung verschiedener Beratungsmodelle[111] keinen ausdrücklichen Bezug zu seinem Verständnis des Beratungskontextes Organisation herstellt. Auch in seinen zehn Prinzipien als Kern der Prozessberatung fehlt ein solcher Hinweis.[112] In ihnen ist selbst das Wort ‚Organisation' nicht ein einziges Mal enthalten.

Für seine Auffassung von der Einzigartigkeit jeder Organisation sprechen auch Scheins Überlegungen zur Unternehmenskultur. Schließlich umfasse „Kultur alle Aspekte dessen, was ein Unternehmen im Laufe seiner Geschichte gelernt hat."[113] und nach seiner Erfahrung „besitzt jedes Un-

---

[107] Schein (2000): 92

[108] Vgl. Schein (2000): 104 f.

[109] Vgl. Schein (2000): 108

[110] Schein (2000): 108

[111] Vgl. Schein (2000): 21–50. Hierzu zählen das Expertenmodell, das Arzt-Patient-Modell sowie das Prozessberatungsmodell.

[112] Vgl. Schein (2000): 207 ff.

[113] Schein (2003): 70

ternehmen ein einzigartiges Profil kultureller Annahmen"[114]. Die Idee der Einzigartigkeit spiegelt sich ebenfalls in den Überlegungen zu organisationalen Veränderungsprozessen: „Es gibt keine Blaupause für solche Veränderungen, sondern nur Beispiele, aus denen sich Generalisierungen ableiten lassen."[115] Man könne zwar seinem dargelegten Modell[116] für Veränderungsprozesse folgen, „aber ihre Implementierung oder Wahrnehmung ist in jedem Unternehmen anders."[117]

Bei Isaacs bringt schon seine weniger ausgeprägte Ausrichtung auf das Organisationsgeschehen in Unternehmen[118] mit sich, dass Hinweise auf sein Verständnis von Organisation spärlich sind. Allerdings gibt es bei ihm einen klaren Hinweis, wie er das allgemein vorherrschende Bild der Organisation wahrnimmt. Er diagnostiziert, dass die Einflüsse des Taylorismus im „Bild des Unternehmens als Maschine"[119] gipfelten und dass die funktionale und hierarchische Ordnung der Organisation bis in unsere Tage dominierend sei.[120] Anknüpfend an Kurt Lewins Feldtheorie[121] stellt Isaacs fest, welche Bedeutung soziale Felder für unser Denken und Handeln haben und dass ihr Verständnis gerade auch für den Dialog wichtig ist.[122] In diesem Zusammenhang definiert er sein Systemverständnis in Abgrenzung zum Begriff des Gesprächsfeldes: „Ein System ist ein Set verwandter und wechselseitig voneinander abhängiger Elemente, während ein Gesprächsfeld sich aus den Vorstellungen, den Gedanken und der Aufmerksamkeitsqualität der hier und jetzt beteiligten Personen zusammensetzt und nicht nur die interpersonalen Kräfte, sondern auch die Wirkungskraft von Ideen einschließt."[123] Dieser Systembegriff ist klar nachvollziehbar, allerdings zu abstrakt und allgemein, um daraus Rückschlüsse auf Isaacs Organisationstheorie zu ziehen. Insbesondere lässt er offen, welches die Elemente des Systems sind, falls es sich

---

[114]Schein (2003): 70

[115]Schein (2003): 142

[116]Schein (2003) Kapitel 6

[117]Schein (2003): 142

[118]Gerhard Fatzer schreibt in seiner Vorbemerkung zur EHP-Ausgabe (Edition Humanistische Psychologie), dass dieses Buch von Isaacs [Isaacs (2002)] sich mit dem „strategischen Dialog in Unternehmen" [Isaacs (2002): 9)] befasse. Diese Auffassung kann ich nicht teilen. Das Buch weist keinerlei eindeutige Fokussierung auf das Geschehen in Unternehmen auf, sondern befasst sich neben diesem mit vielfältigen Fragen aus Politik, Gesellschaft, Gesundheitswesen, Privatsphäre etc.

[119]Isaacs (2002): 111

[120]Vgl. Isaacs (2002): 111

[121]Vgl. z. B. Lewin (1963)

[122]Vgl. Isaacs (2002): 199 f.

[123]Isaacs (2002): 199 f.

um eine Organisation handelt. Der Begriff des Gesprächsfeldes ist abgesehen von einer Art personenunabhängiger „Wirkungskraft von Ideen" rein personal.

In dem Kapitel „Dialog in Organisationen und Systemen"[124], wo am ehesten ein Hinweis zu vermuten wäre, was denn Organisationen und Systeme sind und wie diese funktionieren, findet sich keinerlei erhellende Spur, die zu Isaacs Organisationsverständnis führen würde.

Im Rahmen von Scharmers Presencing-Konzept gibt es ebenfalls praktisch keine substanziellen Hinweise auf seine Organisationtheorie. Aussagen wie „... living systems, such as your body or a tree, create themselves. They are not mere assemblages of their parts but are continually growing and changing along with their elements"[125] erinnern an die Theorie der Autopoiesis"[126], aber Scharmer stellt keine konkreten Bezüge solcher Art her. Viele Bezüge zu Denkern wie z. B. Goethe, Buckminster Fuller und Henri Bortoft[127] zeigen, dass er seinen Denkansätzen im weitesten Sinne ein systemisches Verständnis zu Grunde legt, wie auch Senge dies tut. Die Indizien reichen aber nicht, um eine konkrete Theorie der Organisation in seinem Denken auszumachen, obwohl er mit seinem Presencing-Konzept explizit auch auf den organisationalen Wandel zielt, wie bereits aus dem Untertitel seines Buches hervorgeht. In seiner Theorie U stellt Scharmer fest, dass soziale Systeme „von Individuen in einem spezifischen Kontext verkörpert und realisiert"[128] werden. Nimmt man dies als organisationstheoretischen Hinweis, so deutet er auf ein, wenn auch kontextgebundenes, v. a. personenbezogenes Organisationsverständnis.

Zusammenfassend lässt sich festhalten, dass die angeführten Autoren eine ganze Reihe von Bezügen und Bedeutungen des Dialoges für die Organisation herstellen, in diesem Zusammenhang jedoch keinen ausdrücklichen Bezug auf eine Theorie der Organisation nehmen. Die Erörterungen von Chancen und Wirkweisen des Dialogs im Kontext der Organisation bleiben gewissermaßen bodenlos, sie verzichten auf ein tieferes Verständnis der Funktionsweise von Organisationen. Damit sind die Vorstellungen von Leistungsversprechen des Dialogs für die Organisation aus meiner Sicht zunächst in Frage gestellt. Man kann m. E. keine zuverlässigen Aussagen

---

[124]Vgl. Isaacs (2002): 275-292

[125]Senge, Scharmer, Jaworski, Flowers (2004): 5

[126]Dieses Konzept wird weiter unten in seinen Grundzügen skizziert und stellt einen Eckpfeiler der systemischen Organisationstheorie dar.

[127]Senge, Scharmer, Jaworski, Flowers (2004): 6 f.

[128]Vgl. Scharmer 2009: 229

über die Wirkweisen des Dialogs für die Organisation machen, wenn man nicht klare Vorstellungen davon entwickelt, wie dieses Gebilde ‚Organisation' beschaffen ist, in welchem sich die Wirkungen eines so anspruchsvollen Kommunikationsinstruments entfalten sollen. Die Protagonisten des Dialogs bauen ihre Dialogideen so m. E. auf Sand.

2.8 EMPIRISCHE BEFUNDE

Susanne Ehmer untersucht den „Dialog in Organisationen"[129] m. H. qualitativer Interviews in zwei Unternehmen, die mit dem Dialogansatz gearbeitet haben. Ehmers Untersuchung befindet sich hinsichtlich Leistungsversprechen und Implementierung voll im Einklang mit den oben dargestellten Sichtweisen prominenter Dialogvertreter. In einem der beiden betrachteten Unternehmen verknüpft sich die Dialoginitiative explizit mit der Absicht der Entwicklung einer Lernenden Organisation.[130]

Ohne im Detail auf die Validität von Ehmers Studie[131] eingehen zu wollen, möchte ich an dieser Stelle einige ihrer Beobachtungen und Schlussfolgerungen in den Fortgang der vorliegenden Arbeit einbeziehen, da mir diese im Rahmen meiner theoriegeleiteten Betrachtung als hilfreiche empirische Ergänzung erscheinen.

2.8.1 Hierarchie

Ehmer weist vielfach darauf hin, dass es zur Implementierung des Dialogs in einer Organisation der Unterstützung der Unternehmensleitung bedarf.[132] Sie trifft immer wieder auf das Phänomen „Gehorsam gegenüber der Leitung"[133] und kommt zu dem Schluss, dass die Unternehmensleitung eine zentrale Rolle im Zusammenhang mit dem Dialog in der Organisation spielt: „Je weiter oben in der Hierarchie diejenigen angesiedelt sind, die den Dialog unterstützen, umso leichter ist es, den Dialog als Instrument und Haltung

---

[129]Ehmer (2004)

[130]Vgl. z. B Ehmer (2004): 152

[131]Ehmer untersucht zwei Unternehmen, die den Dialogansatz ausprobieren und Bereitschaft zur Teilnahme an der Studie signalisieren. Sie spricht mit insgesamt neun Personen, von denen fünf Personaler oder Personal- bzw. Organisationsentwickler sind, einer Betriebsrat, eine Leiterin Corporate Communications. Nur zwei der Gesprächspartner stammen aus dem „Business". Hier stellt sich die Frage, ob nicht die Mehrheit der involvierten Akteure qua Profession ein gewisses Interesse am Dialog hat und ob Vertreter der Kernprozesse und des Kerngeschäfts in der Untersuchung nicht unterrepräsentiert sind.

[132]Vgl. z. B. Ehmer (2004): 180

[133]Ehmer (2004): 168

zu etablieren."[134] Hier zeichnet sich so etwas wie eine hierarchische Dialogparadoxie ab, denn die egalitären Eigenschaften und demokratisierenden Effekte des Dialogs kommen offensichtlich umso besser zum Tragen, je stärker sie von der Hierarchie gefördert werden. Für ihre Interviews stellt sich jedoch aus keinem der beiden Unternehmen ein Gesprächpartner aus der Geschäftsleitung zur Verfügung.[135] Gleichzeitig findet Ehmer heraus, dass die hierarchische Ordnung im Unternehmen einen beschränkenden Faktor für die Implementierung des Dialogs darstellt.[136] Damit stellt sich die grundsätzliche Frage, ob der Dialog überhaupt in hierarchische Umfelder implementiert werden kann.

2.8.2 Setting

Ehmer weist außerdem darauf hin, dass es als vorteilhaft erlebt wird, „die Dialogrunden möglichst nicht in den Räumen des Alltagsgeschäfts stattfinden zu lassen."[137] Dies ist eine gängige Erkenntnis aus der Seminar- und Workshopszene, die damit begründet wird, dass in den Räumen der Organisation vielfältige ablenkende Faktoren die Konzentration stören und dass ungewöhnliche Methoden sich leichter in ungewohnter Umgebung ausprobieren lassen. Bei Letzterem handelt es sich um eine Art Offsite-Paradoxie: Um Verfahrensweisen, die man für das Unternehmen als wertvoll erachtet, die aber im Unternehmen auf Hindernisse stoßen, anzuwenden, muss man physische Distanz zum Unternehmen herstellen. Muss man also die real existierende Organisation verlassen, um die kommunikative Form des Dialoges zu pflegen? Es bleibt offen, wie valide für den Alltag etwas ist, das in Distanz zum realen Alltagsgeschehen getestet wird. Was bleibt von dieser Übung übrig, wenn die Teilnehmer sich wieder auf das Terrain der Organisation zurückbewegen?[138]

2.8.3 Ökonomische Logik

Ehmer zitiert einen ihrer Gesprächpartner: „In so einer Situation, wo schnell der Firma eine neue Richtung gegeben werden muss, ist Kriegsrecht besser

---

[134]Ehmer (2004): 171

[135]Vgl. Ehmer (2004): 150

[136]Vgl. z. B. Ehmer (2004): 178 oder 182

[137]Ehmer (2004): 193

[138]Je nachdem, welche Organisationstheorie man zugrunde legt, ist es u. U. gar nicht so leicht, sich von der Organisation zu lösen. Aus der Perspektive der neueren Systemtheorie ist die Organisation nicht lokal, sondern kommunikativ verortet, wie weiter unten gezeigt wird. Dies ist von besonderer Relevanz für den Dialog als Kommunikationsform und könte dazu führen, dass die Organisation die Akteure auch in andere Settings (z. B. Offsite Lokationen) ‚verfolgt'.

angesagt als Demokratie. Und Dialog verstehe ich da als Demokratie."[139] Beide untersuchten Unternehmen kürzten nach anfänglicher Investition die finanziellen und personellen Ressourcen, welche für die Dialogprozesse ursprünglich zur Verfügung gestellt worden waren. Insbesondere die Eigenschaft des Dialoges, sich keinen direkt messbaren Gewinn zurechnen zu können, führe zu Mittelkürzungen oder Mittelstreichungen[140]: „Die Arbeit mit dem Dialog wird in ökonomisch kritischen Phasen des Unternehmens eingeschränkt."[141] In schlechten Zeiten fokussieren sich Unternehmen auf überlebensnotwendige Aktivitäten. Ist dies als Indiz zu deuten, dass Verantwortungsträger in Organisationen den Dialog als Schönwettermaßnahme verstehen? Wie ist dieser Befund mit Senges Verständnis vereinbar, dass lernende Organisation und Dialog gerade im Sinne der Überlebenssicherung von Organisationen realisiert werden müssen? Ist die Komplexität von Umweltherausforderungen, die den Dialog nach Ansicht seiner Protagonisten, v. a. Senges, gerade notwendig macht, nicht besonders in Krisenlagen gegeben? Und führen gerade die anspannenden Wirkungen von Krisen gleichzeitig zur Verunmöglichung des Dialogs, weil Systeme unter Druck in bewährte Routinemuster zurückfallen?

2.8.4 Entscheidungen

Ehmer kommt zu dem Schluss, dass der Dialog als Kommunikationsmittel sich nicht für das Treffen von Entscheidungen eignet.[142] Hier gibt es einen wichtigen Bezug hinsichtlich der theoretischen Ausrichtung dieser Arbeit, denn weiter unten wird die Entscheidung in ihrer konstitutiven Bedeutung für Organisationen aus theoretischer Sicht eingeführt. Nach dieser Theorieentscheidung haben Entscheidungen eine das Überleben sichernde Bedeutung für Organisationen. Wenn also Entscheidungen, wie Susanne Ehmer folgert, für Dialogprozesse nicht geeignet sind, ist das Verhältnis zwischen Dialog und Organisation aus dieser Perspektive unharmonisch.

Aus meiner Sicht stützen diese empirischen Befunde die Skepsis hinsichtlich der Chancen, den Dialog als Kommunikationsmethode für Organisationen zu nutzen.

---

[139] Ehmer (2004): 156. Bezeichnenderweise handelt es sich hier um einen von zwei aus dem operativen Geschäft und nicht aus einem Verwaltungsbereich stammenden Interviewpartnern. Die Verwendung des Begriffs „Demokratie" deutet darauf hin, wie egalisierend der Dialog von Führungskräften empfunden werden kann.

[140] Vgl. Ehmer (2004): 208

[141] Ehmer (2004): 215

[142] Ehmer (2004): 217

2.9 FAZIT

Die von den Hauptprotagonisten angeführten Leistungsversprechen des Dialogs für die Organisation rechtfertigen eine ernsthafte Auseinandersetzung mit dieser Kommunikationsform. Der Dialog dient aus ihrer Sicht nicht nur als Vehikel für Weltverbesserung, Schaffung einer humaneren Arbeitswelt oder Selbstverwirklichung der Menschen in Organisationen, sondern er hilft, Organisationen mit der für das Überleben in einer immer komplexer werdenden Umwelt notwendigen Lernfähigkeit, Offenheit, Kreativität und Flexibilität auszustatten. Zwischen den beteiligten Menschen stiftet er Vertrauen und Verbundenheit und für das Individuum stellt er eine einzigartige Form der Artikulation und Beteiligung am kommunikativen Prozess dar.

Die Implementierung des Dialogs erfolgt aus der Sicht seiner Protagonisten durch Einsicht, Umdenken und Vorbildwirkung. Sie wird unterstützt durch die Schaffung von entsprechenden Rahmenbedingungen, den Anstoß von auf Dialogführung gerichteten Lernprozessen sowie Experten für den Dialog. Bei den beteiligten Menschen stößt der Dialog weitgehend auf fruchtbaren Boden, da er ihrem natürlichen Verhalten und ihren eigentlichen Wünschen entgegenkommt. Diese Vorstellungen zur Implementierung setzen sehr stark an Handeln und Bewusstsein von Personen an. Sie gehen von der Vorstellung aus, dass durch Einsicht Umdenken entsteht und dass das Umdenken konsequent Veränderungen mit sich bringt, die günstig für den Dialog sind, zumal dieser ohnehin den natürlichen Bedürfnissen der Personen entspricht. Diese Annahmen bleiben letztlich unüberprüft, insbesondere sind sie aus meiner Sicht nicht hinreichend in den Kontext der Organisation gestellt.

Es bleibt v. a. offen, welches Verständnis von Organisation die Autoren ihren Überlegungen zugrunde legen. Weder Senge noch Schein oder Isaacs lassen sich darauf ein, eine klare Aussage über ihr theoretisches Verständnis der Organisation zu machen. Damit bleibt aus meiner Sicht eine wesentliche Voraussetzung für die wissenschaftliche Erörterung des Dialogs im Zusammenhang mit der Organisation ungeklärt. Dies ist m. E. ein gravierender Befund, denn alle betrachteten Dialogvertreter beziehen sich in den von ihnen angeführten Leistungsversprechen ausdrücklich auch auf die Sphäre der Organisation. Senge möchte der lernenden in klarer Abgrenzung zur im Alltag erlebbaren Organisation den Weg bereiten. Schein siedelt die helfende Beziehung zwischen Berater und Klient in der Organisation an, welche er als „ultimativen Klienten" bezeichnet. Isaacs nennt die Organisation ausdrücklich als Anwendungsfeld für den Dialog und Scharmer geht sogar so weit, Transformationsprozesse anstoßen und gestalten zu wollen. Keiner der angeführten Autoren erläutert in den betrachteten Zusammenhängen eine von ihm zugrunde gelegte Theorie der Organisation. Keiner dieser Autoren weist auch nur auf ein konsistentes Theorieverständnis hin, sei es auch an anderer Stelle nachzulesen. Stattdessen werden Theoriefragmente angeboten, die der spekulativen Interpretation überlassen bleiben. Die Organisation wird de facto als etwas betrachtet, in dem man beraten und dialogisieren kann, das man steuern und führen kann, das man sogar grundlegend verändern kann, ohne ein tieferes Verständnis von seinem Wesen und seinen Funktionsweisen zu erarbeiten.

Diesbezüglich vertrete ich eine grundlegend andere Auffassung. Aus diesem Grunde wird das folgende Kapitel sich der neueren Systemtheorie im weiteren Sinne und der entsprechenden Organisationstheorie im engeren Sinne widmen. Diese Vorarbeit soll die Theorielücke der Dialogprotagonisten schließen und in den dann folgenden Abschnitten als konsistente Grundlage für die Betrachtung des Dialogs im Zusammenhang mit der Organisation dienen.

3 Systemtheorie und Konstruktivismus

Die neuere Systemtheorie[143] dient in zweierlei Weise dem weiteren Vorgehen in dieser Untersuchung. Erstens gibt es in ihr aus Sicht des Autors einige fundamentale Anknüpfungspunkte zum Wesen des Dialogs, die es lohnend erscheinen lassen, sich damit genauer zu befassen. Diese Anknüpfungspunkte stellen gewissermaßen Dimensionen der Verwandtschaft zwischen Dialog und Systemtheorie dar. Zweitens soll die Systemtheorie, insbesondere die systemische Organisationstheorie, die im vorigen Abschnitt ausgemachte Theorielücke schließen und das für die Dialogimplementierung notwendige Verständnis für die Funktionsweisen von Organisationen herstellen. Die von den Protagonisten des Dialogs ins Feld geführten Leistungsversprechen sind eng verknüpft mit Vorgängen wie Denken, Lernen, Verstehen und Verändern. Damit stellen sich stets Fragen rund um das Phänomen der Erkenntnis. Aus diesem Grunde ist es für die Untersuchung des Dialogs in der Organisation m. E. notwendig, grundlegende Aspekte der Erkenntnisfähigkeit zu klären. Für das Verständnis von Erkenntnisprozessen in systemtheoretisch verstandenen Organisationen bietet sich die der Systemtheorie eng verwandte Theorie des Konstruktivismus an. Dies gilt umso mehr, als es aus meiner Sicht enge Bezüge zwischen Dialog und Konstruktivismus gibt. Dabei handelt es sich v. a. um die bereits oben angeklungenen und weiter unten ausgeführten Wirklichkeit konstruierenden Eigenschaften des Dialogs.

3.1 GRUNDLEGENDE ASPEKTE DER SYSTEMTHEORIE

Im Folgenden werden Begriffe und Theoreme aus der neueren Systemtheorie untersucht, die aus Sicht des Autors besondere Relevanz für das zusammenhängende Verständnis von Dialog und Organisation haben. Für die vorliegende Arbeit ist insbesondere die Theorie sozialer Systeme, wie sie v.a. von Niklas Luhmann entwickelt wurde, interessant, da hier die Organisation als soziales System mit ganz bestimmten Eigenschaften verstanden werden soll, von denen der Autor sich verspricht, dass sie einen fruchtbaren und nützlichen Blick auf das kommunikative Geschehen in solchen sozialen Systemen

---

[143]Zusätzlich zu den dieser Untersuchung zu Grunde liegenden Theoriequellen gibt es zahlreiche Quellen für die systemtheoretisch inspirierte Praxis von Beratung und Therapie. Siehe dazu z. B. Backhausen, Thommen (2003), Königswieser (1999), Mingers (1996) und Schlippe, Schweitzer (2007), Simon, Rech-Simon (1999)

eröffnen. Dazu gehören die Konzepte der Autopoiesis[144] und der operativen Geschlossenheit, ebenso das Kontingenzphänomen und die strukturelle Kopplung. Eine besondere Rolle spielt in diesem Zusammenhang die Kommunikation, welche im Rahmen der Luhmannschen Theorie sozialer Systeme als Basiseinheit von Systemen verstanden wird. Eine Reihe der diskutierten Begriffe hat Luhmann aus der biologischen Forschung von Humberto Maturana und Francisco Varela[145] in die Soziologie übertragen, von wo aus sie Eingang in die Organisationstheorie fanden. In Anlehnung an die Begrifflichkeit von Maturana und Varela bezeichnet Luhmann die Organisation ganz allgemein als „autopoietisches System".[146]

3.1.1 Autopoiesis, Selbstreferenz und operative Geschlossenheit

Obwohl Maturanas Definition von Autopoiesis durch seine biologischen und wahrnehmungsphysiologischen Forschungen inspiriert wurde, klingt sie durchaus allgemein und interdisziplinär verwendbar: „Es gibt eine Klasse von Systemen, bei der jedes Element als eine zusammengesetzte Einheit (System), als ein Netzwerk der Produktion von Bestandteilen definiert ist, die (a) durch ihre Interaktionen rekursiv das Netzwerk der Produktionen bilden und verwirklichen, das sie selbst produziert hat; (b) die Grenzen des Netzwerks als Bestandteile konstituieren, die an seiner Konstitution und Realisierung teilnehmen; und (c) das Netzwerk als eine zusammengesetzte Einheit in dem Raum konstituieren und realisieren, in dem es existiert. Francisco Varela und ich haben solche Systeme ‚autopoietische Systeme' und ihre Organisation ‚autopoietische Organisation' genannt. Ein lebendes System ist ein autopoietisches System im Raum."[147]

Den Begriff der operationalen Geschlossenheit eines Systems verwenden Maturana/Varela auch für sogenannte Metazeller. Vereinfacht gesagt handelt es sich bei Metazellern um Lebewesen: „Die Metazellularität tritt in allen fünf Bereichen, in die die Lebewesen eingeteilt sind, in Erscheinung . . . :

---

[144]Gr. autos = selber, selbst; poiesis = machen, herstellen, Autopoiesis bedeutet also etwa Selbstherstellung oder Selbsterschaffung.

[145]Maturana und Varela haben in den sechziger Jahren Experimente hinsichtlich der Farbwahrnehmung von Fröschen und Tauben gemacht und sind dabei zu dem verblüffenden Ergebnis gekommen, dass Farbwahrnehmungen nicht Wahrnehmungen einer außerhalb des Wahrnehmungsapparates existierenden Welt sind, sondern Konstruktionen des Wahrnehmungsapparates selbst. Insofern wäre es folgerichtig, von Wahrgebung statt von Wahrnehmung zu sprechen. [z. B. Maturana (2001)]

[146]. . . und widmet der Ausarbeitung dieser Feststellung ein Kapitel in seinem Buch ‚Organisation und Entscheidung', Luhmann (2000): 39 ff.

[147]Maturana (1988): 94f.

Prokaryoten, Eukaryoten, Tiere, Pflanzen und Pilze."[148] Über diese Metazeller sagen sie, „daß sie eine operationale Geschlossenheit ihrer Organisation aufweisen: Ihre Identität ist durch ein Netz von dynamischen Prozessen gekennzeichnet, deren Wirkungen das Netz nicht überschreiten."[149] Ferner stellen sie fest, dass Autopoiesis und operationale Geschlossenheit gemeinsam sicherstellen, „daß alles, was in den Metazellern als autonome Einheiten geschieht, sich unter Erhaltung der Autopoiese der sie bildenden Zellen ebenso wie unter Erhaltung der eigenen Organisation ereignet."[150] Lebewesen sind Produkte ihrer eigenen internen Organisation und produzieren diese Organisation ständig weiter.

Die Konzepte von Autopoiesis und operativer Geschlossenheit, die Maturana und Varela auf Grund ihrer biologischen Forschungen als typische Charakteristika lebender Systeme festgestellt haben, üben einen wichtigen Einfluss auf Luhmanns Verständnis sozialer Systeme aus:

„Der für uns mit der These operativer Geschlossenheit wichtige Punkt besteht darin, dass das System sich mit eigenen Operationen Grenzen zieht, sich von der Umwelt unterscheidet und nur dann und nur so als System beobachtet werden kann. (...) Ein soziales System erzeugt die Differenz zwischen System und Umwelt dadurch, dass kommuniziert wird, dass Beziehungen zwischen unabhängigen Lebewesen hergestellt werden und indem diese Kommunikation einer eigenen Logik der Anschlussfähigkeit, des Weiterkommunizierens, einem eigenen Gedächtnis und so weiter folgt."[151]

Das Kriterium für die Unterscheidung zwischen System und Umwelt ist also, dass das System seine eigenen Außengrenzen zieht. Im Falle des sozialen Systems sind diese grenzziehenden Operationen Kommunikationen[152]. Durch eigene Kommunikationsakte unterscheidet sich ein soziales System insofern von seiner Umwelt und wird als System beobachtbar. Die Spezifität systemeigener und systemtypischer Kommunikationen wird deutlich, wenn wir z. B. an das Rechtssystem einer Gesellschaft denken oder auch an einen Fußballfanclub.

Die Operationen eines Systems erzeugen sich selbst und seine Grenzen. Aus der Perspektive der operativen Geschlossenheit eines Systems finden Operationen eines Systems nur auf dessen Innenseite statt.

---

[148]Maturana, Varela (1987): 98
[149]Maturana, Varela (1987): 100
[150]Maturana, Varela (1987): 100
[151]Luhmann (2002): 92
[152]Dieser Aspekt wird später noch weiter ausgeführt.

„Würden die Systemoperationen in der Umwelt ablaufen, würde dies die Unterscheidung zwischen System und Umwelt sabotieren."[153] Solche Operationen wären auch nicht als systemeigene Operationen zu erkennen. Umgekehrt kann man ex-post immer feststellen, dass alle die Operationen, die innerhalb des Systems stattgefunden haben, auf diese Weise den aktuellen Status des Systems erzeugt haben. Alle anderen Operationen haben eben außerhalb des Systems stattgefunden. Operative Schließung heißt nicht Unabhängigkeit, sondern nur, dass das System beim Operieren auf Operationen angewiesen ist, die Strukturen entstammen, welche wiederum aus eigenen Operationen entstanden sind. Dies wird auch als Selbstorganisation eines Systems bezeichnet.[154] Als Beispiel nennt Luhmann das Gehirn, welches einerseits in diesem Sinne operativ geschlossen und andererseits existenziell abhängig vom Blutkreislauf seiner Umwelt ist.[155] Dieses Verständnis von operativer Geschlossenheit und Autopoiesis bringt es mit sich, dass ein System keine gezielten, linear-kausalen Eingriffe in seine Umwelt vornehmen kann und auch umgekehrt die Umwelt nicht direkt in ein System eingreifen kann.

Autopoietische Systeme sind hinsichtlich ihrer internen Abläufe schwer zu durchschauen. „Kausalität ist ein Urteil, eine Beobachtung eines Beobachters, eine Kopplung von Ursachen und Wirkungen, je nachdem, wie der Beobachter seine Interessen formiert, wie der Beobachter Wirkungen und Ursachen für wichtig oder für unwichtig hält."[156] In der komplexen Vielfalt eines sozialen Systems ist das Herausgreifen bestimmter Ursache-Wirkungsbezüge immer der mehr oder weniger willkürliche Akt eines Beobachters[157] dieses Systems. Alle Ursache-Wirkungsschemata, denen wir begegnen, sind also beobachterabhängige Einschätzungen. Keinesfalls handelt es sich um objektive Erkenntnisse über ein System. Freilich werden Kausalitäten sehr häufig im Gewande objektiver Wahrheiten präsentiert, was im politischen und wirtschaftspolitischen Raum besonders auffällt. Arbeitgeber argumentieren gerne, dass steigende Löhne zu steigenden Preisen führen oder, wenn die Wettbewerbsfähigkeit leidet, Arbeitsplätze vernichten. Gewerkschaften neigen eher zu der Feststellung, dass gestiegene Preise höhere

---

[153]Luhmann (2002): 93

[154]Vgl. Luhmann (2000): 51 f.

[155]Luhmann (2000): 51

[156]Luhmann (2002): 94. An dieser Stelle wird bereits angedeutet, dass Beobachter interessegeleitet beobachten können.

[157]Das Beobachterkonzept wird als für diese Arbeit weiterer wichtiger Aspekt der Systemtheorie weiter unten erläutert.

Löhne nach sich ziehen müssen, um die reale Kaufkraft zu erhalten und damit die Binnennachfrage zu stabilisieren. Wenn es so etwas wie ,Wahrheit' in diesem Zusammenhang gibt, dann muss man sich wohl auf den Gedanken einer wechselseitigen Beeinflussung der Faktoren einlassen und die Vorstellung einer klaren, eindeutigen und einseitig gerichteten Wirkung einer Ursache aufgeben. Schaut man genauer hin, wird man feststellen können, dass unzählige weitere Faktoren sich zu einem letztlich nur schwer durchschaubaren Geflecht von Einflüssen im Zusammenhang mit der Entwicklung von Löhnen und Preisen zusammensetzen. In sozialen Systemen spielt damit die Beobachtung von Beobachtern eine wichtige Rolle, die in einem späteren Abschnitt behandelt wird.

Im Gegensatz zu technischen, kausal geschlossenen Systemen, die auf Umweltanstöße in bestimmter, berechenbarer Weise reagieren, sind operativ geschlossene, soziale oder bewusste Systeme nicht auf berechenbare Weise zuverlässig und planbar beeinflussbar. Die Kaffeemaschine, das Flugzeug oder das Atomkraftwerk sind insofern triviale Maschinen, als eine Reihe von planbaren Operationen, die aus ihrer Umwelt in sie eingreifen, im allgemeinen voraussagbare Ergebnisse nach sich ziehen. Die Kaffeemaschine wird mit Wasser, Filter und Kaffeepulver versorgt, eingeschaltet und einige Minuten später befindet sich Kaffee von bestimmter Qualität in der Kaffeekanne. Ähnlich funktioniert der Landevorgang eines Flugzeuges oder der Betrieb eines Kernkraftwerkes. Wenn, wie im Falle der Katastrophe von Tschernobyl, doch ein unerwünschtes Ergebnis herauskommt, dann ist meistens ,menschliches Versagen' im Spiel.[158] Im Unterschied zu den oben erwähnten Maschinen rührt dies aus der Nichttrivialität des Menschen her. Den Begriff der Trivialmaschine hat v. Foerster eingeführt: „The preconditon for speaking about a cause and effect relationship is that the rule of transformation is known. You have to know what makes the *causa* (the cause) become the effect. Yet it is clear that if this information is not available to you it simply does not make sense to talk about causality. In my opinion, we are then dealing with a special kind of machine. It is nontrivial, that is, not a trivial machine."[159] Der Mensch ist also eine nichttriviale Maschine. Wir können nicht aus intimer Kenntnis seiner internen Mechanismen exakte Vorhersagen über sein künftiges Verhalten machen, im Gegensatz zur Kaffeemaschine. Gleiches gilt ganz allgemein für autopoietische Systeme, seien sie Bewusstseinsysteme oder soziale Systeme. Die Behandlung der Organisation

---

[158] Dörner (1989): 47 ff.
[159] Foerster, Poerksen (2002): 54

als nichttriviales, soziales System ist eine der zentralen Perspektiven dieser Arbeit.

Luhmann betont die Selbstreferenz nichttrivialer Maschinen, wenn sie Impulse aus der Umwelt erfahren, denn sie „schalten immer ihren eigenen Zustand ein und stellen zwischendurch die Zwischenfragen »Wer bin ich?«, »Was habe ich eben getan?«, »In welcher Stimmung befinde ich mich?«, »Wie stark ist mein Interesse noch?« und so weiter, um erst dann den Output zu erzeugen."[160] Diese Selbstreferenz macht das Unberechenbare nichttrivialer Systeme aus.

Luhmann hebt die Radikalität des Autopoiesiskonzeptes hervor, indem er es mit der These der operationalen Geschlossenheit von Systemen verknüpft: „Die These operativer Geschlossenheit impliziert eine radikale Veränderung in der Erkenntnistheorie, auch in der vorausgesetzten Ontologie. Wenn man das akzeptiert hat und den Begriff der Autopoiesis darauf bezieht, das heißt, ihn als eine Ausformulierung der These operativer Geschlossenheit behandelt, dann ist klar, dass damit ein Bruch mit der Erkenntnistheorie der ontologischen Tradition verbunden ist, die annahm, dass etwas aus der Umwelt in den Erkennenden eindringt und die Umwelt innerhalb eines erkennenden Systems repräsentiert, gespiegelt, imitiert oder simuliert wird."[161] Hier baut Luhmann eine Brücke zur konstruktivistischen Erkenntnistheorie. Die intuitive Annahme, dass wir über unseren Wahrnehmungsapparat die Umwelt in ihrem So-Sein mehr oder weniger präzise in uns abbilden, wird also in Frage gestellt. Dieser Erkenntnis Luhmanns folgt der Autor dieser Arbeit und legt weiter unten deshalb die Erkenntnistheorie des Konstruktivismus dem erkennenden und beobachtenden Geschehen in Organisationen zu Grunde.

Für die Zusammenhänge zwischen Organisation und Dialog sind folgende Aspekte der Konzepte von Autopoiesis, Selbstreferenz und operativer Geschlossenheit besonders bedeutsam:

a. Bewusste und soziale Systeme sind nichttriviale Maschinen

„Begreift man Führungssituationen nach dem Modell der Trivialmaschine, so kann zwischen ‚Führenden' und ‚Geführten' genau unterschieden werden. Die einen nehmen Einfluss und die anderen sind die Beeinflußten."[162] Das konventionelle Verständnis des Geschehens in Organisationen deutet darauf hin, dass genau dieses Modell der Trivialmaschine das Denken und Handeln der Akteure in Organisationen beherrscht. Zumindest implizit

---

[160] Luhmann (2002): 98

[161] Luhmann (2002): 114

[162] Wimmer (1989): 24

scheint die Annahme zu gelten, dass man mit den richtigen Führungstechniken wie z. B. Zielvereinbarungen direkt auf die Geführten einwirken und die gewünschten Ergebnisse erzielen kann. Für die Nichterreichung bieten sich allerlei Ex-Post-Rationalisierungen an: vom gestiegenen oder gefallenen Dollarkurs bis zur letzten Reorganisation, die den strategischen Fokus unterjährig verändert hat. Wenn dieses Modell aber nicht greift, was heißt das dann für die Beziehung zwischen den handelnden Personen? Wie kann es gelingen, Einfluss auszuüben?[163] Wenn man die aus Autopoiesis und operationaler Geschlossenheit resultierende Autonomie von Systemen einmal akzeptiert, ist Führung dann überhaupt noch möglich? Wie kann es dennoch gelingen, systeminterne Zustände und Zustandsveränderungen zu erkunden und in das Interaktionskalkül einzubeziehen? Aus Rudolf Wimmers Sicht „stehen Führende und Geführte zueinander in einem höchst störungsanfälligen Verhältnis wechselseitiger Abhängigkeit. Beide verfügen über wesentliche Parameter für das Erfolgreichwerden oder für das Scheitern der jeweils anderen Seite dieser Arbeitsteilung."[164] Das heißt, dass die Führungskonstellation weitaus weniger durch die in der konventionellen Sicht vorherrschende einseitig-asymmetrische Macht-und Einflussdynamik geprägt ist. Das Führungssetting in Organisationen ist komplexer und zirkulärer.

b. Operieren auf der Innenseite

Bewusste und soziale Systeme können sich mit eigenen Operationen nicht mit der Umwelt in Kontakt begeben. Sie operieren also nur auf ihrer Innenseite. Ein System, das nicht aus sich ‚herausgreifen' kann, kann ebenso wenig in ein anderes System ‚hineingreifen'. Dieser Aspekt der Theorie kreiert eine gewisse Kluft zwischen den Akteuren einer Organisation, zwischen der Organisation und ihren Mitgliedern und zwischen Organisationen. Wie kann sie überbrückt werden?

c. Kausalitäten sind nicht objektive Realität

Kausalitäten innerhalb von autopoietischen und zwischen autopoietischen Systemen sind von Beobachtern festgestellte Ursache-Wirkungs-Zusammenhänge. Sie sind keine Erkenntnisse über Realität. Dies stellt grundsätzlich die Nützlichkeit von Ursachenforschung im Zusammenhang mit nichttrivialen Systemen in Frage. Im Kontext der Organisation bedeutet es z. B., dass Schuld- und Erfolgszuschreibungen konstruierte Zusammenhänge sind, die

---

[163]Wolfgang Looss stellt diese Frage auch für das Coaching von Führungskräften und konstatiert: „Als gute Systemiker wissen wir, dass man Personen ja sowieso nicht wirklich instruieren kann." [Looss (2006): 8]
[164]Wimmer (2009): 28

man so feststellen kann, auf die man sich einigen kann, die aber genauso gut in Frage gestellt werden können.

d. Keine Repräsentation der Umwelt

Der Wahrnehmungsapparat eines Systems bildet keine exakte Repräsentation der Umwelt auf seiner Innenseite ab. Dieser Theorieaspekt stellt einen klaren Bruch mit der ontologischen Tradition der Erkenntnistheorie dar. Er gilt für die Wahrnehmung der Umwelt durch Bewusstseinssysteme (von Managern und von Mitarbeitern) ebenso wie für das Marktforschung betreibende soziale System (Organisation, Unternehmung). Erkenntnis über ein System erwächst nicht aus seiner Diagnose oder der Diagnose seines Bauplanes. Damit stellt sich auch die Frage, was an die Stelle des ontologischen Weltbildes tritt. Erkenntnistheoretisch wird hier die Brücke zum Konstruktivismus geschlagen.

3.1.2 Strukturelle Kopplung

Im Zusammenhang mit der Ontogenese, der „Geschichte des strukturellen Wandels einer Einheit ohne Verlust ihrer Organisation"[165], von Zellen sagen Maturana und Varela: „Die zelluläre Einheit 'sieht' und ordnet ihre ständigen Interaktionen mit dem Milieu immer im Sinne ihrer Struktur, welche wiederum im Zuge ihrer inneren Dynamik ebenfalls in ständigem Wandel begriffen ist."[166] Das System Zelle hat also einen eigenstruktur-bedingten Filter für Interaktionen mit seiner Umwelt, welcher gleichzeitig einer der inneren Systemdynamik folgenden dauernden

Veränderung unterworfen ist. Weiter heißt es: „... jede Ontogenese findet innerhalb eines Mediums statt, welches wir als Beobachter als ausgestattet mit einer besonderen Struktur [...] beschreiben können. Da wir auch die autopoietische Einheit als mit einer besonderen Struktur ausgestattet beschreiben, erscheint es uns offenkundig, dass die Interaktionen zwischen Einheit und Milieu, solange sie rekursiv sind, für einander reziproke Perturbationen[167] bilden. Bei diesen Interaktionen ist es so, dass die Struktur des Milieus in den autopoietischen Einheiten Strukturveränderungen nur *auslöst*, also weder determiniert noch instruiert (vorschreibt), was auch umgekehrt für das Milieu gilt. Das Ergebnis wird [...] eine Geschichte wechselseitiger Strukturveränderungen sein, also das, was wir *strukturelle Kopplung* nen-

---

[165]Maturana, Varela (1987): 84
[166]Maturana, Varela (1987): 84
[167]Eigentlich: „Störung in den Bewegungen eines Sterns"; [DUDEN, Das Fremdwörterbuch (1974): 553]

nen."[168] Die Beziehung zwischen Zelle und Milieu ist also wechselseitig. Perturbationen wirken wechselseitig von einer Struktur auf die andere, stoßen dort aber auf eben jene Eigenstruktur, die die Perturbation als Impuls, nicht als Determinante oder Instruktion für eigene Veränderungen aufnimmt.

An diesen biologischen Begriff der strukturellen Kopplung knüpft Luhmann an und überträgt ihn auf soziale Systeme (z. B. die Gesellschaft) und Bewusstseinssysteme sowie ihre jeweiligen Umwelten. Er führt eine Reihe von Beispielen an, wie Systeme innerhalb des Gesellschaftssystems strukturell mit einander gekoppelt sein können: „In Adelsgesellschaften zum Beispiel werden die unterschiedlichen sozialen Schichten durch Haushalte gekoppelt, indem sie in Haushalten kommunikative Kontakte realisieren können. (...) Wissenschaft und Wirtschaft finden sich durch die technische und ökonomische Umsetzbarkeit neuen Wissens gekoppelt, Wirtschaftssystem und Krankenbehandlungssystem durch das Krankschreiben von Patienten in Arztpraxen; das Rechtssystem und das Wirtschaftssystem durch die beiderseitige Benutzung von Eigentum und Vertrag, Rechtssystem und politisches System durch die Institution der Verfassung."[169] Und die strukturelle Kopplung von Bewusstseinssystemen im Rahmen der Gesellschaft erfolgt durch Sprache.[170] Für alle diese Kopplungsbeziehungen gilt, dass zwischen den gekoppelten Systemen keine Determinierungen oder Instruktionen stattfinden.

Luhmann schreibt der strukturellen Kopplung eine paradoxe Wirkung zu, nämlich, dass sie einerseits die Menge an Umwelteinflüssen auf das System verringert und kanalisiert, also Komplexität reduziert, und andererseits die Möglichkeit zur Komplexitätsentwicklung des Systems selber damit erst eröffnet. Als Beispiel nennt er die strukturelle Kopplung des Gehirns über Augen und Ohren an die Umwelt.[171] Augen und Ohren ermöglichen eine drastische Einschränkung von optischen und akustischen Empfindlichkeiten, so dass das Gehirn nicht mit Außeneinwirkungen überlastet wird. Und „... nur weil das so ist, können Lerneffekte eintreten, können komplexe Strukturen innerhalb des Gehirns aufgebaut werden."[172] Strukturelle Kopplung sorgt also für einen Schutz des Systems vor zuviel Umwelteinflüssen einerseits und ermöglicht gleichzeitig eine quantitative und qualitative Kanalisierung derjenigen Einflüsse, die vom System verarbeitbar sind. Das Beispiel zeigt auch,

---

[168]Maturana (1987): 85
[169]Luhmann (2000): 397
[170]Vgl. Luhmann (2000): 397
[171]Vgl. Luhmann (2002): 121f.
[172]Luhmann (2002): 122

dass das System selbst (hier das Gehirn) nicht ein reales Bild von der Umwelt in sich hinein holt, sondern intern ein Bild von der Umwelt konstruiert: „Alles hängt davon ab, dass das System nicht selbst Kontakt mit der Umwelt aufnimmt, sondern dass es nur photochemisch oder akustisch durch Wellen gereizt wird und dann mit dem eigenen Apparat Informationen daraus produziert, die in der Umwelt nicht vorhanden sind, sondern dort Korrelate haben, die aber wiederum nur ein Beobachter sehen kann."[173] Der Beobachter steht gewissermaßen zwischen Umwelt und Bewusstseinssystem.

Dies führt zu einer entscheidenden kommunikationstheoretischen These: „[...] das System greift auf eigene Zustände, auf Irritationen, die es selbst erfährt, zu, um daraus Informationen zu machen und mit diesen Informationen weiterzuarbeiten. Das heißt eben auch, dass Informationen keine festen Körperchen oder konstanten Elemente sind, die von der Umwelt in das System übertragen werden können."[174] Dies widerspricht dem landläufigen Verständnis von Kommunikation als mehr oder weniger gelungene Informationsübertragung zwischen (z. B. Bewusstseins-) Systemen, wie es auch in der Vorstellung des ‚Nürnberger Trichters'[175] zum Ausdruck kommt. Damit wird der Begriff der strukturellen Kopplung klarer. Sie ist Bedingung und gleichzeitig Beschränkung für Wechselwirkungen zwischen System und Umwelt. Sie erlaubt jedoch keine direkten Einwirkungen zwischen ihnen, keine Eins-zu-Eins-Übertragungen und damit auch keine linear-kausalen Interventionen. Sich auf Maturana beziehend stellt Luhmann fest: „[...] strukturelle Kopplung stehe 'orthogonal' zur Autopoiesis."[176] Das System wird durch strukturelle Kopplung zwar funktional mit der Umwelt oder anderen Systemen verknüpft. Diese Verknüpfung tangiert jedoch nicht die Autopoiesis des Systems.

Wichtig für das Funktionieren der strukturellen Kopplung ist ihre Passung mit dem System, „die Kompatibilität [...] mit der Autonomie und Autopoiesis des Systems."[177] Ist diese Voraussetzung gegeben, dann können zwischen System und Umwelt wechselseitige Einflussnahmen stattfinden, aber nicht im Sinne gezielter Eingriffe, welche bestimmte, vorhersagbare Wir-

---

[173]Luhmann (2002): 122; hier ist die Unterscheidung zwischen Beobachter und Bewusstseins- oder psychischem System wichtig.

[174]Luhmann (2002): 129f.

[175]„... scherzhaft für eine Lehrmethode, bei der sich der Lernende nicht anzustrengen braucht, weil ihm der Lernstoff mechanisch beigebracht (‚eingetrichtert') wird;" [Zeitlexikon (2005): 489, (Band 10)]

[176]Luhmann (2002): 120

[177]Luhmann (2002): 120

kungen hervorrufen, sondern im Sinne einer gemeinsamen Entwicklung. Die strukturelle Kopplung ermöglicht also einen koevolutiven Prozess zwischen System und Umwelt oder zwischen Systemen. Im Bereich sozialer Systeme und sozialer Kommunikation liegt es nahe, die Sprache als Kopplungsmechanismus zu verstehen. Auch sie unterliegt dem eingangs erwähnten Paradoxon: „Strukturelle Kopplung heißt hier, dass Sprache vieles ausschließt, um weniges einzuschließen, und aus diesem Grunde selbst komplex werden kann."[178] Die Sprache ist ein hochselektiver Code akustischer oder schriftlicher Signale und Zeichen, eine kleine Teilmenge dessen, was an Geräuschen und Schriftlichem produziert werden kann.

Für die Zusammenhänge zwischen Organisation und Dialog sind folgende Aspekte der strukturellen Kopplung besonders bedeutsam:

a. Passung zwischen Systemen und Umwelten

In Beziehung stehende Systeme und Umwelten bedürfen einer stimmigen, kanalisierten Passung. Man kann auch umgekehrt formulieren: Wenn Systeme in Beziehung zueinander stehen, ist das ein Zeichen dafür, dass eine gewisse Kompatibilität zwischen ihnen vorhanden sein muss. Wie kann diese Beziehung ausgestaltet werden, um in Interaktion und Führung Wirkungen zu erzielen, wenn man von der durch Autopoiesis und operativer Geschlossenheit erzeugten Autonomie der Systeme ausgeht? Welche Prozesse und Faktoren sorgen für und fördern diese Passung?

b. Keine linear-kausalen Einwirkungen

Zwischen Systemen und Umwelten finden keine direkten Einwirkungen statt. Folgen wir dieser These, so müssen wir eine Reihe gängiger Paradigmen aufgeben, die mit der Vorstellung von Steuerung und Kontrolle zusammenhängen. Wenn im Prozess der Beziehung zwischen einer Organisation und in ihrer Umwelt befindlichen psychischen Systemen die strukturelle Kopplung gelingt, dann wird im Zeitablauf eine wechselseitige Selektion der zu System (Organisation) und Umwelt (psychisches System) passenden Strukturen, Funktionen und Prozesse stattfinden. Die Zirkularität dieser Entwicklung schließt eine einseitig gezielte Einflussnahme aus. Führungskommunikation kann psychische Systeme adressieren, aber die Führung ist nicht in der Lage, gewünschtes Verhalten direkt zu bewirken. Führung im Sinne von Steuerung ist im Rahmen dieser Theorie höchst zweifelhaft.

c. Koevolution

Der Bereich von Wirkungen zwischen Systemen und Umwelten ist am besten als koevolutiver Prozess zu beschreiben. Damit ist anzunehmen, dass

---

[178]Luhmann (2002): 123

die Beziehung zwischen Organisation und psychischen Systemen und sowie zwischen psychischen Systemen untereinander auch als eine Art Koevolution begriffen werden kann, in welcher sich zirkuläre Wirkungen abspielen, aber auch wechselseitige Abhängigkeiten entstehen.

d. Beziehung wird ermöglicht, Vereinnahmung wird verhindert
Strukturelle Kopplung ermöglicht Beziehung und verhindert Vereinnahmung zwischen Systemen und Umwelten. Durch strukturelle Kopplung kann die Systemautonomie überbrückt, wenn auch nicht überwunden werden. Demnach haben Handelnde und Kommunizierende eher einen Beziehung gestaltenden als einen eingreifenden und einvernehmenden Charakter.

3.1.3   Beobachter und Beobachtung

Vice versa
Ein Hase sitzt auf einer Wiese,
des Glaubens, niemand sähe diese.
Doch, im Besitze eines Zeißes,
betrachtet voll gehaltnen Fleißes
vom vis-a-vis gelegnen Berg
ein Mensch den kleinen Löffelzwerg.
Ihn aber blickt hinwiederum
Ein Gott von fern an, mild und stumm.
(Christian Morgenstern)

Für Humberto Maturana sind Mensch und Beobachter sehr nah beieinander: „Als Beobachter sind wir menschliche Wesen. Wir menschlichen Wesen befinden uns bereits in der Beobachterrolle, wenn wir anfangen, unser Beobachten zu beobachten, in dem Bemühen zu beschreiben und zu erklären, was wir tun. (...) Beobachten ist das, was wir Beobachter tun, wenn wir mit Hilfe von Sprache die verschiedenen Arten von Entitäten unterscheiden, die wir im Rahmen unserer Teilnahme an den verschiedenen Konversationen, an denen wir in unserem täglichen Leben beteiligt sind (...), als Objekte unserer Beschreibungen, Erklärungen und Reflexionen hervorbringen. Der Beobachter ereignet sich im Prozess des Beobachtens, und wenn das menschliche Wesen, das der Beobachter ist, stirbt, dann enden der Beobachter und das Beobachten."[179]

Aus der Theorieperspektive Luhmanns taucht mit dem Beobachter nun nicht mehr der Mensch im System auf, sondern bei dem Konzept von Beob-

---

[179]Maturana (1998): 321

achter und Beobachtung handelt es sich um eine Abstraktion, die der Theorie hilft, bestimmte Aspekte des kommunikativen Geschehens klarer zu fassen.

Das Konzept der Beobachtung im Sinne der neueren Systemtheorie führt zu der radikalen Konsequenz, dass menschliches Erkennen nicht als Erkennen von etwas Gegebenem verstanden wird. Beobachtung ist in dieser Weltsicht nicht mehr Beobachtung von etwas objektiv so Seienden. Die Maturana zugeschriebene Aussage, dass alles, was gesagt wird, von einem Beobachter gesagt wird, deutet darauf hin, dass die Aufmerksamkeit nun von der Welt auf den die Welt Beschreibenden schwenkt. Während die klassische, ontologische Perspektive unterstellt, dass die Welt objektiv und wahrheitsgemäß wahrnehm- und beschreibbar ist, interessiert sich die systemtheoretische Perspektive für die spezifischen Merkmale des die Welt Beschreibenden, also des Beobachters. Jene unterstellt, dass persönliche Eigenschaften des Beobachters nicht in seine Beschreibungen eingehen, dass sie diese nicht beeinflussen oder gar bestimmen,[180] während diese davon ausgeht, dass die persönlichen Eigenschaften des Beobachters untrennbar mit seinen Beschreibungen verknüpft sind. Die Vorstellung, die Eigenschaften des Beobachters aus der Beobachtung tilgen zu können, ist irrig. In diesem Sinne ist nichts für uns ohne Beobachtung da und mit der Beobachtung ist automatisch die Spezifität des Beobachters im Spiel. Der Beobachter ist also mit seiner spezifischen Individualität selbst in seinen Beschreibungen inkorporiert und nicht herausfilterbar ist. Diese radikale Konsequenz wird von Peter Fuchs so formuliert: „(...) Beobachtung nehmen wir als Letzt- oder Leitbegriff, der immer vorausgesetzt wird. (...) Man könnte sagen: Sobald dieser Begriff im Spiel ist, bedingt er – sich selbst. Es gibt dann keinen Fall mehr, in dem er sich erübrigt, also auch nicht den Fall, daß man über Beobachtung beobachtungsfrei reden könnte."[181]

Welcher Ehemann hat nicht schon das überraschende Erlebnis gehabt, sich zu fragen, ob er wirklich am Vorabend mit seiner Frau auf der gleichen Party war, wenn er erlebt, wie diese ihrer besten Freundin davon erzählt? Offensichtlich beobachterabhängig ist auch die Antwort auf die Frage, welcher Politiker das TV-Wahlkampfduell gewonnen hat. Alle Beobachter haben am Bildschirm vermeintlich exakt das gleiche Geschehen erlebt und trotzdem gibt es sehr unterschiedliche, vom jeweiligen Beobachter nicht trennbare

---

[180] Vgl. z. B. Foerster (1993): 63. Die Trennung von Beobachter und Beobachtetem bezeichnet Foerster an dieser Stelle als das Prinzip der Objektivität im wissenschaftlichen Diskurs.

[181] Fuchs (2004): 11. Die Formatierung des Zitats als Fließtext weicht von der Quelle insofern ab, als diese, den „Tractatus" Wittgensteins nachahmend, mit Ziffern gegliedert ist, die hier ausgelassen wurden.

Einschätzungen, wer der oder die Bessere war. Ebenso kann man annehmen, dass ein Gespräch zwischen Manager und Mitarbeiter oder ein Meeting zwischen mehreren Mitgliedern einer Organisation von den jeweiligen Teilnehmern in unterschiedlicher Weise erlebt, interpretiert und bewertet wird und dass jeder gegenüber Dritten aufgrund seiner unterschiedlichen Erlebens- und Wahrnehmungsfilter über das gleiche Ereignis in unterschiedlicher Weise kommuniziert. Jeder konstruiert seine Weltsicht aufgrund dieser ganz persönlichen Disposition. Jeder lebt und erlebt letztlich in seiner eigenen Welt.

Luhmann sieht den Beobachter mitten im Kommunikationsgeschehen: „Der Beobachter kommt nicht irgendwie oberhalb der Realität vor, er fliegt nicht über den Dingen und betrachtet nicht von oben, was vor sich geht (...) er ist (...) kein Subjekt außerhalb der Welt der Objekte, sondern er ist mittendrin (...)"[182]. Was tut nun dieser Beobachter, wenn er beobachtet? Luhmann folgt George Spencer-Brown[183] und stellt fest: „Beobachten ist das Handhaben einer Unterscheidung zur Bezeichnung der einen und nicht der anderen Seite."[184] Der Prozess des Beobachtens ist also ein Prozess des Unterscheidens und Bezeichnens.

Mit dem Prozess des Beobachtens ist eine auswählende Aufmerksamkeitsfokussierung verbunden: Der Beobachter beobachtet A und lässt automatisch alles außer acht, was nicht A ist. Eine Führungskräftekonferenz beschäftigt sich mit dem Leitbild der Organisation und beobachtet nicht gleichzeitig die Vorbereitungen einer feindlichen Übernahme durch den schärfsten Konkurrenten. Das spezifische Beobachten einer Organisation ist eine grundlegende Operation, mit deren Hilfe sie ihr Überleben sichert oder Gefährdungen für das Überleben abwehrt. Aufgabe der Führung ist u.a., entsprechende Blickwinkel verfügbar zu machen und Beobachtungspunkte (z. B. Kennzahlen) einzurichten sowie deren allgemeine Akzeptanz in der Organisation sicherzustellen.[185]

„Bei allem Beobachten wird also zugleich etwas Unsichtbares produziert."[186] Das Unsichtbare ist eine Art blinder Fleck. Wenn eine Organisati-

---

[182]Luhmann (2002): 142

[183]„... we cannot make an indication without drawing a distinction (...) Once a distinction is drawn, (...) each side of the boundary, being distinct, can be indicated." [Spencer-Brown (1979): 1]. Aron R. Bodenheimer vertritt die Auffassung, dass durch Benennung Existenz entsteht: "Was einen Namen trägt, was also überhaupt wörtlich benannt werden kann – sagend und fragend gleicherweise -, von dem ist bereits mit Bestimmtheit festgelegt, dass es existiert. Name schafft Existenz – gleich wessen." [Bodenheimer (1999): 142]

[184]Luhmann (2002): 143

[185]Vgl. Wimmer (2009): 32

[186]Luhmann (2002): 146

on systematisch ganz bestimmte Beobachtungsmuster pflegt, so erzeugt sie damit auch systematisch blinde Flecken. Die Personalpolitik von Enron in den Jahren vor dem Zusammenbruch hat sich wesentlich auf das Entdecken und Fördern von sogenannten Talenten oder High Potentials konzentriert. Immer mehr von diesen zumeist jüngeren Leuten kamen in höhere Positionen mit mehr Budgetverantwortung und erfahrene Leistungsträger gerieten zusehends aus dem Blick der Organisation.

Luhmann definiert den Beobachter in einem sehr formalen Sinne als ein System, das unterscheidet und bezeichnet, und führt damit die Möglichkeit ein, dass nicht nur psychische Systeme oder Bewusstseinssysteme menschlicher Individuen, sondern auch soziale Systeme Beobachter sein können. Er nennt das Beispiel Schule, in welchem sich selbstverständlich die psychischen Systeme (Lehrer, Schüler) gegenseitig beobachten. Wenn der Lehrer zum Gegenstand der Diskussion im Unterricht würde, würde das soziale System Unterricht (genauer: die dort stattfindenden Kommunikationen) das psychische System Lehrer beobachten.[187] „Auch ein soziales Kommunikationssystem ist ein Beobachter."[188]

Ein analoges Muster ergibt sich für Organisationen. In den Kommunikationen eines Mitarbeiterteams wird ein anderes Mitarbeiterteam beobachtet. Die Betriebsversammlung beobachtet das Verhalten des Marketingvorstandes, der Betriebsratsvorsitzende eines mittelständischen Unternehmens beobachtet die Interaktionen zwischen Vorstand und Betriebsrat bei VW usw.

Eine konsequente Erweiterung dieses Gedankens im Sinne der Systemtheorie ist, dass das vom Beobachter Beobachtete ein System ist und der Rest Umwelt, wobei genau genommen auch die Umwelt aus Systemen besteht. In dieser Anschauung ist die Kommunikation im obersten Führungskreis ein System. Die Beobachter dieses Systems, z. B. Berater, Manager oder Mitarbeiter, sind Umwelten der Führungskommunikation und gleichzeitig ebenfalls Systeme. Somit können sich psychische und soziale Systeme in jeder kombinatorisch gegebenen Möglichkeit beobachten:

a.
Ein psychisches System beobachtet ein psychisches System.
(vereinfacht: Ein Manager beobachtet seinen Mitarbeiter.)
b.
Ein psychisches System beobachtet ein soziales System.

---

[187] Vgl. Luhmann (2002): 147f.
[188] Luhmann (2002): 149

(vereinfacht: Der Berater beobachtet die (Führungs-) Kommunikation in der Organisation.)

c.

Ein soziales System beobachtet ein psychisches System.

(vereinfacht: In der Sitzung des Betriebsratsausschusses wird die Rede des Personalvorstandes diskutiert.)

d.

Ein soziales System beobachtet ein soziales System.

(vereinfacht: In der Vorstandssitzung wird die Subventionsdebatte im Bundestag diskutiert.)

Die Interaktion in Organisationen bringt ein weiteres für uns relevantes Phänomen mit sich: die Beobachtung zweiter Ordnung. Die Beobachtung der Führungskommunikation durch einen Berater (oder ein Beratersystem) ist ein solches Beispiel, denn der Berater beobachtet die Führungskommunikation beim Thematisieren eines bestimmten Gegenstandes, also beim Beobachten. Mit der Beobachtung zweiter Ordnung ist also „gemeint, dass man einen Beobachter beobachtet."[189] Ein typisches Beispiel hierfür ist auch die Beurteilung der Führungsfähigkeiten eines Managers durch seine Führungskraft. Der Manager ist in seiner Rolle als Manager Beobachter und wird von seiner Führungskraft, die in ihrer Rolle ebenfalls Beobachter ist, beobachtet.[190]

Für das Führungsgeschehen in Organisationen bedeutet dies, dass man bei der Wahrnehmung der Führungsfunktion die Art und Weise des Beobachtens relevanter psychischer oder sozialer Systeme bedenken muss. Führung muss sich der Beobachtereigenschaften und damit der Perspektiven der Geführten bewusst sein und sich auf sie einstellen, um mit höherer Wahrscheinlichkeit Wirkung entfalten zu können. Sie muss darüber hinaus die Aufmerksamkeit der Geführten lenken bzw. die Rahmenbedingungen für ein funktionales Beobachten derselben im Sinne der Überlebenssicherung der Organisation schaffen.[191]

Das Konzept der Beobachtung zweiter Ordnung bringt eine interessante Komplikation mit sich: Der beobachtete Beobachter weiß in der Regel

---

[189]Luhmann (2002): 155

[190]Bei der Gleichsetzung von Beobachtern mit konkreten Personen und Rollenträgern handelt es sich jeweils um eine der Veranschaulichung dienende Vereinfachung, nicht zuletzt, um die Lesbarkeit des Textes zu gewährleisten. Dabei soll natürlich nicht vergessen werden, dass es sich bei dem Luhmannschen Beobachterkonzept um ein theoretisches Abstraktum handelt, welches alles andere als ein Mensch aus Fleisch und Blut ist.

[191]Vgl. z. B. Wimmer (2009): 24 ff.

um sein Beobachtetwerden und daraus folgt, dass der Beobachter zweiter Ordnung das beobachtete System nur unter den Bedingungen des Beobachtetwerdens beobachten kann. Er kann das System also nur als beobachtetes System beschreiben, kann aber nicht sagen, wie das System in unbeobachtetem Zustand beschaffen wäre.[192] Wenn die McKinsey-Berater ins Haus kommen und Mitarbeiter interviewen, dann geben die Mitarbeiterinterviews nur Auskunft darüber, was Mitarbeiter sagen, die wissen, dass McKinsey-Berater im Haus sind und Mitarbeiter interviewen. Entsprechend stellt Luhmann fest: „Der Führer kann nur jemand sein, der manipulieren kann, wie er beobachtet wird."[193] Ebenso können Führer und Geführte als sich gegenseitig beobachtende Systeme, die wissen, dass sie sich gegenseitig beobachten, verstanden (oder beobachtet!) werden.

Damit ist in sozialen Situationen theoretisch ein unendlicher ‚Progress' des Beobachterkonzepts enthalten: Ich beobachte und weiß, dass der Beobachtete um sein Beobachtetwerden durch mich weiß. Der Beobachtete wiederum weiß, dass ich mir dessen bewusst bin . . . usw.

Für die Zusammenhänge zwischen Organisation und Dialog sind folgende Aspekte des Beobachterkonzepts besonders bedeutsam:

a. Beobachter kommunizieren

Jeder Akt der Kommunikation ist Akt eines Beobachters. Alle Akteure in einer Organisation sind Beobachter in ihrer unverwechselbaren Einzigartigkeit, d.h. mit ihren individuellen Wahrnehmungs-, Unterscheidungs-, Bezeichnungs- und Interpretationsmustern. Alle Kommunikation findet aus irgendeiner einzigartigen Beobachterstruktur heraus statt. Es kann kaum Gewissheit darüber geben, wie diese Struktur beschaffen ist, aber gewiss ist, dass sie sich von der eigenen unterscheidet. Deshalb ist die Annahme der Informationsidentität, zwei Beobachter (z. B. Führender und Geführter) kommunizieren miteinander und gehen davon aus, dass ein exakter Informationsaustausch stattfindet, wahnhaft. Entsprechend groß ist die Enttäuschung, wenn man auf das Nichtvorhandensein von Informationsidentität, also Nichtverständigung, stößt.

b. Beobachter beschreiben Kommunikationen

---

[192]Das gleiche Überlegungsmuster hat Heisenberg zur Formulierung der „Unschärferelation" veranlasst. „Die Unschärferelation bestimmt das Ausmaß, in dem der Wissenschaftler die Eigenschaften des beobachteten Objektes durch den Meßvorgang beeinflusst. In der Atomphysik können die Wissenschaftler nicht mehr die Rolle des unparteiischen, objektiven Beobachters spielen; vielmehr werden sie in die von ihnen beobachtete Welt einbezogen." [Capra (1990): 18]
[193]Luhmann (2002): 166

Jede Beschreibung einer Kommunikation ist Beschreibung seitens eines Beobachters. Die Kommunikation selbst ist bereits der Akt eines Beobachters. Die Beschreibung derselben ist Beobachtung einer Beobachtung, also eine Beobachtung zweiter Ordnung. Wenn ein Mitarbeiter über die Interaktion mit einem anderen Mitarbeiter berichtet, sagt er vermutlich ebenso viel über sich selbst aus wie über den Gegenstand des Berichts. Wer beobachtet die Beobachter?

c. Führung kümmert sich um Beobachtung

Führen heißt auch: gemeinsame Beobachtungsmuster herstellen und Aufmerksamkeit fokussieren. Auf diese Weise wird Orientierung gegeben und es werden gleichzeitig blinde Flecken erzeugt. „Soziale Realität ist z. B. das, was im Beobachten einer Mehrheit von Beobachtern als ihnen trotz ihrer Unterschiedenheit übereinstimmend gegeben beobachtet werden kann."[194] Das Führungsgeschehen in Organisationen hat die Aufgabe, auf die Erzeugung sozialer Realität in der Weise hinzuwirken, dass das Überleben der Organisation gesichert wird.

d. Veränderungsprozesse verändern Beobachtungen

Change Management bedeutet v.a. auch, neue Beobachtungsmuster einzuführen und zu etablieren. Das Geschehen in v. a. privatwirtschaftlichen Organisationen ist mehr und mehr von Veränderungsprozessen geprägt. Dabei geht es immer auch darum, lieb gewordene Beobachtungsmuster aufzugeben und neue anzunehmen. Wenn sich z. B. durch eine Reorganisation die Rollen von Mitarbeitern verändern, dann müssen diese alte Aufgaben abgeben und neue Aufgaben annehmen, d.h. gewohnte Aufmerksamkeitsfokussierungen einstellen und neue Aufmerksamkeitsfokussierungen einüben. Solche Aufmerksamkeitsfokussierungen sind Beobachtungen im Sinne von Unterscheidungen und Bezeichnungen.

e. Beobachtungsweisen kennen lernen hilft zu verstehen

Akteure sind darauf angewiesen, die Perspektiven anderer Akteure, ihre Art des Beobachtens, bis zu einem gewissen Grad zu verstehen und in ihr Kalkül einzubeziehen, also eine Beobachtung zweiter Ordnung durchzuführen. Kümmert z. B. eine Führungskraft sich nicht um die Beobachtungsmuster ihrer Mitarbeiter, besteht die Gefahr dauernden Missverständnisses oder lang anhaltenden Scheinverständnisses. Die Erfahrung zeigt, dass noch so präzise formulierte Zielvereinbarungen immer einen gewissen Grad an Interpretationsspielräumen zulassen, so dass ein gemeinsames Verständnis nicht vorausgesetzt werden kann, sondern erst entwickelt werden muss.

---

[194]Luhmann (1990): 41

f. Wechselseitige Umweltrelevanz von Beobachtern

Die psychischen Systeme von Organisationsmitgliedern sind zugleich Beobachter und relevante Umwelten der Organisation und umgekehrt.

In dieser Theorie verfügen Führende und Geführte über psychische Systeme[195], die sich selbst und andere sowie die Organisation beobachten und um ihr eigenes Beobachtetwerden wissen. Sie sind für einander relevante Umwelten und über Sprache strukturell gekoppelt. Keiner dieser Beobachter steht außerhalb oder oberhalb des Geschehens, sondern ist selbst involviert. Umgekehrt beobachtet das soziale System Organisation die relevanten psychischen Systeme.

3.1.4 Doppelte Kontingenz und Kontingenz

Luhmann diskutiert doppelte Kontingenz v.a. im Zusammenhang mit der Entstehung sozialer Systeme.[196] Er erklärt zunächst den Kontingenzbegriff so: „Der Begriff wird gewonnen durch Ausschließung von Notwendigkeit und Unmöglichkeit. Kontingent ist etwas, was weder notwendig ist noch unmöglich ist; was also so, wie es ist (war, sein wird), sein kann, aber auch anders möglich ist. Der Begriff bezeichnet mithin Gegebenes (Erfahrenes, Erwartetes, Gedachtes, Phantasiertes) im Hinblick auf mögliches Anderssein; er bezeichnet Gegenstände im Horizont möglicher Abwandlungen."[197] Etwas kann sein, wie es ist. Es kann aber grundsätzlich auch anders sein. Eine Entscheidung kann so fallen, wie sie fällt, sie kann aber auch anders ausfallen. Mit dem Theorem der doppelten Kontingenz wendet sich Luhmann der Strukturbildung zu: „Soziale Systeme entstehen jedoch dadurch (und nur dadurch), daß *beide* Partner *doppelte* Kontingenz erfahren und daß die Unbestimmbarkeit einer solchen Situation für *beide* Partner *jeder* Aktivität, die dann stattfindet, strukturbildende Bedeutung gibt."[198] In einer Situation der Anbahnung eines sozialen Systems stehen sich also Personen oder Gruppen gegenüber[199], „jeder mit eigenen Bedürfnissen und eigenen Leistungsmög-

---

[195]Möglicherweise kann man auch sagen: Die psychischen Systeme verfügen über die Führenden und Geführten. Eigentlich ist der Begriff „verfügen" irreführend, da die psychischen Systeme natürlich auch autopoietisch gewissermaßen über sich selbst verfügen.

[196]Vgl. z. B. Luhmann (1984): Kapitel 3

[197]Luhmann (1984): 152

[198]Luhmann (1984): 154

[199]Hier benutzt Luhmann die Begriffe „Alter" und „Ego", die nicht für Rollen, Personen oder Systeme, sondern für ‚Sozialdimensionen' stehen, welche „sinnhafte Verweisungen aggregieren und bündeln."[Luhmann (1984): 119 f.] An anderer Stelle benutzt Luhmann im Zusammenhang mit Kommunikation Ego für den Adressaten und Alter für den Mitteilenden. [Vgl. Luhmann (1984): 195]

lichkeiten. Der eine hängt von den Leistungen des anderen ab und der andere von den Leistungen des einen. Jeder kann die Leistungen erbringen oder auch verweigern."[200] Das soziale System entsteht dann in einem Prozess[201], bei dem einer den Anfang macht und damit eine strukturbildende Vorgabe, auf die sich der andere beziehen muss, ob er will oder nicht. Er kann die Vorgabe bestätigen, z. B. indem er auf einen Vorschlag eingeht. Er kann aber auch die Vorgabe negieren, indem er den Vorschlag ablehnt. Beide Fälle sind als anschlussfähige Kommunikationen denkbar, auch der zweite, aus dem ein Konflikt entstehen kann. Konflikthafte Interaktionen als Bestandteil sozialer Systeme sind uns vertraut, wenn die in ihnen stattfindenden Kommunikationen Bezug aufeinander nehmen. Die Bildung oder Aufrechterhaltung des sozialen Systems ist dann gefährdet, wenn der Bezug fehlt: Ein Mann betritt eine Eisdiele und entgegnet auf die Frage, welches Eis er wünsche, dass er noch zwischen Wiener Schnitzel und Königsberger Klops schwanke. Im Nachhinein kann man feststellen: Ein soziales System ist immer dann entstanden, wenn entsprechend Bezug nehmende Kommunikationen stattgefunden haben. Dabei handelte es sich dann um kommunikative Operationen auf der Innenseite des Systems. Nicht Bezug nehmende Kommunikationen haben folglich auf der Außenseite des Systems stattgefunden.

Den Konfliktfall der doppelten Kontingenz illustriert Luhmann mit dem Beispiel eines Kriegs- und eines Handelsschiffes, die sich auf See an den gegenüberliegenden Seiten einer Insel begegnen – also z. B. eines von Osten und das andere von Westen her.[202]

Abgesehen von der spieltheoretischen Dynamik dieser Situation ist augenfällig, was doppelte Kontingenz hier bedeutet: Die Entscheidung, auf welcher Seite die Insel umfahren wird, kann bei beiden Schiffen mit „Nord" oder „Süd" ausfallen. Geht man davon aus, dass das Kriegsschiff versucht, das Handelsschiff zu kapern oder auch nur diese Annahme bei der Besatzung des Handelsschiffes vorhanden ist, so gibt es eine Abhängigkeit zwischen den Entscheidungen auf beiden Seiten, bei gleichzeitig bestehender doppelter Kontingenz: Nimmt das Handelsschiff Nordkurs, wird das Kriegsschiff ebenfalls Nordkurs nehmen wollen, was dazu führt, dass das Handelsschiff Südkurs bevorzugen würde. Es könnte aber auch anders sein, z. B. im Falle, dass das Handelsschiff keinen Proviant und kein Trinkwasser mehr an Bord

---

[200]Luhmann (2002): 318

[201]Luhmann spricht von „zeitlicher Asymmetrie", einer handelt zuerst und dann folgt das Handeln des anderen. [Vgl. Luhmann (2002): 319 f.]

[202]Vgl. Luhmann (2002): 318

hat und der feindlichen Übernahme mit Freude entgegensieht[203]. Andererseits könnte das Kriegsschiff die Begegnung mit dem Handelsschiff vermeiden, wenn es sich z. B. auf dem schnellsten Weg in den nächsten heimatlichen Hafen befindet, um eine Gefechtspause anzutreten[204]. Beide erleben also eine Situation doppelter Kontingenz.

An dem Beispiel wird auch deutlich, dass dem Theorem der doppelten Kontingenz die Eigenschaft der Zirkularität eigen ist: Das (potenzielle) Tun des einen ist vom (potenziellen) Tun des anderen abhängig und beeinflusst dieses gleichzeitig mit. Dies gilt auch für Annahmen über das beabsichtigte Tun des jeweils anderen oder für gedankliche Kausalketten, die, ähnlich wie beim Schach, mehrere „Züge" im Voraus durchdenken: Was täte der andere wohl, wenn ich mich für „A" entschiede und was wäre meine Antwort auf seine Reaktion? In einer Gehaltsverhandlung sind beide Seiten mit der Situation konfrontiert, dass die andere Seite den ersten Vorschlag unterbreiten kann – oder auch nicht. In der Situation fragen sich beide: Was tue ich, wenn der andere ‚eröffnet', was tue ich, wenn der andere nicht den ersten Schritt macht? Mache ich dann den ersten Schritt oder warte ich geduldig? Wenn ich den ersten Schritt mache, soll ich verhandlungstaktisch einen Vorschlag unterbreiten, der deutlich über meinen eigentlichen Erwartungen liegt oder lieber sofort meine tatsächlichen Bedingungen formulieren? Wie würde der andere jeweils reagieren? Man sieht: Das Tun des einen ist vom Tun des anderen abhängig, gleiches gilt für das vermutete Tun.

Auf diese Weise entsteht auch das soziale System der Organisation. Innerhalb der bestehenden Organisation ist die doppelte Kontingenz aufgehoben und es bleibt die (einfache) Kontingenz von Entscheidungen[205] übrig. Auch sie wird durch Ausschluss von Unmöglichkeit und Notwendigkeit beschrieben, da es ansonsten nichts zu entscheiden gäbe.[206]

Für die Zusammenhänge zwischen Organisation und Dialog sind folgende Aspekte des Kontingenzphänomens besonders bedeutsam:

---

[203] Der Autor erweitert das von Luhmann angeführte Beispiel, um den Begriff der doppelten Kontingenz zu veranschaulichen.

[204] In diesem Falle gäbe es eine vermeintliche gegenseitige Entscheidungsabhängigkeit, wenn der Kapitän des Handelsschiffes das Kriegsschiff auf Kapertour wähnt.

[205] Die Bedeutung von Entscheidungen wird weiter unten im Zusammenhang mit der systemischen Organisationstheorie vertieft. Zur Bedeutung der Kontingenz für Managemententscheidungen siehe z. B. Backhausen, Thommen (2007).

[206] Vgl. Luhmann (2000): 170

a. Wechselseitige Abhängigkeit

In der sozialen Strukturbildung von Interaktionen sind die Beteiligten im Sinne der Kontingenz wechselseitig von den Leistungen des oder der jeweils anderen abhängig. In der Konstitution eines sozialen Systems herrscht einerseits eine große Offenheit hinsichtlich des Ergebnisses dieses Konstitutionsprozesses. Andererseits sind die Beteiligten stark voneinander und vom Tun des Anderen abhängig.

b. Beziehungen sind kontingent

Bilaterale Beziehungen, hierarchisch oder nicht, sind stets der Kontingenz unterworfen. Führende und Geführte sollten sich bewusst sein, dass ein bestimmter Wunsch hinsichtlich eines bestimmten Verhaltens des Anderen stets in Konkurrenz zu weiteren Verhaltensoptionen steht, die vom Anderen zunächst als ebenso legitim erachtet werden können. Hier kann es herbe Enttäuschungen geben, wenn Führungsrollenträger bestimmte, fest gefügte Vorstellungen hegen.

c. Kontingenz reduziert Kontrolle

Das Wissen um die grundsätzliche Kontingenz von Interaktionssituationen entkräftet die herkömmlichen Paradigmen von Machtausübung und Kontrolle in der Organisation, gerade auch im Führungsgeschehen. Selbst Zwang im Sinne von Einschränkung des Handelns eines anderen auf nur eine Option kann nicht mit absoluter Ergebnissicherheit ausgeübt werden.[207] Es stellt sich die Frage, ob der herkömmliche Begriff von Führung nicht letztlich so stark mit dem Element von Zwang als letzter Option verknüpft ist, dass er im Lichte dieser Theorie nicht aufrechterhalten werden kann.

d. Leugnung von Kontingenz ist riskant

Manager, die der Kontingenz von Führungssituationen nicht Rechnung tragen, gehen unnötige Risiken ein. Wenn ein Manager durch Androhung negativer Sanktionierung ein bestimmtes Verhalten zu erzeugen sucht, so mag es zunächst in Ordnung sein, wenn die andere Seite dieses Verhalten zeigt. Was passiert jedoch, wenn dies nicht geschieht? Jetzt muss die Drohung wahr gemacht werden, will der Manager nicht das Gesicht verlieren. Allerdings bleibt ein bitterer Nachgeschmack, wenn er sein Ziel dadurch immer

---

[207] Wenn man dies zu Ende denkt, kommt man unweigerlich zu der Frage, ob dies nicht im Extremfall von Gewaltanwendung oder –androhung doch möglich ist. Selbstverständlich gelingt es den mit Macht Ausgestatteten in solchen Situationen immer wieder, ein bestimmtes Verhalten derjenigen, die in ihre Gewalt geraten sind, zu ,erzwingen'. Aber es könnte auch anders sein, wie Märtyrer- und Heldengeschichten zeigen. Von Gandhi ist überliefert, dass er bei einer seiner zahlreichen Gefangennahmen durch die englischen Kolonialherren im ,Verhör' seinem Peiniger zurief: „You can have my dead body but you cannot have my compliance."

noch nicht erreicht. Die Realisierung der angedrohten Folgen kann ihn zwar als konsequent erscheinen lassen, das Nichterreichen seiner Absichten aber gleichzeitig als ineffektiv. Insofern bringt die strukturelle Kontingenz von Führungssituationen ein strukturelles Risiko für die involvierten Beobachter mit sich.

3.1.5 Kommunikation

„Hazel hatte eine besondere Vorliebe für Konversation – nicht etwa für deren Inhalt; er liebte vielmehr das Plätschern der Worte und stellte Fragen, nicht der Antwort wegen, sondern nur, damit es weiterplätscherte (...) er wollte bloß reden hören und hatte daher das System, jede Antwort zur Grundlage einer neuen Frage zu machen. So blieb die Konversation in Gang. "[208]

Systemtheorie und Kommunikationstheorie stehen für Luhmann schon deshalb in einem engen Zusammenhang, da er die Kommunikation als systembildenden Operator begreift: „Der basale Prozess sozialer Systeme, der die Elemente produziert, aus denen diese Systeme bestehen, kann (...) nur Kommunikation sein."[209] Damit grenzt sich Luhmann von handlungstheoretischen Konzepten sozialer Systeme ab sowie von der Vorstellung, Systeme bestünden aus Personen. Luhmann unterscheidet drei Komponenten der Kommunikation: Kommunikation „... besteht aus Information, Mitteilung und Verstehen. Jede dieser Komponenten ist in sich selbst ein kontingentes Vorkommnis."[210] Die Kontingenz dieser drei Komponenten bringt es mit sich, dass im Kommunikationsprozess drei Selektionsakte vollzogen werden. Also: „Kommunikation ist Prozessieren von Selektion."[211]

Der erste Schritt in diesem Kommunikationsprozess ist die Selektion der Information: „Es geht nicht nur um Absendung und Empfang mit jeweils selektiver Aufmerksamkeit; vielmehr ist die Selektivität der Information selbst ein Moment des Kommunikationsprozesses, weil nur im Hinblick auf sie selektive Aufmerksamkeit aktiviert werden kann."[212] Luhmann lockert die gängige Konzentration auf den Akt der Mitteilung im konventionellen Kommunikationsverständnis: „Die Mitteilung ist aber nichts weiter als ein Selektionsvorschlag, eine Anregung. Erst dadurch, daß diese Anregung aufgegriffen, daß die Erregung prozessiert wird, kommt Kommunikation zu-

---

[208] Steinbeck (1986): 28 f.
[209] Luhmann (1984): 192
[210] Luhmann (1997): 190
[211] Luhmann (1984): 194
[212] Luhmann (1984): 194 f.

stande."[213] Damit sind der zweite und der dritte Schritt im Luhmannschen Kommunikationsbegriff angesprochen. Mit der Betonung, dass dem Prozessieren der Mitteilung seitens des Empfängers eine entscheidende Bedeutung für das Zustandekommen von Kommunikation zukommt, wird auch deutlich, warum Luhmann den Sender ‚Alter' und den Empfänger ‚Ego' nennt. Der entscheidende Akt für Verstehen in der Kommunikation kommt dem Empfänger (Ego) zu: er selektiert sein Verstehen.

Gleichzeitig wendet Luhmann sich von dem herkömmlichen Verständnis der Kommunikation als Übertragungsvorgang ab:

„Die Übertragungsmetapher ist unbrauchbar, weil sie zuviel Ontologie impliziert. Sie suggeriert, daß der Absender etwas übergibt, was der Empfänger erhält. Das trifft schon deshalb nicht zu, weil der Absender nichts weggibt in dem Sinne, daß er selbst es verliert. Die gesamte Metaphorik des Besitzens, Habens, Gebens und Erhaltens, die gesamte Dingmetaphorik ist ungeeignet für ein Verständnis von Kommunikation."[214]

Dieses traditionelle Verständnis sei auf die Mitteilung, also den Akt der Übertragung fixiert und gebe ihr damit eine unangemessene Bedeutung, denn die Mitteilung ist, wie oben ausgeführt, im Luhmannschen Verständnis lediglich ein Selektionsvorschlag, eine Anregung. Aus systemtheoretischer Perspektive kann das Aufgreifen einer solchen Mitteilung nur im Rahmen der operativen Geschlossenheit eines Systems stattfinden, das Prozessieren der Erregung zu einer Mitteilung stets nur eine systeminterne Operation sein.

„Begreift man Kommunikation als Synthese dreier Selektionen, als Einheit von Information, Mitteilung und Verstehen, so ist die Kommunikation realisiert, wenn und soweit das Verstehen zustande kommt."[215]

In dem Dreiklang von Information, Mitteilung und Verstehen ist das Verstehen die Einheit stiftende Komponente: „Im Verstehen wird die Verbindung zwischen Information und Mitteilung geleistet [...]"[216] Es ist damit auch die systemerhaltende Komponente, denn „wenn die Kommunikation läuft, kann unterstellt werden, dass ausreichendes Verstehen vorhanden war – immer eingeschlossen ausreichendes Missverstehen."[217] Dieses Laufen der Kommunikation als Basisoperator im sozialen System deutet auf Auf-

---

[213]Luhmann (1984): 194
[214]Luhmann (1984): 193
[215]Luhmann (1984): 203
[216]Luhmann (2002): 299
[217]Luhmann (2002): 300

rechterhaltung oder Ausbau des Systems hin.[218] Man muss dabei berücksichtigen, dass „Verstehen" im Sinne Luhmanns nur bedeutet, zu erkennen, dass der Andere mit mir kommunizieren will, während der landläufige Verstehensbegriff ein Verstehen dessen beinhaltet, was der Andere meint. Für Bildung, Aufrechterhaltung und Ausbau eines sozialen Systems im Luhmannschen Sinne ist also vollkommen ausreichend, wenn die Akteure dauernd aneinander vorbeireden, ohne einander zu verstehen oder auch nur verstehen zu wollen. In diesem Sinne sind die Parlamente dieser Welt soziale Systeme – und sehr beständige dazu.

Nun ist nicht jeder Akt der Kommunikation der vollständigen Offenheit oder einer totalen Erfolgsunsicherheit hinsichtlich seiner Anschlussfähigkeit anheim gegeben, sondern der Kontext, in dem Kommunikation stattfindet, sorgt in der Regel für ein gewisses Maß an Sicherheit. „Derjenige, der mitteilt, antizipiert immer schon, ob er verstanden wird und ob es angenehm oder unangenehm, akzeptabel oder nicht akzeptabel ist, was er sagt, so dass in der Mitteilung die Bedingung des Verstehens zirkulär immer schon vorweggenommen ist, die Teilnehmer genügend sozialisiert sind und der Kommunikationsprozess selber genügend durchsichtig ist, dass man abschätzen kann, ob man Erfolg haben oder nicht haben wird."[219] Dies hat sicher auch etwas mit Erfahrungen in entsprechenden kommunikativen Kontexten zu tun. So wird der neue Vertriebschef, der den Vorstand von seinem Vertriebskonzept überzeugen will, aber das erste Mal in einer Vorstandssitzung präsentiert, gut daran tun, sich über den kommunikativen Kontext, der ihn erwartet, und entsprechende erfolgskritische Faktoren zu informieren: Wie sollte eine Vorstandspräsentation strukturiert sein? Wie lange darf sie dauern? Welches Vorstandsmitglied hat welche Sensibilitäten? Welche Fraktionen und Friktionen gibt es im Vorstandsgremium? Was muss man in jedem Fall vermeiden? Was muss man immer tun?

Es kann auch hilfreich sein, den kommunikativen Kontext schon vor dem Ereignis zu beeinflussen: Wer könnte ein mächtiger Sponsor für eine Vertriebsumstellung sein? Und welchen Nutzen könnte man diesem in Aussicht stellen? In diesem Zusammenhang spricht Luhmann auch von „vor-

---

[218]Dabei grenzt sich Luhmann von Habermas' konsensorientiertem Begriff kommunikativen Handelns ab und stellt fest, dass das Verstehen in der Kommunikation stets eine Bifurkation erzeugt: „Der Prozess, der an dem Punkt des Verstehens angekommen ist, kann das, was vorhanden ist, als Prämisse weiteren Kommunizierens entweder übernehmen oder ablehnen." [Luhmann (2002): 303]
[219]Luhmann (2002): 305

greifender Selbstkontrolle".[220] Parallel zur Kommunikation unter Anwesenden läuft ständig eine Art Kalibrierungsprozess, in dem geprüft wird, ob das, was man sagt, ankommt oder ob das, was man zu sagen beabsichtigt, wohl ankommen wird.

In der Reflektion des hier beschriebenen Kommunikationsbegriffes deutet Luhmann an, dass das Verständnis von Kommunikation im Sinne von Überzeugung und Meinungsänderung möglicherweise verabschiedet werden muss und eine Art ‚kommunikativer Meinungstoleranz' an ihre Stelle treten könnte: „Es könnte also sein, dass unser bisheriges Kulturprogramm, wenn man es einmal so nennen darf, der Rhetorik, Persuativtechnik, Beweisführung, Herrschaft, Geld oder auch Liebe (als ein Kommunikationsphänomen) die Grenzen dieser Technik erreicht hat und dass wir auf harte Weise lernen müssen, mit Verständigungen zu arbeiten, die nicht als Durchgriff auf wirkliche Meinungen konzipiert sind. So ähnlich wie in der Zeit des mühsamen Lernens religiöser Meinungstoleranz."[221]

Für die Zusammenhänge zwischen Organisation und Dialog sind folgende Aspekte des systemtheoretischen Kommunikationsbegriffes besonders bedeutsam:

a. Information ist ausschließlich das Ergebnis systeminternen Prozessierens
Demnach kann ein Kommunizierender nicht im herkömmlichen Sinne informieren, sondern der Adressat kann sich informieren. Aus dieser Perspektive sind Mitarbeiterinformationsveranstaltungen Ereignisse, bei denen Mitarbeiter im eigentlichen Sinne sich selbst informieren und nicht etwa vom Management informiert werden. Insofern sollten solche Veranstaltungen von vornherein ausgesprochen interaktiv konzipiert werden, wenn sie die Funktion der Information erfüllen sollen. Umgekehrt stellt sich natürlich die Frage, welchem Zweck die immer noch in der Praxis anzutreffenden ‚Einbahnstraßen-Kommunikations-Ereignisse' dienen.

b. Hinreichendes Verstehen statt Informationsidentität
Soziale Systeme sind Systeme hinreichenden gegenseitigen Verstehens, da und insofern das Verstehen als Komponente des Kommunikationsbegriffes die Einheit der Differenz zwischen Information und Mitteilung stiftet und damit Kommunikation als Operator für soziale Systeme ermöglicht. Das soziale System, an dem die Akteure als relevante Umwelten mitwirken, genügt lediglich dem Kriterium der fortgesetzten anschlussfähigen Kommunikationen und ist insofern ein System hinreichenden gegenseitigen Verstehens.

---

[220]Luhmann (2002): 306
[221]Luhmann (2002): 310

Für die Praxis von Interaktion und Kommunikation in Organisationen kann dies heißen, dass Organisationen nicht auf Grund zutreffenden Verstehens zwischen Akteuren funktionieren, sondern eher wegen unkritischer Ausmaße von Missverstehen. Zumindest sorgt nicht Verstehen im Sinne des landläufigen Begriffs für das Funktionieren von Organisationen. Vielmehr kann man davon ausgehen, dass der geübte, geschickte oder gezielte Umgang mit Missverstehen in der Organisation ihr Funktionieren sicher stellt.

c. Kontext hilft

Kommunikative Kontexte prägen und fördern Verstehen im Sinne von Verständnis dessen, was der Andere gemeint hat.

d. Kein informativer Durchgriff

Die Vorstellung einer „kommunikativen Meinungstoleranz" steht im Widerspruch zu traditionellen Einfluss- und Wirkungsvorstellungen. In traditionellen Ansätzen schwingen immer Vorstellungen von Mitteilungsexaktheit, Informationsidentität und Durchgriff mit.

3.1.6 Zwischenbetrachtung zum Verhältnis von neuerer Systemtheorie und Dialog

Nimmt man den Dialog als Folge von aufeinander Bezug nehmenden Kommunikationen, so kann man ihn auch als soziales System im Sinne der neueren Systemtheorie verstehen. Die Selektionen von Information, Mitteilung und Verstehen finden in ihm genauso statt, wie in anderen sozialen Systemen, die nicht mit der Sonderform der dialogischen Kommunikation operieren. Das System ist operativ geschlossen und autopoietisch, es schafft sich durch eigene Operationen selbst und kann nicht im Wege des direkten Eingriffes gezielt gesteuert werden. Ob der Dialog zu Stande kommt, ist doppelt kontingent und wenn er entstanden ist, unterliegt jede weitere Operation der Kontingenz. Der Dialog beobachtet und kann beobachtet werden, z. B. von der Organisation, von psychischen Systemen oder sogar von anderen Dialogen. Dabei wird sich die Frage erheben, wie dieses soziale System Dialog an das soziale System Organisation Anschluss finden kann oder in der Terminologie der Systemtheorie: Wie können Dialog und Organisation strukturell gekoppelt werden? Dies ist die Voraussetzung dafür, dass der Dialog Relevanz für die Organisation entwickeln und seine Wirkungen in ihr entfalten kann. An dieser Stelle der Analyse kann festgestellt werden, dass das

Konzept des Dialogs[222] mit dem Begriffsinstrumentarium der Systemtheorie erfassbar ist.

Da es in organisationalen Prozessen regelmäßig auch um Erkennen und Verstehen geht, wendet sich die Untersuchung im folgenden Abschnitt dem Konstruktivismus zu, um auch epistemologisch eine theoretische Fundierung für das Verhältnis von Organisation und Dialog zu schaffen.

3.2 GRUNDLEGENDE ASPEKTE DES KONSTRUKTIVISMUS

„Objektivität ist die Wahnvorstellung, Beobachtungen könnten ohne Beobachter gemacht werden."[223] (Heinz von Foerster)

3.2.1 Subjektgebundenheit

Gleich zu Beginn seines grundlegenden Werkes „Radikaler Konstruktivismus"[224] erläutert Ernst von Glasersfeld das, was meines Erachtens das Fundament dieser Theorie bildet, nämlich die Subjektgebundenheit allen Wissens und aller Erkenntnis. Alles Wissen existiere ausschließlich in den Köpfen von Menschen, und zwar als Ergebnis der Konstruktion aus eigener Erfahrung, welche die Welt bilde, in welcher wir bewusst leben und uns bewegen.[225] Diese Welt könne zwar „in vielfältiger Weise aufgeteilt werden, in Dinge, Personen, Mitmenschen usw., doch alle Arten der Erfahrung sind und bleiben subjektiv."[226] Kein Subjekt könne die Grenzen seiner individuellen Erfahrung überschreiten.[227]

In der Philosophie ist dieser Zusammenhang bereits von Kant formuliert worden: „Dieser Verstand aber ist ein gänzlich actives Vermögen des Menschen; alle seine Vorstellungen und Begriffe sind bloß *seine* Geschöpfe, der Mensch denkt mit seinem Verstande ursprünglich, und er schafft sich also *seine* Welt."[228] Von der Außenwelt werde der Verstand lediglich angeregt, aktiv zu werden, also Vorstellungen und Begriffe zu produzieren, welche ergo nicht identisch mit den Dingen, auf die sie sich beziehen, sein könnten, denn Vorstellungen seien eben keine „wirklichen" Dinge.[229]

---

[222]Das Dialogkonzept, welches bisher nur sehr oberflächlich, aber weiter unten ausführlich behandelt wird.
[223]Glasersfeld (1996): 16
[224]Glasersfeld (1996)
[225]Vgl. Glasersfeld (1996): 22
[226]Glasersfeld (1996): 22
[227]Vgl. Glasersfeld: 23
[228]Glasersfeld (1996): 79
[229]Vgl. Glasersfeld (1996): 79

Die Vorstellung, dass die Wahrnehmung vom spezifischen individuellen Erfahrungszusammenhang abhängt, geht schon auf die vorsokratische Schule der Skeptiker, 4. Jahrhundert vor Christus, zurück, die laut von Glasersfeld mit großem Fleiß Beispiele für die Unzuverlässigkeit der menschlichen Sinnesorgane gesammelt haben. Eines dieser Beispiele befasst sich mit der Relativität des Temperaturempfindens: „Wenn man zum Beispiel seine Hand aus einem Behälter mit kaltem Wasser in einen Behälter mit lauwarmem Wasser steckt, dann fühlt sich dieses heiß an; beginnt man aber mit dem heißen Wasser, dann fühlt sich das lauwarme kalt an."[230]

Für die Naturwissenschaft hat Heisenberg festgestellt, dass ihr Gegenstand nicht etwa die Natur, sondern die den menschlichen Fragen ausgesetzte Natur sei und insofern sich der Mensch in seinem Forschen wieder begegne.[231] Diese allem Erkennen zugrunde liegende Zirkularität ist ebenfalls charakteristisches Merkmal des Konstruktivismus. Selbst der Naturwissenschaftler kann sich der Eigenart der menschlichen Wahrnehmung im Allgemeinen und seiner individuellen Wahrnehmung im Speziellen nicht entziehen. Damit ist auch jede Vorstellung von Objektivität in Frage gestellt.

Von Glasersfeld skizziert die naturwissenschaftliche Methode, angelehnt an Maturana, folgendermaßen[232]: Für einen Beobachtungsvorgang werden zunächst einschränkende Bedingungen definiert und ausdrücklich benannt, damit die Beobachtung unter gleichen Bedingungen wiederholt durchgeführt werden kann. In einem zweiten Schritt wird durch die kausale Verknüpfung von Teilbeobachtungen im Beobachtungsprozess induktiv ein Modell gebildet, welches dann deduktiv die Vorhersage von künftig beobachtbaren Ereignissen erlaubt. Schließlich werden in weiteren Beobachtungsvorgängen Ereignisse beobachtet, welche wiederum den eingangs definierten einschränkenden Bedingungen genügen müssen.

---

[230]Glasersfeld (1996): 59; von Glasersfeld widmet den vielfältigen wissenschaftlichen, v. a. philosophischen, Wurzeln des Konstruktivismus im „Radikalen Konstruktivismus" einen ausführlichen Abschnitt, der sich neben den Vorsokratikern und Kant u. a. mit Platon, Mystikern wie Johannes Scotius Eriugena (9.Jh.), Descartes, den britischen Empiristen Locke, Berkeley und Hume, dem Utilitaristen Bentham, Giambattista Vico, Darwin, Simmel, Bateson und Ferdinand de Saussure befasst. [Vgl. Glasersfeld (1996): 56 – 97]. Den größten Einfluss scheint auf ihn jedoch Jean Piaget gehabt zu haben, dessen Theorie des Wissens, die er konstruktivistisch nennt, er das gesamte dritte Kapitel des „Radikalen Konstruktivimus" widmet. Das ist sehr verständlich, da von Glasersfeld sich nach eigenen Angaben sechs oder sieben Jahre ausschließlich mit dem Werk Piagets beschäftigt hat. [Vgl. Glasersfeld (1996): 99]
[231]Vgl. Heisenberg (1955): 18
[232]Vgl. Glasersfeld (1997): 65 ff.

Diese als „hypothetisch – deduktiv"[233] bezeichnete Methode werde von konventionellen wie progressiven Naturwissenschaftlern gleichermaßen geteilt. Nun kommt es laut von Glasersfeld darauf an zu erkennen, dass für das geschilderte Vorgehen die Erfahrung entscheidend ist. Das Modell und die Prognosen verknüpfen Erfahrungen und nicht Dinge an sich, die sich in einer realen Welt jenseits der Erfahrungsschnittstelle des Beobachters befinden. Damit beziehe sich die naturwissenschaftliche Methode nicht auf eine ontologische Realität, sondern ausschließlich auf die Erfahrungswelt von Beobachtern. Die einschränkenden Bedingungen stellten nicht Objektivität, sondern lediglich Wiederholbarkeit des Experiments oder der Beobachtung her. Somit erforsche die Naturwissenschaft, wenn ihre Beobachtungen sich durch Wiederholung und Bestätigung der Versuche erhärten, nicht eine beobachterunabhängige Realität, sondern den „konsensuellen Bereich interagierender Organismen"[234], wie Maturana es nenne.

Im Bereich der Sprachwissenschaft hat der Vater der modernen Linguistik, Ferdinand de Saussure, laut von Glasersfeld festgestellt, „dass die Bedeutung von Wörtern im Geist von Sprechern existiert, nicht im Bereich der sogenannten realen Gegenstände."[235] Saussure bezeichnet die Beziehung zwischen einem Wort und seiner Bedeutung als das Ergebnis einer psychologischen Assoziation, welche nur im Rahmen der subjektiven Erfahrung eines Individuums stattfinden könne. Nun kann diese individuell-subjektive Erfahrung aber nicht alle Situationen erfassen, die in einem sozialen System zu den insgesamt vorhandenen Assoziationen geführt haben. Insofern kann man nicht davon ausgehen, dass die Bedeutungen von Wörtern in einer Sprachgemeinschaft identisch sind.[236] Dies kann man schon gar nicht, wenn man vermeintlich gleiche Wörter verschiedener Sprachgemeinschaften vergleicht. Von Glasersfeld weist an mehreren Stellen auf das Problem der Bedeutungsübertragung mit Hilfe von Übersetzungen hin. So vergleicht er das englische „I like that boy" mit dem italienischen „Questo ragazzo mi piace" und deutet darauf hin, dass der aktivische englische Ausdruck aus einer ganz anderen Begriffswelt stammt als der passivische italienische Ausdruck.[237]

---

[233] Glasersfeld (1997): 66
[234] Glasersfeld (1997): 67
[235] Glasersfeld (1996): 90
[236] Vgl. Glasersfeld (1996): 90 f.
[237] Vgl. Glasersfeld (1996): 33. Die Vieldeutigkeit von Wörtern macht er außerdem am englischen Wort „by" deutlich: by brute force = mit brutaler Gewalt, by the river = am Fluß, we came by the fields = wir kamen über die Felder, I tried to read her letter by moonlight = ich versuchte ihren Brief bei Mondschein zu lesen, to be ready by Friday = bis Freitag fertig sein,

Wir benutzen Wörter, um anderen von unseren Erfahrungen zu erzählen, können aber unsere Erfahrungen auf diese Weise nicht mitteilen. Denn was der andere versteht, wenn er uns sprechen hört, kann sich nur aus den Bedeutungen erschließen, die er aufgrund seiner eigenen Erfahrungen mit den Klangbildern unserer Wörter verknüpft. Seine Erfahrung ist aber nie identisch mit der unseren.[238] Diese grundsätzliche Nichtübertragbarkeit von Erfahrungen mit Wörtern gilt selbstverständlich auch für das geschriebene Wort. So hat Paul Valéry radikal fest gestellt, dass es keine wahre Bedeutung eines Textes gebe, auch nicht qua Autorität des Autors. „Einmal veröffentlicht, ist ein Text wie ein Werkzeug, das jedermann gebrauchen kann, wie er will, und nach seinem eigenen Vermögen: Es ist nicht sicher, daß der Hersteller es besser gebrauchen kann, als sonst irgend jemand."[239] Hiernach haben wir es also mit einer strukturellen Eigenmächtigkeit des Verstehens beim Verstehenden zu tun. Dieser Gedanke lässt sich leicht mit den kommunikationstheoretischen Vorstellungen Luhmanns vereinbaren, wonach das Verstehen des ‚Ego' die Einheit stiftende Komponente der drei Selektionen Information, Mitteilung und Verstehen bildet. In diesem Sinne ist der Verstehende also kein Wahrnehmender, sondern ein Wahrgebender.

Der konventionelle Begriff des Verstehens als der Besitz gemeinsamer Bedeutungen zwischen Sender und Empfänger einer Nachricht weicht einem neuen Begriff, der die Vereinbarkeit von Bedeutungszuschreibungen zwischen Kommunizierenden zum Inhalt hat.[240] Solange in einem kommunikativen Prozess die subjektiven Deutungen der Kommunizierenden kompatibel sind, läuft der Prozess gewissermaßen störungsfrei und man kann in diesem Sinne von gemeinsamem Verständnis der Teilnehmer sprechen. Daraus lässt sich jedoch nicht die Identität von Begriffsbedeutungen, Interpretationen und Wertungen herleiten. Es lässt sich lediglich feststellen, dass es nicht zu offensichtlichen Widersprüchen in Begriffen, Interpretationen und Wertungen zwischen den Kommunizierenden gekommen ist.

Für die Zusammenhänge zwischen Organisation und Dialog sind folgende Aspekte der Subjektgebundenheit besonders bedeutsam:
a. Die Grenzen individueller Erfahrung
Kein Rollenträger der Organisation, Mitarbeiter wie Führungskräfte, ist in der Lage, die Grenzen seiner individuellen Erfahrung zu überschreiten. Je-

---

my doctor swears by vitamin C = mein Arzt schwört auf Vitamin C. [Vgl. Glasersfeld (1996): 32 f.]

[238] Vgl. Glasersfeld (1996): 92
[239] Glasersfeld (1996): 93
[240] Vgl. Glasersfeld (1996): 225

der operiert mit den Vorstellungen und Begriffen, die er selbst geschaffen hat, und schafft sich auf diese Weise seine eigenen Vorstellungen von der Welt der Organisation. In der Interaktion mit anderen Rollenträgern erfährt er lediglich Anregungen für seine diesbezüglichen Begriffskonstruktionen. In der gegenseitigen Beobachtung kann jeweils nur das aufgrund individueller Erfahrungshistorien Beobachtbare beobachtet werden. Keine Führungskraft kann sich ein objektives Urteil über einen Mitarbeiter bilden und umgekehrt. Das Gleiche gilt für Sachverhalte wie Strategien, Wettbewerbssituationen, Produktqualität: Niemand hat einen Zugang zu deren objektiver Beschaffenheit.

b. Eigenmächtige Deutungen

Die in sprachlichen Kommunikationen im Führungsgeschehen verwendeten Wörter wirken konnotativ und nicht denotativ. Jedes verwendete Wort eröffnet eine Vielfalt möglicher Deutungen, wovon die seitens des Mitteilenden gemeinte nur eine ist. Der Empfänger der Mitteilung kann nur und wird das Mitgeteilte ausschließlich im Sinne der ihm zur Verfügung stehenden Deutungen interpretieren. Wenn zwei Kommunizierende ein gemeinsames Verständnis hergestellt haben, bedeutet dies streng genommen nur, dass ihre jeweils individuellen Verständnisse bisher nicht in Konflikt geraten und insofern kompatibel sind. Keinesfalls bedeutet ein solches Verständnis Identität der individuellen Verständnisse. Sämtliche Managementkommunikationen, persönlich oder medial, werden, sobald mitgeteilt, von den Mitarbeitern grundsätzlich vollständig eigenmächtig verstanden.

3.2.2 Viabilität

Folgt man der These der Subjektgebundenheit aller Erfahrung, dann folgt daraus, dass die Erkenntnistheorie sich von der Vorstellung einer subjektunabhängigen Realität[241] lösen muss.[242] Damit kommt der Begriff der Viabilität ins Spiel: „Handlungen, Begriffe und begriffliche Operationen sind dann viabel, wenn sie zu den Zwecken oder Beschreibungen passen, für die wir sie benutzen."[243] Es handelt sich hier also um einen Begriff der Zweckmäßig-

---

[241] Die subjektunabhängige Realität ist Gegenstand der Ontologie, welche Heinz von Foerster als „die Wissenschaft, die Theorie, die Lehre usw. vom ‚Sein' oder Untersuchungen darüber, ‚wie es ist'" bezeichnet. [Foerster (1993): 97]. Er leitet den Begriff u. a. ethymologisch ab: „on" ist das Partizip Präsenz des griechischen „einai", heißt also „seiend" (vgl. ebd.). Die Ursprünge der Ontologie im siebzehnten Jahrhundert befassten sich mit dem ontologischen Gottesbeweis und haben sich erst in den letzten 150 bis 200 Jahren zur Untersuchung der Beschaffenheit der Welt gewandelt. [Vgl. ebd: 97 f.]

[242] Vgl. z. B. Schmidt in seinem Vorwort zur deutschen Ausgabe von Glasersfeld (1996)

[243] Glasersfeld (1996): 43

keit der Erfahrung, welcher an die Stelle des traditionellen realitätsabbildenden Wahrheitsbegriffes tritt.[244] Insofern ist der Radikale Konstruktivismus instrumentalistisch und dient als „ein mögliches Denkmodell für die einzige Welt, die wir ‚erkennen' können, die Welt nämlich, die wir als lebende Individuen konstruieren.“[245] Diese instrumentalistische Form der Erkenntnistheorie bringt es nach von Glasersfeld mit sich, dass die Frage, ob der Radikale Konstruktivismus wahr oder falsch sei, verfehlt ist. Vielmehr handelt es sich um ein „begriffliches Werkzeug, dessen Wert sich nur nach seinem Erfolg im Gebrauch bemißt.“[246] Der Konstruktivismus ist demnach keine Theorie, die sich im Wettstreit mit anderen Theorien an ihrem Wahrheitsgehalt messen lassen muss. Er ist vielmehr ein Instrument, dessen Erfolg an seinen Nutz- und Gebrauchswert geknüpft ist.[247]

Dieser instrumentalistische Begriff von Zweckmäßigkeit hat eine ähnlich zentrale Bedeutung in Darwins Evolutionstheorie. Ebenso wie sich eine Hypothese in der Erfahrung bewährt und damit vorerst bestätigt, gilt nach der Evolutionstheorie auch für Lebewesen, dass sie sich in ihrer Umwelt bewähren müssen, um zu überleben. Erfolgreich ist demnach, was überlebt und sich vermehrt.[248] Von Glasersfeld zitiert in dem Zusammenhang den Slogan der Pragmatismusbewegung: „Wahrheit ist, was funktioniert.“[249]

Wenn nun ein bestimmtes Wissen sich nicht nur für den Einzelnen, sondern auch für seine Mitmenschen als viabel erwiesen hat, sie dieses Wissen also auch erfolgreich benutzen, dann spricht von Glasersfeld von „Viabilität zweiter Ordnung, von der wir mit gewisser Berechtigung behaupten können, daß sie über den Bereich unserer individuellen Erfahrung hinaus in den der anderen Menschen hineinreicht, eine wichtige Rolle in der Stabilisierung und Festigung unserer Erfahrungswirklichkeit“ spielt.[250] Diese Viabi-

---

[244]Vgl. Glasersfeld (1996): 43. Glasersfeld grenzt sich scharf von den Behavioristen um Skinner ab, die das intellektuelle Klima an amerikanischen Universitäten in den 60er und 70er Jahren anscheinend derart dominierten, dass er sehr darunter leiden musste. Folgendes Zitat von Skinner führt er an, um den Unterschied auf den Punkt zu bringen: „Die Variablen, deren Funktion menschliches Verhalten ist, liegen in der Umwelt“ [Skinner (1977): 1]. Es wird deutlich, dass das Postulat der Subjektgebundenheit der behavioristischen Vorstellung von Umweltdeterminierung diametral entgegen steht.

[245]Glasersfeld 1996: 55

[246]Glasersfeld 1996: 55

[247]Vgl. hierzu auch Simon (2007a): 68 ff.

[248]Vgl. Glasersfeld (1996): 84 f. Danach könnte man den Menschen als prinzipiell falsifizierbare Hypothese der Natur bezeichnen.

[249]Glasersfeld (1996): 85

[250]Glasersfeld (1996): 197

lität zweiter Ordnung hilft, „Intersubjektivität"[251] zu schaffen, die es uns ermöglicht, Begriffe, Ziele und Gefühle mit anderen zu teilen. Daraus entsteht ein gemeinsames Erleben von Wirklichkeit, eine Sozialität von Erkenntnis, die deutlich über ausschließlich individuell Erlebtes und Erkanntes hinausgeht. So erreichen wir die Ebene, auf der wir von gemeinsamem Wissen, sozialer Interaktion und Gesellschaft reden.[252]

Für die Zusammenhänge zwischen Organisation und Dialog sind folgende Aspekte des Konzepts der Viabilität besonders bedeutsam:

a. Nützlichkeit weist den Weg

In der Organisation werden Kommunikations- und Handlungsweisen, die funktionieren und sich bewähren, wegen ihrer offensichtlichen Nützlichkeit und nicht wegen ihrer objektiven Richtigkeit weiterverwendet. Versucht man z. B., Instrumente der Führung zu implementieren, von deren Richtigkeit bestimmte Mitglieder der Organisation, wie z. B. die Personalverantwortlichen, überzeugt sind, so werden diejenigen, die diese Instrumente anwenden sollen, sie kritisch auf ihren Gebrauchswert hin überprüfen. Fällt die Prüfung positiv aus, so kann die Implementierung gelingen. Fällt sie negativ aus, werden die potenziellen Anwender erfindungsreich Wege der Ablehnung der neuen Instrumente beschreiten. Auch die Strategie eines Unternehmens muss sich aus Sicht einer kritischen Menge der Organisationsmitglieder als nützlich erweisen. Intersubjektive Viabilität ist auch hier ein anwendbareres Kriterium als Wahrheit oder Richtigkeit.

b. Koevolutive Führungskulturentwicklung

Wenn mehrere Führungskräfte ähnliche Vorstellungen darüber entwickeln, welche Formen der Interaktion und Kommunikation in der Führung nützlich sind und sich bewähren, dann kann aufgrund dieser kompatiblen Erfahrungswirklichkeiten so etwas wie ein gemeinsames Führungsverständnis entstehen. Je umfangreicher und intensiver solche intersubjektiven Wirklichkeitskonstruktionen hinsichtlich der Führung sind, desto mehr Ansätze und Grundlagen für die Entfaltung einer Führungskultur ergeben sich.

---

[251] Glasersfeld (1996): 197, ein von Glasersfeld eingeführter Begriff.

[252] Vgl. Glasersfeld (1996): 197 ff. von Glasersfeld ist damit aber nicht in die Riege der sozialen Konstruktivisten [vgl. z. B. Gergen, Gergen (1991): 76–95] übergelaufen, von denen er sich ausdrücklich abgrenzt. Er bemängelt das Fehlen eines plausiblen Modells, wie die kollektive Erzeugung von Wissen durch Sprache vor sich geht. Für die Zwecke der vorliegenden Untersuchung genügen die von Glasersfeldschen Begriffe „Viabilität zweiter Ordnung" und „Intersubjektivität", um den sozialen Aspekt des Konstruktivismus zu beleuchten.

3.2.3 Kybernetik[253] 2. Ordnung

„Es gibt tatsächlich nur eine herrliche, riesige gegenseitige Verflechtung. "[254]

Die oben behandelte Subjektgebundenheit aller Erkenntnis bringt einen Schwenk von der Betrachtung eines Objektes in der Welt zur Betrachtung des sich mit dem Objekt befassenden Subjekts mit sich.

Von Glasersfeld führt diesen Schwenk auf Piagets Bemühen zurück, eine biologische Erklärung des Wissens zu begründen: „Kognition als biologische Funktion und nicht als Ergebnis unpersönlicher, universaler und

ahistorischer Faktoren aufzufassen bedeutet einen radikalen Bruch mit dem üblichen philosophischen Ansatz in der Erkenntnistheorie. Der Brennpunkt des Interesses wird von Anfang an von der ontologischen Welt an sich auf die Welt verschoben, die der Organismus erlebt."[255] Piaget habe bereits 1937 fest gestellt, dass der Verstand die Welt organisiert, indem er sich selbst organisiert. Ein denkendes Subjekt kann nur solche Elemente koordinieren, die aus seiner Erfahrung in ihm vorhanden sind. Eine solche Koordination von Elementen ist insofern immer eine systeminterne Angelegenheit und niemand kann sich dieser fundamentalen Subjektivität entziehen.[256]

Aus diesem Grunde gilt die Aufmerksamkeit nunmehr dem die Welt wahrnehmenden Organismus statt der ontologischen Welt an sich, da eine solche Welt, wenn sie denn überhaupt existiert, außerhalb unseres Erfahrungszugangs ist. Mit anderen Worten: Erkenntnis wird nicht einfach durch Beobachtung der Welt gesucht, sondern durch einen besonderen Fall von Beobachtung, nämlich der Beobachtung der Beobachtung. Wenn ein Beobachter etwas über die Welt berichtet, muss er redlicherweise auch über seine Art

---

[253] Der Begriff Kybernetik wurde von dem Mathematiker Norbert Wiener als „Wissenschaft von der Regelung und Signalübertragung im Lebewesen und in der Maschine" [Foerster (1993): 163] in den wissenschaftlichen Diskurs eingeführt und hat zahlreiche weitere Definitionsversuche erfahren. Definitorische Ansätze von Margaret Mead, Gregory Bateson, Stafford Beer und Gordon Pask findet sich bei Heinz von Foerster [Foerster (1993): 60 ff.] Sie machen deutlich, dass die Kybernetik zumindest ein interdisziplinärer Wissenschaftszweig ist. Glasersfeld geht einen Schritt weiter und bezeichnet die Kybernetik als „metadisziplinär" [Glasersfeld (1996): 239]. Für den Zweck der vorliegenden Arbeit mag die von Foerster angegebene Unterscheidung genügen, dass kybernetische Systeme sich gegenüber anderen Systemen dadurch auszeichnen, dass sie interne Rückkoppelungen aufweisen, also zirkulär organisiert sind. [Vgl. Foerster (1993): 61]. Dies ist z. B. bei Thermostaten, Kühlschränken und Flugabwehrraketen der Fall. Foerster selbst bezeichnet Kybernetik generalisierend als „Wissenschaft von der *Regelung* im allgemeinsten Sinne". [Foerster (1993): 164].
[254] Houellebecq (1999): 349
[255] Glasersfeld (1996): 101
[256] Vgl. Glasersfeld (1996): 104, 128

und Weise des Beobachtens Auskunft geben.[257] Von Foerster schlägt entsprechend vor, die Kybernetik von beobachteten Systemen als Kybernetik erster Ordnung und die Kybernetik von beobachtenden Systemen als Kybernetik zweiter Ordnung zu bezeichnen.[258]

Diese Art, Erkenntnis zu gewinnen, hat einige Konsequenzen. Erstens: Das Beobachten eines Beobachters beim Beobachten eines Objektes rückt das beobachtende Subjekt und das von ihm beobachtete Objekt näher aneinander. Wir können ein Objekt nicht in unbeobachtetem Zustand wahrnehmen. Die Eigenschaften des Beobachters sind immer in der Beschreibung des Beobachteten enthalten. Dadurch löst sich die strikte Trennung zwischen Subjekt und Objekt auf. Ein Objekt ohne Subjekt im Sinne des Beobachters gibt es im eigentlichen Sinne nicht mehr. Von Foerster weist darauf hin, dass durch diese Sichtweise ein grundsätzliches Prinzip des herkömmlichen wissenschaftlichen Diskurses aufgehoben wird, nämlich das Gebot der Trennung von Beobachter und Beobachtetem.[259] Diese Aufhebung der strikten Subjekt-Objekt-Trennung wird im Zusammenhang mit Martin Bubers Ich-Du-Beziehungswelt später wieder aufgegriffen.

Zweitens bringt die Kybernetik zweiter Ordnung eine grundlegende Zirkularität mit sich. Jeder Versuch zur Erzeugung eines rationalen Weltbildes, der notwendig ein Versuch auf der Basis unserer subjektiven Erfahrungen sein muss, bringt uns an die damit verbundene Grenze unserer Erkenntnismöglichkeit, welche nämlich in unserer Erfahrensfähigkeit besteht. Der Blick in die Welt wirft uns zwingend auf uns selbst zurück. Beim Betrachten der Welt betrachten wir letztlich uns selbst.[260]

Drittens gilt das Rechenschaftsproblem über die Eigentümlichkeit der Art und Weise subjektiven Beobachtens für jede Beobachtungsinstanz. Jede Beobachtung einer Beobachtung hat ihre Eigenartigkeit, die beobachtenswert ist. Damit entsteht ein infiniter Regress von möglichen Beobachtungen.

Für die Zusammenhänge zwischen Organisation und Dialog sind folgende Aspekte der Kybernetik 2. Ordnung besonders bedeutsam:

a. Beobachter beobachten

Wenn man etwas über Sachverhalte in der Organisation erfahren will, muss man sich mit den Beobachtern dieser Sachverhalte befassen. Die Bedeutung einer Unternehmensbilanz ergibt sich weniger aus dem Lesen der Bilanz, sei

---

[257] Vgl. z. B. Foerster, Pörksen (1998): 105 ff. „Wahrheit ist die Erfindung eines Lügners" oder Foerster (1993): 60 ff.

[258] Vgl. Foerster (1993): 89

[259] Vgl. Foerster (1993): 63 f.

[260] Vgl. Glasersfeld (1996): 83

der Lesende auch noch so professionell ausgebildet in der Analyse von Bilanzen. Sie erschließt sich eher aus der Auseinandersetzung mit denjenigen, die die Bilanz erstellt haben. Deren Beobachtungsmuster sind der Schlüssel zum Verständnis dessen, was sie mit der Bilanz zum Ausdruck bringen wollen. Ebenso verhält es sich mit einer Unternehmensstrategie. Wer die mit einer Strategie verbundenen Absichten ergründen will, muss die Strategen beobachten und nicht die Strategie. Die spezifischen Erfahrungshorizonte der Strategen bilden den Rahmen für die mit der Strategie verbundenen Absichten und den Schlüssel zu ihrem Verständnis.

b. Fragliche Trennung zwischen Subjekt und Objekt

Wenn ein externer Berater den Auftrag bekommt, die Unternehmensstrategie zu konzipieren und das Ergebnis dieser Aufgabe an den Vorstand des Unternehmens zu übergeben, so liegt diesem Vorgang die Vorstellung zu Grunde, dass sich das „Objekt Strategie" von dem „Subjekt Strategieproduzent" konzipieren, sodann von seinem Schöpfer trennen und an das „Subjekt Strategieumsetzer" übergeben lässt. Diese Vorstellung von Distinktheit von Subjekten und Objekten ist aus konstruktivistischer Sicht wenig hilfreich in der Reflektion und Gestaltung z. B. eines Strategieentwicklungsprozesses. Es stellt sich die Frage, ob die der Kybernetik zweiter Ordnung eigene Auflösung der strikten Trennung zwischen Subjekt und Objekt auch für das Verhältnis zwischen Mitgliedern der Organisation gilt. Sie beziehen sich als Beobachter aufeinander und sind auf die oben geschilderte eigentümliche Art und Weise identitätsmäßig miteinander verwoben oder voneinander abhängig. Auch über Organisationsmitglieder erfahren wir nur etwas durch Beobachter, sei es in der Form von Selbstbeschreibungen oder durch Beschreibungen anderer. Für das Führungsgeschehen typisch ist die wechselseitige Beobachtung zwischen Führungskräften und deren Mitarbeitern. Das Konzept der Kybernetik 2. Ordnung rückt diese insofern näher aneinander.

3.2.4 Verantwortung

„. . . der Mensch hat nicht Natur, sondern er hat . . . Geschichte. (. . .) Der Mensch ist kein Ding, sondern ein Drama. (. . .) Aber der Mensch muß nicht nur sich selbst schaffen, sondern das Schwierigste, was er tun muß, ist entscheiden, was er will. "
(Jose Ortega y Gasset)[261]

Für von Glasersfeld haben die geschilderten Charakteristika des Konstruktivismus eine entscheidende Konsequenz: die Verantwortung des Individuums für die Konstruktion der Welt. Er sagt über den Radikalen Kon-

---

[261]Foerster (1993): 76

struktivismus, dass er keine Weltanschauung sei und nicht den Anspruch erhebe, das endgültige Bild der Welt zu enthüllen.[262] „Er beansprucht nicht mehr zu sein als eine kohärente Denkweise, die helfen soll, mit der prinzipiell unbegreifbaren Welt unserer Erfahrung fertig zu werden, und die – was vielleicht besonders wichtig ist – die Verantwortung für alles Tun und Denken dorthin verlegt, wo sie hingehört: in das Individuum nämlich."[263]

Dieses Verantwortungsmotiv spielt auch deshalb eine wichtige Rolle, weil der Konstruktivismus sich regelmäßig des Vorwurfs von Beliebigkeit und totalem Relativismus im Sinne eines falsch verstandenen „anything goes"[264] ausgesetzt sieht. Das verantwortungsfreie Erforschen der Welt „da draußen" in ihrem Sosein wird durch die Verankerung der Verantwortung für die Wirklichkeit beim wirklichkeitskonstruierenden Individuum ersetzt.

Von Foerster behandelt ebenfalls das dem Konstruktivismus inne wohnende Verantwortungsprinzip und stellt in dem Zusammenhang fest, dass Objektivität z. B. in der Politik ein beliebter Kunstgriff sei, um sich vor der eigenen Verantwortung zu drücken.[265] Wenn etwas objektiv gegeben ist, muss man sich darauf wie auf eine von außen vorgegebene Tatsache[266] einstellen. Dieses Zurückweisen der Verantwortung bezeichnet von Foerster auch als „tiefen Schrecken der Ontologie"[267]

---

[262] Vgl. Glasersfeld (1996): 50

[263] Glasersfeld (1996): 50 f.

[264] Eine Formulierung, die auf Paul Feyerabend [Feyerabend (1975): 23] zurückgeht, der von Glasersfeld in Schutz genommen wird, denn es sei „aufgrund des Kontextes vollkommen klar, daß er, im Gegensatz zur Unterstellung seiner Kritiker, nicht sagen wollte, ‚alles schlechthin', sondern ‚alles, was nützlich scheint'". [Glasersfeld (1996): 193]. Auch Pörksen verteidigt Feyerabend und stellt fest, dass dieser seinen Slogan als Instrument des Protests gegen den seinerzeit übermächtigen Objektivismus einsetzte. [Vgl. Foerster, Pörksen (1998): 44].

[265] Vgl. Foerster (1993): 73 f.. Von Foerster erwähnt in dem Zusammenhang Pontius Pilatus, der sich seiner Verantwortung entzogen habe, in dem er vorgab, keine Wahl zu haben.

[266] Die deutsche Sprache scheint den Verdacht der Nichtobjektivität in solchen Wörtern, die vermeintliche Objektivität anzeigen, bewahrt zu haben: Im Wort „Tatsache" steckt der Begriff des Tuns. Es klingt somit nach einer Sache, die durch Tun erzeugt wurde. Ebenso verhält es sich mit den so genannten „Fakten", die sich etymologisch auf lat. „facere", also „tun" zurück führen lassen. Frz. „le fait" und engl. „fact" legen die gleiche Spur.

[267] Foerster, Pörksen (1998): 25. von Foerster nimmt hier auch Bezug auf den von ihm so bezeichneten „existentiellen Operator" „es ist", der mit autoritärer Gewalt vermeintlich Gegebenes feststelle statt zuzugestehen, dass es sich um unsere Erfindung handele. [Vgl. Foerster, Pörksen (1998): 25]. Er erinnert daran, „wieviele Millionen von Menschen verstümmelt, gefoltert und verbrannt worden sind, um die Wahrheitsidee gewalttätig durchzusetzen."[Foerster, Pörksen (1998): 30]. In dem Zusammenhang verweist von Foerster darauf, dass die Wahrheitsidee immer etwas Dogmatisches an sich hat und damit den Dialog behindert. [Vgl. Foerster, Pörksen (1998): 35].

Von Foerster erweitert diese Betrachtung um einen grundsätzlichen und philosophischen Aspekt zur Weltsicht insgesamt, in welchem er die Frage stellt, ob wir Menschen uns in der Welt als Entdecker oder Erfinder dieser Welt sehen:

„Bin ich vom Universum getrennt? Das heißt, wenn immer ich schaue, so schaue ich wie durch ein Schlüsselloch auf das sich entfaltende Weltall.' Oder: ‚Bin ich Teil des Universums? Das heißt, wenn immer ich handle, verändere ich mich und das Universum mit mir:' (…) Entweder betrachte ich mich als den Bürger eines unabhängigen Universums, dessen Regelmäßigkeiten, Gesetze und Gewohnheiten ich im Laufe der Zeit entdecke, oder ich betrachte mich als Teilnehmer einer Verschwörung, deren Gewohnheiten, Gesetze und Regelmäßigkeiten wir nun erfinden. "[268]

Die Schlüssellochvariante, die des Entdeckers also, entspricht dem konventionellen ontologischen Weltbild, während die Verschwörungsvariante des Erfinders dem konstruktivistischen Weltbild entspricht. Letztere macht das Individuum zum Komplizen einer wirklichkeitskonstruierenden Verschwörung und trägt damit die individuelle Verantwortungsdimension in sich. Von Foerster verknüpft mit dem konstruktivistischen Weltbild die grundsätzliche Freiheit der Wahl, mit welcher die Verantwortung für die Wahl einhergeht. Als Erfinder wählen wir, indem wir Entscheidungen über prinzipiell unentscheidbare Fragen treffen. Dies nennt von Foerster das „metaphysische Postulat"[269]: „ ‚Nur die Fragen, die im Prinzip unentscheidbar sind, können wir entscheiden.' "[270] Denn die entscheidbaren Fragen seien bereits durch die Wahl des Rahmens und der Regeln entschieden, die eine eindeutige Beziehung zwischen Frage und Antwort her stellten. Ein Beispiel für solche entscheidbaren Fragen, die durch Regeln und Rahmen bereits entschieden sind, ist die in den Grundschulen behandelte Aufgabe: Wie lautet das Ergebnis von 2 mal 2? Die Regeln der Addition im Rahmen der Mathematik determinieren das Ergebnis.[271]

---

[268] Foerster (1993): 75, Die Wahl des Wortes „Verschwörung" ist Ausdruck des typischen spielerischen Humors von Foersters und sollte nicht davon abschrecken, sich ernsthaft mit diesem Weltbild auseinander zu setzen.

[269] Foerster (1993): 73

[270] Foerster (1993): 73

[271] Wenngleich von Foerster Sympathie für Ergebnisse außerhalb solcher Rahmensetzung zu haben schien. So stellt er im Rahmen von Reflexionen über Pädagogik fest, dass es nicht gestattet sei zu sagen, „dass zwei mal zwei ‚grün' ist. Eigentlich ist das aber doch ein wunderbarer Gedanke, der einen dazu anregen könnte, zu fragen: Warum sagt das Kind ‚grün'? Welche Vorstellungen hat es? Und ich vermute, dass mir dieses Kind etwas unwahrscheinlich Schönes oder Lustiges erzählen würde." [Foerster (1998): 65]. Insgesamt scheint Foerster eine sehr kritische Haltung gegenüber Schulen und ähnlichen Institutionen gehabt zu haben: „Der Großteil unse-

Eine wirkliche Entscheidungsfreiheit haben wir also nur bezüglich prinzipiell unentscheidbarer Fragen. Wir haben die Freiheit der Wahl. Solche Wahl zu treffen ist nach von Foersters Verständnis ein metaphysischer Akt: „... wir werden zu Metaphysikern, ob wir uns nun so nennen oder nicht, wenn wir Fragen entscheiden, die prinzipiell unentscheidbar sind."[272]

Für die Zusammenhänge zwischen Organisation und Dialog sind folgende Aspekte des konstruktivistischen Verantwortungsprinzips besonders bedeutsam:

a. Kollektive Wirklichkeitskonstruktionen

Alle Rollenträger der Organisation konstruieren ihre individuellen Wirklichkeiten der gesamten Organisation oder von Teilaspekten der Organisation und sie wirken an kollektiven Wirklichkeitskonstruktionen im Rahmen der Organisation mit. Dafür tragen sie die entsprechende Verantwortung. Insofern sind sie in der Organisation Verantwortungsträger im doppelten Sinne: Sie tragen die Verantwortung, welche mit ihrer Rollen- und Aufgabenübernahme bzw. mit den daran geknüpften Erwartungen einhergeht und gleichzeitig sind sie verantwortlich für ihre individuelle Wirklichkeitskonstruktion und ihren Beitrag zu kollektiven Wirklichkeitskonstruktionen. Aus diesem Blickwinkel heraus ist es eine Anmaßung der Führungskräfte, wenn sie sich als alleinige Verantwortungsträger begreifen. Ebenso machen es sich die Mitarbeiter zu leicht, wenn sie sich ihrer Verantwortung nicht bewusst sind und sie insbesondere für Fehlentwicklungen in der Organisation zurückweisen. Alle sind, um mit von Foerster zu sprechen, an einer gemeinsamen Verschwörung zur Konstruktion der Organisationswirklichkeit beteiligt.

b. Es gibt immer eine Wahl

Managemententscheidungen sind niemals zwingende Konsequenzen aus quasi-objektiven Tatbeständen, die das Management lediglich erforscht oder entdeckt hat und zu denen es insofern keine Alternative gibt. Sie sind immer eine Auswahl aus mehreren Optionen des Handelns, für die die Entscheider die Verantwortung tragen. Ein Industrieunternehmen mit Absatzschwierig-

---

rer institutionalisierten Erziehungsbemühungen hat zum Ziel, unsere Kinder zu trivialisieren." [Foerster (1998): 65]. Die durch Rahmen und Regeln determinierten Fragen nennt er konsequent „illegitim", da der Fragende die Antwort ja bereits kennt. Es stellt sich die Frage, ob ein ähnlicher Mechanismus in den Großorganisationen, in welchen viele Erwachsene ihren Tag verbringen, wirkt und ob ein Großteil der Bemühungen Führender in diesen Organisationen nicht ebenso auf die Trivialisierung ihrer Schutzbefohlenen zielt.

[272]Foerster (1993): 70. Folgt man von Foersters Definition von Metaphysik, dann hat das zur Konsequenz, dass Unternehmensführung v.a. eine metaphysische Disziplin ist und dass die Manager eine (einflussreiche?) Kaste von Metaphysikern ist.

keiten hat grundsätzlich die Wahl zwischen kostenwirksamen oder ertrags-
wirksamen Strategien zur Behebung des Problems. Insofern kommt alterna-
tiven Maßnahmen wie z. B. Personalabbau oder Verkaufsförderung zunächst
die gleiche Legitimität zu.

c. Management ist Metaphysik

Management und Führung sind im Sinne der Definition von Foersters metaphysische Disziplinen, denn sie befassen sich mit der Entscheidung prinzipiell unentscheidbarer Fragen. Damit wird die grundsätzliche Kontingenz
von Managemententscheidungen deutlich und sie verlieren jeglichen Charakter von Unausweichlichkeit. Eine Entscheidung kann stets so oder anders
ausfallen.

3.2.5 Schlussfolgerungen für das Managementgeschehen in Organisationen

3.2.5.1 *Erosion des traditionellen Autoritätsbegriffes*

Wenn alles Wissen und Erkennen subjektiv ist und entsprechend der Anspruch aufgegeben werden muss, dass es objektive Wahrheiten gibt, dann
stellt sich die Frage, welche Rückwirkungen dies in der hierarchischen Ordnung von Organisationen hat. Hierarchie ist ein konstitutives Element in der
Bauweise von Organisationen, welches traditionell mit Autorität der Hierarchen verknüpft war. Diese Autorität hat maßgeblich das Rollenspiel zwischen Führungskräften und Mitarbeitern geprägt. Gemeinhin wurde wohl
angenommen, dass die Erkenntnismöglichkeiten hinsichtlich für die Organisation besonders wichtiger, z. B. strategischer Fragestellungen beim Management vielfältiger sind und tiefer reichen als beim Rest der Belegschaft.
Dies mag an der Ausbildung liegen, an den Einsichtsmöglichkeiten, welche
die Aufgaben und Positionen der Manager mit sich bringen oder auch an
den Möglichkeiten, externe Erkenntnisquellen anzuzapfen wie z. B. Berater,
Forschungsinstitute etc. Aber auch die hohe hierarchische Position eines Or-
ganisationsmitgliedes als solche hat dieser quasi automatisch institutionelle
Autorität verliehen. Möglicherweise wandeln sich diese Rollenverhältnisse
hin zu einer stärkeren Involvierung von mehr Organisationsmitgliedern, auch
aus nachrangigen Hierarchieebenen, in Management- und Entscheidungsprozesse. Das tradierte Verständnis von Hierarchie und Autorität könnte die
Antwortfähigkeit von Organisationen auf immer komplexer werdende Umwelten zu sehr einschränken. Weiter unten wird der Bezug zwischen steigender Umweltkomplexität und der möglichen Notwendigkeit von interner
Komplexitätsverarbeitung über Team- sowie Dialogformen angesprochen.

Diese könnten Wege weisen, die Antwortfähigkeit von Organisationen auf die anspruchsvoller werdenden Umweltherausforderungen zu stärken.

Gibt man die herkömmliche Sicht der höheren oder tieferen Einsichtsmöglichkeiten und auch -fähigkeiten des Managements im Hinblick auf Wahrheit und Realität zu Gunsten einer prinzipiell subjektiven und zumindest insofern gleichwertigen Einsichtsfähigkeit aller Organisationsmitglieder auf, so kann dies einen Autoritätsverlust der Führung zur Folge haben. Dieser Preis dürfte ceteris paribus eine prinzipielle Skepsis auf seiten der Führenden gegenüber dem konstruktivistischen Weltbild zur Folge haben, denn Autorität ist ein Teil der konventionellen Machtbasis in Organisationen.[273] Unabhängig von der Machtfrage und persönlichen Interessen muss aber bedacht werden, dass Hierarchie in der Organisation eine funktionale Dimension hat. Dieser Aspekt wird weiter unten ausgeführt.

3.2.5.2 Viele Wege führen nach Rom

Wenn die Vorstellung einer objektiv erkennbaren Realität oder Wahrheit irrig ist, dann ist dies auch die Vorstellung der einzig richtigen Führungsmethode oder des einzig richtigen Führungsstils. Jeder Versuch, Führungsinstrumente zu vereinheitlichen, Führungsprozesse zu standardisieren oder Führungsstile zu propagieren, kann nur aus der Nützlichkeit dieses Unternehmens, also der Vereinheitlichung, Standardisierung oder Propagierung für die Organisation begründet werden, nicht jedoch aus der alleinigen Richtigkeit der spezifischen Instrumente, Prozesse oder Stile. Sie unterliegen einer grundlegenden Relativität.

3.2.5.3 Selbständiger Erkenntnisaufbau und eigenmächtige Deutung

Wenn die Mitglieder einer Organisation grundsätzlich individuelle Wirklichkeiten erzeugen, ist die Einwirkmöglichkeit anderer, z. B. der Führung, auf diesen Prozess prinzipiell beschränkt. Das Management kann Rahmenbedingungen schaffen wie z. B. Informationsveranstaltungen, Personal- und Organisationsentwicklungsmaßnahmen, Diskussionsforen oder Dialogplattformen. Es kann aber nicht sicherstellen, dass die Mitarbeiter die gewünschten Erkenntnisse mitnehmen. Diese müssen sie sich selbst konstruieren. Organisationsmitglieder sind prinzipiell autonom in ihren Deutungen aller angebotenen Interaktionen und Kommunikationen. Alle ihrer Wahrnehmung ausgesetzten Handlungen, Newsletters, Protokolle, Vorträge, Emails werden

---

[273] Solche Skepsis kann man wiederum konstruktivistisch erklären: Ein ontologisches Weltbild, wonach es Autorität ,gibt', ist für einen Manager vielleicht nützlicher, also konstruiert er sich sein ontologisches Weltbild.

sie so interpretieren, wie es in ihrer Macht steht, und nicht so, wie es in der vermeintlichen Macht des Senders steht. Alles angebotene perzeptuelle Material mag aus Sicht der Anbietenden noch so eindeutig erscheinen, es ist der grundlegend eigenmächtigen Deutung der Empfänger ausgesetzt.

3.2.5.4 Sprachliche Leitplankenfunktion

Sprachliche Interaktionen transportieren nicht Wissen oder Erkenntnis vom einen zum anderen, sondern sie können helfen, begriffliche Konstruktionen zu orientieren oder einzuschränken. Die Sprache hat damit eine Leitplankenfunktion, vergleichbar mit dem Hirtenhund, der die Herde nicht etwa zum Ziel führt, sondern verhindert, dass einzelne Tiere aus der Herde ausbrechen oder dass die Herde insgesamt ein falsches Ziel anstrebt.[274] Führungsverantwortliche haben also eher die Aufgabe, Konstruktionsprozesse von Organisationsmitgliedern nicht in die Irre laufen zu lassen, statt sie präzise zu instruieren.

3.2.5.5 Koevolution

Das soziale System Organisation, die relevanten psychischen Systeme sowie die relevanten Interaktionssysteme[275] befinden sich in einem wechselseitigen Prozess gemeinsamer Entwicklung, der keine einseitig-direkten Einflussnahmen zulässt und der kollektive Wirklichkeitskonstruktionen ermöglicht. So fragt Michael Wollnik folgerichtig: „Hat es Sinn, einem autopoietischen System konkret Sollzustände vorzugeben?"[276] Das in Organisationen verbreitete Konzept von Zielvereinbarungen scheint aus systemisch-konstruktivistischer Perspektive äußerst fraglich.

3.2.6 Zwischenbetrachtung zum Verhältnis zwischen Konstruktivismus und Dialog

„Sie hatten mir zwei Versionen der Wahrheit aufgetischt, zwei verschiedene, voneinander getrennte Wirklichkeiten, und da konnte ich schieben und drücken, wie ich wollte, sie waren nicht zusammenzubringen. Soviel begriff ich, und dennoch war mir

---

[274]Von Glasersfeld beschreibt die wichtige Funktion des Hirtenhundes für die Rinderherde in Analogie zur Funktion der Sprache im Schulunterricht und betont, dass er mit der Rinderanalogie nur die Dynamik der Situation, nicht jedoch den Charakter der Beteiligten beleuchten möchte. [Glasersfeld (1996): 294 f.]

[275]Interaktionssysteme sind solche Systeme, in denen die Kommunikation unter Anwesenden stattfindet. Dieses Konzept wird weiter unten erläutert.

[276]Wollnik (1998): 148

zugleich bewusst, dass beide Geschichten mich überzeugt hatten. (...) Mit anderen Worten: Es gab keine allgemeingültige Wahrheit. "[277]

Die grundsätzliche Relativierung von Vorstellungen wie Wahrheit, Objektivität, Kontrolle, Steuerung und Verstehen durch den Konstruktivismus erschüttert die Fundamente einer ontologischen Weltsicht, wie sie in der Intuition der Menschen und ihrem Alltagsverständnis sowie Erleben der Welt wohl immer noch vorherrscht. Gleichzeitig bildet sie die Basis für den Dialog als kollektives Denkinstrument und Methode zur Erzeugung von Wirklichkeit. Dialog schafft und erhöht die Möglichkeiten des Verstehens. Wollen wir die Sprache eines Menschen wirklich verstehen, so genügt es keinesfalls, die Wörter zu verstehen, die er benutzt. Es ist auch nötig, etwas über seine Gedankenwelt und sogar über ihm eigene Motivationen zu erforschen und zu erfassen. Dieser Forschercharakter ist auch der dialogischen Kommunikationsform eigen, wie weiter unten ausgeführt werden wird. Der Dialog könnte somit nach dem Verlust von Wahrheit und Objektivität der alten ontologischen Weltsicht einen Anker bilden, den die Akteure auswerfen können, um neuen Halt zu gewinnen. Kann diese Halt gebende Funktion des Dialogs auch im Kontext der Organisation realisiert werden? Um diese Frage zu beantworten, muss zuvor ein grundlegendes Verständnis der Organisation entwickelt werden.

3.3 SYSTEMISCHE ORGANISATIONSTHEORIE

Nachdem im vorigen Abschnitt allgemeine theoretische Grundlagen der Systemtheorie und des Konstruktivismus erläutert wurden, die einen generellen Bezug zu Dialog und Erkenntnis haben, soll im Folgenden eine konkrete Theorie der Organisation dargelegt werden. Es handelt sich um die auf der neueren Systemtheorie fußende systemische Organisationstheorie. Mit Wimmer gehe ich davon aus, „dass diese Theoriearchitektur zur Zeit dem gestiegenen Komplexitätsgrad von Organisation und Gesellschaft am ehesten gerecht wird".[278]

Im Vorwort zu „Organisation und Entscheidung"[279] hebt Luhmann die Bedeutung der Organisationen für moderne Gesellschaften und modernes Leben hervor und folgert daraus, dass die „Eigenlogik" von Organisationen eine Untersuchung wert sei.[280] Anknüpfend an die allgemeine Theorie sozialer Systeme trifft er grundsätzliche und weitreichende Theorieentscheidun-

---

[277]Auster (1994): 132
[278]Wimmer (2009): 23
[279]Luhmann (2000)
[280]Luhmann (2000): 7

gen, die v. a. auf das in dieser Arbeit weiter oben ausgeführte systemtheoretische Konzept der Autopoiesis zurückgreifen.

Luhmann stellt den Bezug zwischen allgemeiner Systemtheorie und spezieller Organisationstheorie mit Hilfe des Autopoiesiskonzeptes und der System-Umwelt-Beziehung her: „Angewandt auf soziale Systeme im allgemeinen und Organisationen im Besonderen besagt Systemtheorie, dass die Differenz zwischen System und Umwelt im System selbst produziert und reproduziert werden muss und dass genau dies die Systeme dazu zwingt, ihre Umwelt zu beachten."[281] Er definiert: „Eine Organisation ist ein System, das sich selbst als Organisation erzeugt."[282] Statt also Eigenschaften oder Wesensmerkmale der Organisation zu beschreiben, arbeitet diese Definition mit der Antwort auf die Frage, wie eine Organisation entsteht. Die Antwort ist zirkulär, also im strengen Sinne keine Definition, da sie mit dem zu definierenden Begriff selber operiert.[283] Luhmann fügt zur Konkretisierung eine Reihe theoretischer Annahmen hinzu, von denen er sagt, dass sie diesen Zirkel brechen.

Einige dieser Annahmen[284] sollen an dieser Stelle kurz zusammengefasst werden:

a. Die Basisoperation eines autopoietischen Systems ist ein Ereignis, hat also die Zeitform. Wenn es sich bei dem System um eine Organisation handelt, so heißt das Ereignis Entscheidung.

b. Systeme beobachten sich selbst und können sich so von ihrer Umwelt unterscheiden.

c. Autopoietische Systeme sind selbstorganisierte, ihre Strukturen variierende Systeme.

d. Organisationstheorie findet auf der Ebene der Beobachtung dritter Ordnung statt. „Sie beobachtet ein sich selbst beobachtendes System..."[285]

e. Autopoietische Systeme befinden sich im selbst erzeugten permanenten Zustand von Unsicherheit bezüglich ihrer Umwelt und orientieren sich im Umgang damit an der Historie des jeweils aktuell gegebenen Zustandes.

---

[281]Luhmann (2000): 36

[282]Luhmann (2000): 45

[283]An anderer Stelle beschreibt Luhmann Organisationen zusammenfassend als „nicht kalkulierbare, unberechenbare, historische Systeme, die jeweils von einer Gegenwart ausgehen, die sie selbst erzeugt haben." [Luhmann (2000): 9]

[284]Luhmann (2000): 45 ff.

[285]Luhmann (2000): 47

f. Die operative Geschlossenheit autopoietischer Systeme ist absolut, das heißt, dass es ausgeschlossen ist, „dass das System auch in seiner Umwelt oder die Umwelt auch im System operiert."[286]

g. In Kommunikationssituationen empfangende Organisationen regeln die Informationsverarbeitung auf Grund ihrer eigenen Strukturen. „Ein autopoietisches System kann also nur sich selbst informieren." [287] In Kommunikationssituationen sendende Organisationen wählen aus, was sie senden wollen.

Luhmann stellt fest, dass diese theoretischen Festlegungen eine grundlegende Umorientierung im Verständnis von Organisationen zur Folge haben. Die Organisation erscheint nicht mehr als Existenz- oder Bestandsphänomen sondern als Unterscheidungsphänomen: „Das heißt auch, dass nicht mehr von »existenziellen Notwendigkeiten« gesprochen wird (eine Organisation könne nur existieren, wenn...), sondern von Bedingungen der Möglichkeit der Beobachtung von Organisationen. Wenn sie sich nicht unterscheiden lassen, können sie nicht beobachtet werden."[288] Und wenn sie nicht beobachtet werden können, ist es müßig zu fragen, ob sie existieren bzw. welchen Existenzbedingungen sie unterliegen.

Im Folgenden soll die systemische Organisationstheorie m. H. von folgenden Kernaspekten skizziert werden: Entscheidung, Entscheidungsprämissen, Stelle, Unsicherheitsabsorption, Mitgliedschaft, Interaktionssystem, Hierarchie, Führung, Macht.

3.3.1 Entscheidung

„Es ist nicht schwer, in einem Büro zu arbeiten, man braucht nur ein wenig gewissenhaft zu sein, schnell Entscheidungen zu treffen und sich an sie zu halten. Ich hatte rasch begriffen, daß es nicht darauf ankommt, die beste Entscheidung zu treffen, sondern, daß es in den meisten Fällen genügt, irgendeine Entscheidung zu treffen, vorausgesetzt, man trifft sie schnell..."[289]

Anknüpfend an die Aspekte von Autopoiesis und operativer Geschlossenheit als grundlegende Merkmale sozialer Systeme sowie der Kommunikation als Basisoperator im Rahmen des autopoietischen Geschehens stellt Luhmann fest, dass die basale Einheit eines autopoietischen Systems die Zeitform eines Ereignisses hat und sich damit von substanzgebundenen Vorstel-

---

[286]Luhmann (2000): 51
[287]Luhmann (2000): 53
[288]Luhmann (2000): 55
[289]Houellebecq (2002): 175

lungen des Systems unterscheidet.[290] Dies ist ein radikaler Unterschied. Ein substanzgebundenes Systemverständnis würde davon ausgehen, dass z. B. ein Unternehmen aus dem Gemäuer des Verwaltungsgebäudes, den darin vorhandenen Schreibtischen und Computern, den daran sitzenden Mitarbeitern, den Kopiergeräten etc. bestünde. Das Ereignis hat eine zeitliche Ausdehnung, aber keine Substanz. Es handelt sich im Falle der Organisation um die Entscheidung oder, genauer gesagt: Die Organisation als autopoietisches, operational geschlossenes und selbstreferenzielles System besteht operativ aus der Kommunikation von Entscheidungen.[291] Das Anknüpfen von Entscheidung an Entscheidung sorgt also für den Fortbestand der Organisation. Eine Organisation, die keine Entscheidung mehr trifft, hört in diesem Sinne auf zu existieren. Nach diesem Verständnis haben Organisationen einen flüchtigen, weniger greifbaren Charakter als nach dem substanzgebundenen Verständnis.

Damit setzt sich Luhmann auch von handlungstheoretischen Ansätzen ab. Er ersetzt den Begriff der Handlung durch den Begriff der Beobachtung.[292] Die in der Beobachtung stattfindende Aufmerksamkeitsfokussierung erzeugt automatisch einen blinden Fleck, in welchem sich alles Nichtbeobachtete befindet. Die Beobachtung von ‚A' stellt eine Entscheidung für genau diese Beobachtung dar. Damit fällt gleichzeitig die Entscheidung ‚nicht A' nicht zu beobachten, wobei ‚nicht A' sich allerdings im blinden Fleck befindet, d.h., dass es für den Beobachter keinerlei Aufschluss über ‚nicht A' gibt. Auf diese Weise transformiert Luhmann den Handlungsbegriff über den Beobachtungsbegriff zum Entscheidungsbegriff.

Die Alltagsbeobachtung von Organisationen stützt die Stellung der Entscheidung als konstituierende Basiseinheit. Die Aufgabe des Managements scheint v.a. darin zu bestehen, Entscheidungen zu treffen oder das Treffen von Entscheidungen zu ermöglichen. Man stelle sich vor, dass Manager dieser Erwartung nicht gerecht werden: Ihre Organisationen würden sofortige Lähmungserscheinungen zeigen. Fortgesetztes Nichtentscheiden würde schließlich zum Verschwinden der Organisation führen. Insofern kann aus Sicht der Organisation rational sein, was aus Sicht von Individuen in der Alltagspraxis immer wieder irrational erscheint: Es ist besser, eine schlechte Entscheidung zu treffen, als gar keine Entscheidung zu treffen.

---

[290] Vgl. Luhmann (2000): 45f.
[291] Vgl. Luhmann (2000): 123
[292] Vgl. Luhmann (2000): 126

Jede Entscheidung ist, sobald sie getroffen wurde, eine Prämisse für daran knüpfende weitere Entscheidungen, sie ist also eine Entscheidungsprämisse.

3.3.2 Entscheidungsprämissen

Entscheidungsprämissen dienen der Organisation als Voraussetzungen, die bei ihrer Verwendung für weitere Entscheidungen nicht mehr überprüft oder hinterfragt werden müssen.[293] Entscheidungsprämissen werden durch Entscheidungen eingeführt und sollen den Umgang mit Komplexität erleichtern, die Effizienz künftiger Entscheidungsprozesse erhöhen und formale Kriterien für Entscheidungen festlegen: „... sie fokussieren die Kommunikation auf die in den Prämissen festgelegten Unterscheidungen, und das macht es wahrscheinlich, dass man künftige Entscheidungen mit Bezug auf die vorgegebenen Prämissen unter dem Gesichtspunkt der Beachtung oder Nichtbeachtung und der Konformität oder Abweichung beobachten wird, statt die volle Komplexität der Situationen jeweils neu aufzurollen."[294]

Es werden vier Kategorien von Entscheidungsprämissen unterschieden: Entscheidungsprogramme, gezielt ausgewählte interne Verknüpfungen, die Person im organisationalen Sinne sowie die Kultur und die Werte einer Organisation. Kultur und Werte einer Organisation sind nicht entscheidbare Entscheidungsprämissen, während Programme, Verknüpfungen und Person Entscheidungen der Organisation darstellen.

3.3.2.1 Entscheidungsprogramme

Der erste Spezialfall der Entscheidungsprämisse ist das Entscheidungsprogramm. „Entscheidungsprogramme definieren Bedingungen der sachlichen Richtigkeit von Entscheidungen."[295] Dabei kann es sich um festgelegte quantitative Grenzen handeln, etwa Zeichnungsberechtigungen für Obergrenzen von Investitionsvolumina, Kreditbewilligungsgrenzen oder Mindestkassenbestände. Dies sind regulative Bedingungen, die wie ein kybernetisches Prinzip in Organisationen wirken, ähnlich einem Thermostat, der bei Absinken der Raumtemperatur unter eine definierte Schwelle die Heizung anspringen lässt. Entscheidungsprogramme können aber auch das Aufgabenprogramm eines Konzerns betreffen. Für einen Automobilhersteller mögen alle Fragen rund um Produktion, Finanzierung, Marketing und Absatz von Autos verschiedener Baureihen dazu gehören, nicht jedoch die Aufnahme der Antibabypille in das Produktsortiment.

---

[293]Vgl. Luhmann (2000): 222
[294]Luhmann (2000): 224
[295]Luhmann (2000): 257

Entscheidungsprogramme dienen als quantitative und qualitative Vorentscheidungen, um Folgeentscheidungen überhaupt erst zu ermöglichen. „Sie erzeugen vielmehr erst die Möglichkeit einer stets situationsbezogenen Entscheidung. Die Freiheit, auf verschiedene Weise zu entscheiden, entsteht erst durch Programmierung. Nur deshalb macht es Sinn, zwischen Entscheidungsprogrammen und Entscheidungen zu unterscheiden. Ohne Programmierung hätte man nur die Möglichkeit, Aufmerksamkeit schweifen zu lassen oder Kommunikation anzuregen, um ein Thema zu finden."[296] Entscheidungsprogramme sorgen also für eine inhaltlich-thematische Aufmerksamkeitsfokussierung und für die notwendige Orientierung der Entscheidungsinstanzen und verhindern somit beliebiges Schweifen der Aufmerksamkeit.

Wie alle anderen Entscheidungen auch treten Entscheidungsprogramme nur als Kommunikationen in die Welt.[297] Sie sind also an die Einheit von Information, Mitteilung und Verstehen gebunden.

3.3.2.2 Ausgewählte Verknüpfungen

Bei den Entscheidungsprämissen kann es sich auch um vorgeschriebene Kommunikations- und Eskalationswege, den berühmt-berüchtigten Dienstweg, festgelegte Kompetenzen, Weisungsbefugnisse, das Direktionsrecht, Anhörungsrechte, Informationsrechte etc. handeln. Man könnte hier auch von der formalen Organisation sprechen.[298] Die formale Organisation umfasst in diesem Sinne alle institutionalisierten Verknüpfungen der Organisation. Als eine für Organisationen besonders bedeutsame Form von Entscheidungsprämissen kann man die Einrichtung von Kommunikationswegen betrachten. Sie ermöglichen, dass Entscheidungen mit Entscheidungen verknüpft werden und so die autopoietische Produktion von Entscheidungen aufrechterhalten wird. Als Adresse solcher Entscheidungen dient die Stelle, welche weiter unten behandelt wird.[299]

Auch die Entscheidung für die Zuweisung einer bestimmten Funktion zu einer bestimmten Person ist eine solche Entscheidungsprämisse.[300]

3.3.2.3 Person

Luhmann bezeichnet den Menschen mit seiner „Riesenmenge von faktischen biochemischen, neurophysiologischen, immunologischen, bewusstseinsmä-

---

[296]Luhmann (2000): 262
[297]Vgl. Luhmann (2000): 258
[298]Vgl. Luhmann (2000): 225
[299]Vgl. Luhmann (2000): 316
[300]Vgl. Luhmann (2000): 225

ßigen Operationen, die für alle bewussten und kommunikativen Operationen völlig intransparent bleiben und nur an gewissen Regelmäßigkeiten des Verhaltens vermutungsweise erratbar sind"[301], als „black box"[302] und rechnet ihn der Umwelt der Organisation zu.[303] An die Stelle individueller „Vollmenschen im Vollzug ihrer lebenden und psychischen Autopoiesis"[304] setzt er die Form der Person, welche als Sender, Empfänger und Thema von Informationen in Kommunikationssystemen[305], als „Agglomerat von individuellen Selbsterwartungen und Fremderwartungen"[306] und als „besondere Formen der Beobachtung des Zusammenhangs von Situationen, also Ordnungsmuster mit hochselektiven Eigenschaften"[307] dienen.

Im Wege der Personalentscheidungen werden Personen zu Entscheidungsprämissen, da sie als Instanz künftiger Entscheidungen dienen.[308]

„Personen entstehen also durch die Teilnahme von Menschen an Kommunikation. Sie tragen den Bedürfnissen des Beobachtens Rechnung, indem ihnen Konsistenz der Meinungen und Einstellungen, Zielstrebigkeit des Verhaltens, Eigeninteresse mit Aussicht auf Berechenbarkeit usw. unterstellt wird. Sie leben nicht, sie denken nicht, sie sind Konstruktionen der Kommunikation für Zwecke der Kommunikation."[309]

Das Konstrukt der Person stellt also eine radikale Vereinfachung des Menschen dar, ähnlich wie sich klassische Ausrichtungen der Wirtschaftswissenschaften des Konstrukts ‚Homo Oeconomicus'[310] bedienen, um den allzu komplexen Menschen gewissermaßen modellhaft theoriefähig zu machen. Folgt man dieser theoretischen Entscheidung, dann hat man es innerhalb von Organisationen theoretisch-analytisch fortan nicht mehr mit Menschen, sondern mit Personen im Sinne der neueren Systemtheorie zu tun.

---

[301] Luhmann (2000): 90
[302] Luhmann (2000): 90
[303] Luhmann (2000): 90
[304] Luhmann (2000): 285
[305] Vgl. Luhmann (2000): 89
[306] Luhmann (2000): 280
[307] Luhmann (2000): 285
[308] Vgl. Luhmann (2000): 285
[309] Luhmann (2000): 90f.
[310] Neuere wirtschaftswissenschaftliche Tendenzen wie die Verhaltensökonomie streben eine Abwendung vom Konzept des Homo Oeconomicus an, weil die mit ihm einhergehende Vereinfachung zu weit gehe und kaum verlässliche Aussagen über reale ökonomische Prozesse zulasse.

3.3.2.4 Kultur und Werte

Wie oben bereits angedeutet, handelt es sich bei der Kultur und den Werten einer Organisation um solche Entscheidungsprämissen, die nicht qua Entscheidung in die Welt kommen. In Anlehnung an Darío Rodriguez bezeichnet Luhmann die Organisationskultur als „Komplex der unentscheidbaren Entscheidungsprämissen."[311] Damit ist aus seiner Sicht der Rahmen der lösbaren Probleme, welche im Bereich der entscheidbaren Entscheidungsprämissen auftauchen, abgegrenzt vom Bereich der Probleme, welche im Bereich der unentscheidbaren Entscheidungsprämissen liegen und „nicht durch Anweisungen gelöst werden können".[312]

Die Bezeichnung der Organisationskultur als unentscheidbare Entscheidungsprämissen ermöglicht außerdem eine Lösung von der positiven Belegung des Kulturbegriffs und von der Vorstellung, es gäbe nur eine konsistente Organisationskultur.[313] Die Organisationskultur entsteht selbstorganisiert im Wege informeller Kommunikation und: „Ihr Ergebnis bleibt anonym produziert und erst Anthropologen und Soziologen entdecken die latente Funktion dieser Art von Kommunikation, das Zusammengehörigkeitsbewusstsein und seine moralischen Anforderungen zum Ausdruck zu bringen, *ohne dies direkt zum Thema der Kommunikation zu machen und es damit der Annahme oder der Ablehnung auszusetzen.* "[314]

Auch Werte „sind Anhaltspunkte in der Kommunikation, die nicht direkt kommuniziert werden."[315] Ihre Geltung wird implizit unterstellt. Würde man sie ausdrücklich kommunizieren, wären sie der Annahme oder Ablehnung ausgesetzt und die Möglichkeit ihrer Infragestellung, v.a. auch als Entscheidungsprämissen, wäre also automatisch mitkommuniziert.

Der Sinn einer ausdrücklichen Kommunikation der Organisationskultur kann in einer Art Organisations- oder Systemvergleich in Abgrenzung zu Organisationen in der Umwelt und zum Zweck der Identitätsfeststellung gegenüber den Mitgliedern der Organisation liegen. Luhmann spricht in diesem Zusammenhang von der „Herausstellung der Eigenart"[316] der Organisation.

---

[311]Luhmann (2000): 241, Luhmann bezieht sich auf Darío Rodriguez Mansilla [Rodriguez Mansilla (1991): 140 f.]
[312]Luhmann (2000): 241
[313]Vgl. Luhmann (2000): 241 f.
[314]Luhmann (2000): 243
[315]Luhmann (2000): 244
[316]Luhmann (2000): 246

Eine Veränderung der Organisationskultur kann grundsätzlich nur im Wege des Wandels, also eines kontinuierlichen Prozesses, geschehen und nicht als radikaler Schnitt verordnet werden. Angestoßen wird sie häufig durch einen entsprechenden Wandel der gesellschaftlichen Werte im Umfeld der Organisation.[317] Es kann aber auch zu spektakulären Veränderungen der Organisationskultur kommen, nämlich durch die Koinzidenz von Tabubrüchen und „großen Persönlichkeiten, die eine neue Ära einleiten, Organisationen sanieren oder die tradierten Gewohnheiten dadurch kenntlich machen, dass sie mit ihnen brechen."[318] Damit solche Ereignisse tatsächlich geschehen können, muss laut Luhmann „die Zeit reif"[319] sein, so dass entsprechende personenbezogene Ursache-Wirkungszuschreibungen durch die Organisationsmitglieder formuliert werden können: Eine starke Einzelpersönlichkeit bricht mit den tradierten Werten der Organisation und vermag, sich nachhaltig durchzusetzen.[320] Francois Jullien würde im Sinne der chinesischen Strategietradition von „Situationspotenzial" und entsprechender „Rissigkeit einer Situation" sprechen.[321]

Ein Vergleich mit Edgar Scheins Drei-Ebenen-Modell[322] der Unternehmenskultur zeigt, ohne dass Schein seine Überlegungen in eine Organisationstheorie bettet, gewisse Parallelen. Schein ist ebenfalls der Ansicht, dass tief verwurzelte Kulturaspekte sich nicht einfach durch Managementhandeln verändern lassen.[323] Die von Luhmann eingeräumten Kulturveränderungschancen im Zusammenhang mit dem Auftreten eines charismatischen neuen Topmanagers sieht er ebenfalls[324], allerdings bezeichnet er die Unternehmenskultur als eine „stark konservative Kraft, weil viele Mitarbeiter und Manager selbstverständlich davon ausgehen, dass das, was das Unternehmen erfolgreich gemacht hat, zwangsläufig auch weiterhin richtig ist."[325] In diesem Zusammenhang weist Schein darauf hin, dass die Beobachtungsweisen

---

[317] Vgl. Luhmann (2000): 245
[318] Luhmann (2000): 247
[319] Luhmann (2000): 247
[320] Vgl. Luhmann (2000): 247 f.
[321] Jullien (1999)
[322] Schein unterscheidet in diesem Modell erstens die Artefakte als sichtbare Organisationsstrukturen und –prozesse von, zweitens, den öffentlich propagierten Werten, die sich in Strategien, Zielen und Philosophien niederschlagen sowie drittens, den grundlegenden, unausgesprochenen Annahmen, die unbewusste, für selbstverständlich gehaltene Überzeugungen, Wahrnehmungen, Gedanken und Gefühle darstellen.
[323] Vgl. Schein (2003): 72
[324] Vgl. Schein (2003): 119
[325] Schein (2003): 141

eines Unternehmens organisationskulturell geprägt sind und damit Veränderungsanstrengungen, die eine Organisation unternimmt, automatisch im Rahmen dieser Prägungen angelegt sind.[326] Das Festhalten am Bewährten ist also in gewisser Weise ein organisationskultureller Automatismus, dessen sich die Organisation selbst gar nicht bewusst sein muss.

3.3.3 Stelle

Die Organisation als nichttriviale Maschine ist immer Ergebnis ihrer Entscheidungsgeschichte und kann sich nur auf ihren aktuellen Zustand beziehen, wenn sie eine Referenz für weitere Entscheidungen braucht. Die Zukunft im Sinne künftiger Zustände des Systems ist grundsätzlich unbekannt, auch wenn Prognosen aller Art bemüht werden, um sie etwas weniger unbekannt zu machen. Mit Hilfe der Planung versuchen Organisationen gestaltend in die Zukunft zu greifen, aber „die Zukunft ist und bleibt, auch wenn verplant, unbekannt."[327]

Im Sinne des hier erörterten systemtheoretischen Ansatzes handelt es sich bei der Planung um Entscheidungen über Entscheidungsprämissen. Planung entscheidet also, welche nicht zu hinterfragenden Voraussetzungen für künftige Entscheidungen zu gelten haben. Die Stelle hat den Zweck, verschiedene und verschiedenartige Entscheidungsprämissen zu koordinieren.[328] Stellen dienen also „im Organisationssystem der Herstellung von Konsistenz im Verhältnis der Entscheidungsprämissen zueinander. In jedem Falle müssen die Entscheidungsprämissen Programm, Personal und Kommunikationswege koordiniert werden."[329] Ferner dienen sie als Andockstelle für Personen, denen bestimmte Aufgaben zugeordnet werden, die in bestimmten Stellen verortet sind.[330] Der Sinn einer Stelle ergibt sich nur, wenn entsprechende Entscheidungsprämissen vorhanden sind. Entscheidungsprämissen sind also die Voraussetzung von Stellen.[331] Die inhaltliche Beschreibung der Stellen gibt Aufschluss darüber, in welche Vorgänge sie einbezogen werden müssen. Man kann Stellen als Knotenpunkte der Kommunikationswege in der Organisation beschreiben.

---

[326]Vgl. Schein (2003): 142
[327]Luhmann (2000): 231
[328]Vgl. Luhmann (2000): 230f.
[329]Luhmann (2000): 232
[330]Vgl. Luhmann (2000): 232
[331]Vgl. Luhmann (2000): 236

3.3.4 Unsicherheitsabsorption

Aus Sicht der klassischen Organisationstheorie dienen Entscheidungen einem zeckrationalen Zusammenhang zwischen den auf der Inputseite eingesetzten Mitteln oder Ressourcen und dem auf der Outputseite erzielten Resultat, dem Zweck, etwa im Sinne des ökonomischen Prinzips.

Luhmann weist diese Zweckrationalität dem Feld der Entscheidungsprogrammierung zu und bezeichnet dies als „Zweckprogrammierung"[332] Für den Zusammenhang von Entscheidungen in Organisationen bedarf es seines Erachtens einer allgemeineren Fassung. Deshalb ersetzt er den Begriff der Zweckorientierung durch den Begriff der Unsicherheitsabsorption.[333]

Unsicherheit als Unterschied zwischen gleichzeitig auftretendem Wissen und Nichtwissen ist eine im System erzeugte soziale Konstruktion. Sie ist in dem Sinne integraler Baustein der Organisation, als Entscheidungen, die der Beseitigung von Unsicherheit dienen, gleichzeitig Unsicherheit erzeugen und damit neue Entscheidungen notwendig machen. Der Entscheidungsprozess, also die Abfolge von Entscheidungen, macht letztlich die Unsicherheitsabsorption aus.[334] „Die Autopoiesis von Organisationsystemen läuft also über Unsicherheitsabsorption. Unsicherheitsabsorption ist demnach nur ein anderer Begriff für die systeminterne Erzeugung von Information . . . ".[335] Unsicherheit ist in diesem Zusammenhang nicht als dysfunktional zu verstehen, denn ohne sie gäbe es keine Notwendigkeit für Entscheidungen. Sie ist vielmehr ,Lebenselixier' von autopoietisch verstandenen Organisationen, in denen Entscheidungen einerseits Unsicherheit absorbieren und andererseits neue Unsicherheit schaffen, welche die Notwendigkeit von neuen Entscheidungen erzeugt.[336] Unsicherheit ist gleichsam der Kraftstoff, der den Entscheidungsprozess in Gang hält.

3.3.5 Mitgliedschaft

Die Mitgliedschaft in einer Organisation ist nach Luhmann ein soziales Konstrukt, welches ökonomisches Nutzenkalkül, vertragliche Bindung und Karriereinteresse in einer Weise bündelt, die weitgehende Offenheit in der konkreten Ausgestaltung dieser drei Dimensionen belässt.[337] Die Mitgliedschaft dient der Kopplung von psychischem und sozialem System: „In diesem Sin-

---

[332]Luhmann (2000): 183
[333]Vgl. Luhmann (2000): 184
[334]Vgl. Luhmann (2000): 185
[335]Luhmann (2000): 185
[336]Vgl. Luhmann (2000): 186
[337]Vgl. Luhmann (2000): 110

ne ist die Mitgliedsrolle eine Gesamtformel für strukturelle Kopplungen, deren Irritationen dann in den psychischen Systemen und in den Organisationen auf sehr verschiedene, nicht-integrierbare, immer wieder überraschende Weise verarbeitet werden."[338] Es mag trivial klingen, ist aber notwendig festzuhalten: Die Mitgliedschaft unterscheidet Mitglieder der Organisation von Nichtmitgliedern der Organisation, ohne dass die strikte Trennung von Operationen der psychischen Systeme Ersterer und Operationen des sozialen Systems sich auflösen würde.[339]

Die Mitgliedschaft eröffnet Personen Zugang zur Stellenlandschaft einer Organisation und erzeugt Funktionalität, auch wenn Anonymität zwischen den Akteuren herrscht.[340]

Dirk Baecker weist darauf hin, dass Organisationen in ihrer eigenen Regelwelt von Entscheidungsprämissen eine positive Beschreibung möglicher durch die Mitglieder zu treffender Entscheidungen darstellen. „Wer Mitglied einer Organisation wird, unterwirft sich der Regel, dass alle Entscheidungen verboten sind, die nicht erlaubt sind. Organisationen blockieren Entscheidungen und müssen dann Mittel und Wege finden, mit dieser und gegen diese Blockade neue Entscheidungen zu gewinnen."[341]

3.3.6 Interaktionssystem

Interaktionssysteme „schließen alles ein, was als *anwesend* behandelt werden kann, und können gegebenenfalls unter Anwesenden darüber entscheiden, was als anwesend zu behandeln ist und was nicht."[342] Interaktion ist also als Kommunikation unter Anwesenden zu verstehen.[343] Luhmann vertritt die These, dass eine Theorie der Interaktionssysteme den Gruppenbegriff und mit ihm die eingebürgerten Vorstellungen informeller Kommunikation in Organisationen ersetzen wird.[344] Diese angestrebte Loslösung vom Gruppenbegriff ist auch in seiner starken emotionalen Aufladung begründet, die er im Zuge der Human Relations-Bewegung und der Organisationsentwick-

---

[338]Luhmann (2000): 111

[339]Vgl. Luhmann (2000): 112

[340]Vgl. Luhmann (2000): 113

[341]Baecker (1999): 244

[342]Luhmann (1984): 560

[343]Vgl. z. B. Wimmer (2007): 270, Wann exakt von Anwesenheit gesprochen werden kann und wann nicht, soll hier nicht näher untersucht werden. Kieserling stellt z. B. fest, dass Anwesenheit ein Sachverhalt sei, „der die Personen in Hörweite und ihre Körper in Griffnähe bringt." [Kieserling (1999): 15]. An anderer Stelle erwähnt er aber auch die Möglichkeit der Interaktion am Telefon [vgl. Kieserling (1999): 24], die in der Regel kaum Körper in Griffnähe bringt.

[344]Luhmann (2000): 25

lung erfahren hat. Die damit verbundenen Hoffnungen bezüglich Partizipation, Humanisierung und Demokratisierung bei gleichzeitiger Produktivitätssteigerung sind enttäuscht worden. Der Ersatz des Gruppenbegriffs durch den Begriff des Interaktionssystems wäre in dieser Hinsicht die Chance für einen Neuanfang.

Das Interaktionssystem als Kommunikation unter Anwesenden stellt also die für Organisationen relevante Ebene der persönlichen Kommunikation dar, wobei ‚persönlich' nur als alltagssprachliche Näherung zum Begriff ‚anwesend' dienen kann.

In der Beziehung zwischen Organisation und Interaktionssystem ist zu bedenken, dass es sich um eigenständige Systeme handelt, die sich in einem koevolutiven Prozess befinden können. André Kieserling stellt dazu fest: „Beide Begriffe bezeichnen Sozialsysteme eigener Art, die nicht durch Dekomposition des Gesamtsystems gebildet werden und also auch nicht im Wege einer Arbeitsteilung entstehen, wie man sie allenfalls innerhalb von Organisationen sich vorstellen kann, sondern jeweils *eigene* Grundlagen der Ausdifferenzierung in Anspruch nehmen."[345] Beides sind autopoietische Sozialsysteme, die in eine Beziehung zueinander treten können, welche aber nicht so beschaffen ist, dass das Interaktionssystem als Bestandteil innerhalb der Organisation zu verstehen wäre[346]. In diesem Verhältnis finden Perturbationen in beide Richtungen statt, da „nicht nur die Möglichkeiten der Interaktion durch die Organisation, sondern auch die Möglichkeiten der Organisation durch die Interaktion beschränkt werden."[347] Ein wesentlicher Unterschied zwischen Organisationen und Interaktionen ist, dass Erstere sich über den Prozess von Entscheidungen und Letztere sich über den Prozess von Kommunikationen konstituieren. Oder anders formuliert: Die Elemente der Organisation sind Entscheidungen, während die Elemente des Interaktionssystems Kommunikationen sind.[348]

Daraus ergeben sich möglicherweise interessante Konsequenzen für die Beziehungsgestaltung zwischen Organisation und Interaktion, „denn es kann durchaus eine Regel für Interaktionen sein, auf die Zumutung von Entschei-

---

[345] Kieserling (1999): 339

[346] Überhaupt ist die Vorstellung der Lokalität von Systemen irrig, da sie im Sinne der neueren Systemtheorie prozesshaft zu verstehen sind. Läuft der Prozess des Entscheidens, so ist die Organisation da, wird er abgebrochen, so verschwindet sie. Die Organisation ist also kein lokal verorteter Gegenstand, sondern ein prozesshaftes Ereignis. Sie ist nicht materiell substantiiert, sondern flüchtig.

[347] Kieserling (1999): 341

[348] Vgl. Kieserling (1999): 355

dungsdruck zu verzichten."[349] Dieser Unterschied zwischen Organisations-dynamik und Interaktionsdynamik ist relevant für den Dialog, der tendenzi-ell entscheidungsverzögernd wirkt, wie weiter unten gezeigt werden wird.

Der Aspekt der Mitgliedschaft im Zusammenhang mit Interaktion und Organisation wirft ebenfalls wichtige Fragen für den Dialog auf. Wenn die Teilnehmer eines Interaktionssystems nämlich Mitglieder der selben Orga-nisation sind, werden die Rollen, die sie in der Organisation spielen, einen erheblichen Einfluss auf ihre Interaktion, also auch auf ihr Verhalten in ei-nem potenziellen Dialogsetting haben.[350]

3.3.7 Hierarchie

Hierarchie ist insbesondere in großen Organisationen unverzichtbar, weil die notwendige Koordinationsleistung von Akteuren, Prozessen und Ressour-cen nicht im Wege der persönlichen Kommunikation erbracht werden kann. Durch das Setzen von Entscheidungsprämissen in hierarchischen Strukturen ist es möglich, die ansonsten nötige Face-to-face-Kommunikation zu erset-zen.[351] Hierarchie dient hier also als Mittel zur Steigerung von Effizienz in der Koordinationsleistung. Dies ist ein Argument, das auch durch die öko-nomische Theorie gestützt wird, wenn sie besagt, dass ab einem bestimmten Komplexitätsgrad in der Koordinationsleistung zur Erstellung eines Gutes oder einer Dienstleistung die hierarchisch-organisatorische Form effizienter ist als die multilateralen Marktbeziehungen.

Aus systemtheoretischer Sicht hat Hierarchie v.a. die Funktion, die Fort-setzung des Entscheidungsganges innerhalb der Organisation sicherzustel-len. „Hierarchie sorgt ... dafür, dass in diesem Netzwerk Selbstblockaden immer wieder aufgelöst werden, so dass Entscheidungen an vorangegange-ne Entscheidungen sinnvoll anschließen können und die Organisation damit weiter bestehen kann. Genau dafür sind Machtasymmetrien unerlässlich."[352] Dies gelingt ihr auf zweierlei Art und Weise. Erstens sorgt ihr bloßes Vor-handensein für eine Entscheidungen fördernde Dynamik auf den unterge-ordneten Ebenen, denn dort wissen die Akteure, dass die Funktionsträger auf der nächsthöheren Ebene im Zweifel eine Entscheidung treffen werden, sei es weil der Entscheidungsprozess ihnen zu lange dauert oder weil sie eine inhaltlich unerwünschte Weichenstellung befürchten. In beiden Fällen würde dies ein schlechtes Licht auf die Rolleninhaber der unteren Ebene

---

[349] Kieserling (1999): 355
[350] Vgl. Kieserling (1999): 360
[351] Vgl. Simon (2007): 92 f.
[352] Wimmer (2006): 185

werfen, was diese zu vermeiden suchen. Zweitens trifft die übergeordnete Hierarchieebene als höhere Instanz im Nichteinigungs- oder Konfliktfall tatsächlich die Entscheidung. Die angesprochenen Selbstblockaden werden also durch antizipierte oder tatsächliche hierarchische Entscheidungen aufgelöst. In dieser Hinsicht erfüllt Hierarchie also die wichtige Aufgabe, den Entscheidungsprozess in Gang zu halten, damit den Prozess der Unsicherheitsabsorption aufrecht zu erhalten und letztlich das Überleben der Organisation zu sichern.[353]

„Man weiß, daß die hierarchische Ebenendifferenzierung einer Organisation immer auch die Aufgabe hat, Zugriffe von anderen Ebenen zu beschränken und jede einzelne Ebene in einem bestimmten Ausmaß autonom zu setzen. Gerade weil diese Differenzierung ein Organisationserfordernis ist, ist es umgekehrt nötig, Durchgriffschancen sicherzustellen, auch wenn sie nicht den formal vorgehaltenen Wegen der Kommunikation von Entscheidungskompetenz folgen."[354] Die Gliederung der Organisation in hierarchische Ebenen erfüllt nach Baecker also gleichzeitig die Aufgaben, einerseits die einzelnen Ebenen weitgehend unabhängig und ungestört voneinander arbeiten zu lassen und andererseits Wirkungen zwischen den Ebenen zuzulassen und zu ermöglichen. Hierarchie ist Führungsstruktur und Kompetenzverteilung zugleich.[355]

3.3.8 Führung

Führung im Sinne einer individuellen Managementleistung ist für Luhmann mit Kontrollillusionen verbunden, „die es dem individuellen Manager ermöglichen, sich wohl zu fühlen."[356] Statt der personenorientierten Sicht auf Führung verweist er auf eine organisationsstrukturelle Funktion von Führung und Führungspersonal: Immer wenn das Maß an Unsicherheit in Organisationen erhöht wird, beispielsweise in Phasen der Innovation, dienen Führungspersönlichkeiten als Ersatzsicherheit.[357] Sie stellen gewissermaßen

---

[353] Vgl. Simon (2007): 93 f.

[354] Baecker (1999): 244, Baecker schreibt an anderer Stelle, sich auf Parsons beziehend, dass Hierarchie nicht notwendigerweise „als Einrichtung von Befehlsketten, die von oben nach unten führen (...), sondern als Einrichtung voneinander unabhängiger Ebenen" zu verstehen sind [Baecker (2003): 26]

[355] Vgl. Luhmann (2000): 323

[356] Luhmann (2000): 85

[357] Vgl. Luhmann (2000): 218 f., Dirk Baecker stellt Ähnliches für den charismatischen Führer fest: „Der charismatische Führer ist ein Produkt der Untergebenen eher als sein eigenes. Er dient als Ressource, die man einsetzt, wenn man die Dinge anders nicht mehr bewegen kann. Und er dient als Sündenbock, wenn sie dennoch schief laufen." [Baecker (1994): 33]

eine Projektionsfläche für die Wünsche nach Orientierung in Zeiten der Unsicherheit dar. Dies ist auch eine Erwartungshaltung an die Rolle der Führungskraft und stellt insofern die Beschreibung der Führungsrolle dar.

Aus Luhmanns Sicht ist die Führungssituation eine Situation der Beobachtung zweiter Ordnung. Hierarchisch Über- und Untergeordnete, Führende und Geführte, beobachten sich im Bewusstsein des gegenseitigen Beobachtens und Beobachtetwerdens.[358] Dies bringt eine spieltheoretische[359] Konstellation im Führungsgeschehen mit sich.

Rudolf Wimmer stellt fest, dass Führung heute v.a. die Aufgabe hat, Strukturen und Prozesse einer Organisation auf die Stimmigkeit von „Strategie, Organisationsdesign und alltäglicher Führungspraxis"[360] hin zu überprüfen und sie gegebenenfalls zu verändern. Führung beobachtet, initiiert und steuert also v.a. den Wandel einer Organisation.

An anderer Stelle differenziert Wimmer sechs Aufgabenfelder[361] aus, die er als wesentlich für die Führung im Rahmen einer systemtheoretisch verstandenen Organisation identifiziert:

a. „Das Aufgabenfeld ‚Zukunft'",

in welchem es um die Führung der Organisation „von ihrer wünschenswerten Zukunft" her geht. Dazu gehören gestalterische Aufgaben rund um Strategie, Sinn und Identität der Organisation.

b. „Das Aufgabenfeld ‚Ausrichtung auf die relevanten Umwelten'",

in welchem es um die Führung der Organisation von einer externen Perspektive her geht, gerade auch um die für Organisationen typische Neigung zur Binnenorientierung zu konterkarieren. Im Mittelpunkt dieses Aufgabenfeldes steht die „Auseinandersetzung mit den unterschiedlichen Stakeholdern im Umfeld".

c. „Das Aufgabenfeld ‚Umgang mit knappen Ressourcen'",

in welchem es um die Führung der Organisation nach Maßgabe des Wirtschaftlichkeitsprinzips geht. Im Zentrum dieses Aufgabenfeldes steht der ökonomische Umgang mit Ressourcen, also die Optimierung der Input-Output-Relationen im Leistungserstellungsprozess.

d. „Das Aufgabenfeld ‚Welche Art von Organisation braucht die Organisation?'",

---

[358] Vgl. Luhmann (2000): 323
[359] Luhmann spricht an gleicher Stelle von einer „„was wäre wenn" – Kalkulation.
[360] Wimmer (2006): 186
[361] Wimmer (2009): 31 f. (alle Zitate in der folgenden Aufzählung)

in welchem es um die Führung der Organisation durch eine „laufende Organisationsentwicklung zur Sicherung der eigenen Antwortfähigkeit gemessen an den Herausforderungen des Umfeldes" geht. Dazu gehört eine regelmäßige Überprüfung des aktuellen Organisationsdesigns, um den strukturkonservativen Tendenzen von Organisationen entgegenzuwirken.

e. „Das Aufgabenfeld ‚Kopplung von Person und Organisation'",
in welchem es um die Führung der Organisation durch eine gezielte Gestaltung der Rekrutierung und Potenzialentwicklung von Organisationsmitgliedern geht. Erfolgskritisch für dieses Aufgabenfeld ist, dass sich die Personalsituation „mit den veränderten Anforderungen der Organisation mitentwickeln" kann.

f. Das[362] „Aufgabenfeld ‚Schaffung von Möglichkeiten der Selbstbeobachtung'",
in welchem es um die Führung der Organisation durch eine akzeptierte Form der Zustandsdiagnose der Organisation geht. Dazu gehört eine kollektive Wirklichkeitskonstruktion der Ist-Situation durch brauchbare und allgemein anerkannte Kennzahlen.

Wimmer verzichtet darauf, diese Aufgabenfelder Ressorts im Sinne der klassischen Organigramme von Organisationen zuzuordnen, obwohl solche Zuschreibungen wie z. B. Strategie, Human Resources oder kaufmännische Funktionen, sich inhaltlich durchaus anbieten. Könnte diese Ausdifferenzierung von Kernaufgaben der Ansatz einer neuen Organisationsstruktur für Organisationen auf Grund systemtheoretischer Überlegungen sein?

3.3.9 Macht

Luhmann führt den Begriff der Macht letztlich auf das Konzept der Unsicherheitsabsorption zurück.[363] Nach Simon übt ein Funktionsträger in der Organisation in dem Maße Macht aus, in welchem er durch seine Entscheidungen das Maß an Unsicherheit für andere Akteure erhöht oder senkt.[364] Keinesfalls darf das Phänomen der Macht als einseitig-instruktive Interaktion missverstanden werden. Sie ist das Ergebnis eines Kommunikations- und Interaktionsmusters, an dessen Etablierung die Beteiligten , letztlich freiwillig, mitwirken.[365] Die grundsätzliche Kontingenz und auch die Flüchtigkeit von Machtkonstellationen stellen auch Crozier und Friedberg fest: „Macht

---

[362]In der Quelle wird der bestimmte Artikel ‚das' im Unterschied zu den anderen Aufgabenfeldern nicht verwendet.

[363]Vgl. Luhmann (2000): 200 ff.

[364]Vgl. Simon (2007): 90

[365]Simon (1999): 233 ff.

ist weder die einfache Widerspiegelung und das Produkt einer Autoritätss-
truktur, sei diese nun organisatorisch oder sozial, noch ist sie eine Eigenschaft, ein Besitzstand, den man sich aneignen könnte, wie man sich früher
die Produktionsmittel durch die Verstaatlichung aneignen zu können glaub-
te. Sie ist im Grunde nichts weiter als das immer kontingente Ergebnis der
Mobilisierung der von den Akteuren in einer gegebenen Spielstruktur kon-
trollierten Ungewissheitszonen für ihre Beziehungen und Verhandlungen mit
den anderen Teilnehmern an diesem Spiel."[366]

Im Zusammenhang der vorliegenden Arbeit ist wichtig zu erkennen, dass
im Sinne der neueren Systemtheorie Macht in der Organisation nicht als lineares Ursache-Wirkungsmodell zu verstehen ist. Zwar handelt es sich um
eine asymmetrische Beziehung, diese ist aber nicht als einseitige instruk-
tive Interaktion zu verstehen, bei der der Machtausübende in der Lage ist,
eindeutig festzulegen, wie andere Akteure sich zu verhalten haben. Diesen
Zusammenhang haben Maturana und Varela im Kontext der Untersuchung
des System-Milieu-Verhältnisses als auf das Alltagsleben verallgemeiner-
bar konstatiert.[367] Vielmehr können Machtausübende Optionen für Verhalten
einschränken, durch Sanktionen, Drohungen, Entzug von Ressourcen oder
Einschränkung von Kommunikationswegen das Verhaltensspektrum begren-
zen. Dieser Machtmechanismus funktioniert so, dass der Machtunterworfene
versucht, bestimmte Konsequenzen zu vermeiden. Aber auch dieses Machtmittel hat seine Grenzen: „Die Grenze der Macht liegt also dort, wo Ego
beginnt, die Vermeidungsalternative zu bevorzugen, und selbst die Macht
in Anspruch nimmt, Alter zum Verzicht oder zur Verhängung der Sanktionen zu zwingen."[368] Machtmittel können also auch überstrapaziert werden
und die Verhängung von Sanktionen kann auch nur eine ex-post-Bestrafung
für bereits praktiziertes unerwünschtes Verhalten sein – verbunden mit der
Hoffnung, aber nicht mit der Gewissheit, dass dieses unerwünschte Verhalten künftig unterbleibt. Im Extremfall kann ein Machthaber die Autopoiesis
eines Machtunterworfenen zerstören, er kann aber nicht bestimmtes Verhalten mit Sicherheit erzwingen. Hier sei an Gandhi erinnert, der die mit der
Mächtigkeit von Machtinhabern automatisch verbundene Machtlosigkeit erkennbar gemacht hat.

Aus Luhmanns Sicht sorgt die Organisation für eine Dämpfung der offenen Machtausübung. Indem sie die Akteure in gegenseitige Abhängigkeiten

---

[366] Crozier, Friedberg (1993): 17
[367] Maturana (1987): 106
[368] Luhmann (1997): 356

verwickelt, schränkt sie die Asymmetrie der Machtkonstellationen zwischen den Akteuren ein und sorgt dafür, dass es auch ein gewisses Machtpotenzial gibt, welches ‚bottom up' Wirkung entfaltet.[369] Hinzu kommt, dass jeder, der die Mitgliedschaft in einer Organisation antritt, weiß, dass er sich auf ein Netzwerk von Machtausübung und Machtunterworfenheit einlässt, in welchem er mal die eine und mal die andere Rolle spielen mag. Die Struktur der Organisation definiert gewissermaßen die Spielregeln zwischen den Akteuren und die „Beteiligten akzeptieren die Asymmetrie der Beziehung als Prämisse ihrer eigenen Entscheidungen."[370]

Aus Sicht des Verfassers ist organisationale Macht konsequent als Herrschaft über Kommunikationen bzw. Entscheidungen zu verstehen. Diejenigen Mitglieder, Personen oder psychischen Systeme, die gewissermaßen die kommunikative Agenda der Organisation zusammenstellen, üben den eigentlichen Einfluss aus.

3.3.10 Zwischenbetrachtung zum Verhältnis zwischen systemischer Organisationstheorie und Dialog

Im Unterschied zur allgemeinen Systemtheorie fällt bei der systemischen Organisationstheorie auf, dass sie eine Reihe von Festlegungen trifft, die dem öffnenden, forschenden und Urteile suspendierenden Charakter des Dialogs entgegenstehen. Die Entscheidung als Basisoperator in ihrer Existenz begründenden Bedeutung für die Organisation verkörpert diesen Widerspruch besonders deutlich. Das Gleiche gilt für die Kategorie der Entscheidungsprämissen, welche von ihrem Wesen wie Vor-Urteile zu verstehen sind, sowie für die Konzepte von Stelle und Mitgliedschaft. Auch die Notwendigkeit der Unsicherheitsabsorption in der Organisation scheint mit dem Dialog auf den ersten Blick wenig vereinbar, da Dialogprozesse in der Wahrnehmung von Organisationsmitgliedern häufig Unsicherheit zunächst aufrechterhalten oder sogar vergrößern.

Wenn man die Entwicklung einer Organisationskultur als selbst organisierten Prozess begreift, der kaum von außen steuerbar ist und gleichzeitig die ungewöhnlichen Dialogmethoden als kulturelle Veränderung versteht, wofür einiges in den Schilderungen der Dialogprotagonisten spricht, dann sind ebenfalls Schwierigkeiten bei dem Bemühen um Dialogimplementierung zu erwarten. Ähnliches ergibt sich bei der Betrachtung von Hierar-

---

[369] Vgl. Luhmann (2000): 201 f.
[370] Simon (2007): 89

chie und Machtdynamik[371], die mit dem egalitären Charakter des Dialogs schwer vereinbar scheinen. Wenn man hingegen das Phänomen der Macht und die Führungsdynamik in einer Organisation als einen Vertrag auf Gegenseitigkeit versteht, wofür systemtheoretisch einiges spricht, lockern sich die tradierten Vorstellungen einer Topdown-Organisationssteuerung und öffnen sich vielleicht Räume für die Anwendung von ungewöhnlichen Methoden wie der des Dialogs.

Aus der bisherigen Analyse deutet sich insgesamt an, warum Skepsis bezüglich der Implementierungschancen für den Dialog in die Organisation angebracht ist. Sobald man beginnt, organisationstheoretisch fundiert darüber nachzudenken, deutet sich an, dass die Bauweise von Organisationen möglicherweise ein für den Dialog ungastliches Setting darstellt.

3.3.11 Mutualistische Konstitution, Dialog und soziales System

Zum Abschluss dieses Kapitels soll kurz der systemtheoretische Dialogbegriff aus Luhmanns Sicht skizziert werden, um zu überprüfen, ob er grundsätzlich vereinbar mit der im folgenden Kapitel dargelegten Dialogtheorie ist.

Luhmann übersetzt den Begriff ‚Dialog' in ‚multiple Konstitution'[372] oder später in ‚mutualistische Konstitution'[373] und verwendet diese bei der Grundlegung seiner Theorie sozialer Systeme. Er regt an, dass man „die alte Vorstellung aufgibt, dass Systeme aus Elementen *und* Relationen zwischen den Elementen bestehen."[374] „»Komplexe mit divergenten Perspektiven«"[375] können „also nicht als Kombinat solcher Elemente und Relationen begriffen werden. Es kann also kein Teil des Systems sein, sondern gehört dessen Umwelt an. Das gilt für die Zellen des Gehirns in Bezug auf das Nervensystem und für Personen im Falle sozialer Systeme."[376] Im Zusammenhang mit mu-

---

[371] Managern wird ja häufig macchiavellistisches Verhalten unterstellt. Wenn man in Macchiavellis „Der Fürst", der tatsächlich als Handbuch für Machterwerb und Machterhalt verstanden werden kann, schaut, drängen sich wirklich einige Parallelen zur Phänomenologie des Managementgeschehens in Organisationen, v. a. hinsichtlich des Veränderungsmanagements, auf. [Macchiavelli (1986)]

[372] Vgl. Luhmann (1984): 65

[373] Vgl. Luhmann (1984): 157, Den Aspekt der mutualistischen Konstitution überführt Luhmann später in die Analyse der doppelten Kontingenz, welche weiter oben bereits erläutert wurde.

[374] Vgl. Luhmann (1984): 66

[375] Vgl. Luhmann (1984): 67, im Falle sozialer Systeme sind Personen gemeint, aber noch nicht im späteren Begriff von Personen als Mitgliedern bzw. Rollenträgern von Organisationen.

[376] Luhmann (1984): 67. Luhmann ist klar, welch provokatives Potenzial in dieser Aussage steckt und fügt in einer Fußnote hinzu: „Diese auf den ersten Blick befremdliche, in jedem

tualistischen Konstitutionen spricht Luhmann von der Voraussetzung zweier sich wechselseitig beobachtender selbstreferenzieller Systeme.[377] Und er erklärt, wie in deren Verhältnis zueinander, welches dialogisch im Sinne einer mutualistischen Konstitution verstanden wird, ein soziales System entsteht:

„Für die wenigen Hinsichten, auf die es in deren Verkehr ankommt, mag ihre Informationsverarbeitungskapazität ausreichen. Sie bleiben getrennt, sie verschmelzen nicht, sie verstehen einander nicht besser als zuvor, sie konzentrieren sich als das, was sie am anderen als System-in-einer-Welt, als Input und Output beobachten können, und lernen jeweils selbstreferentiell in ihrer je eigenen Beobachterperspektive. Das, was sie beobachten, können sie durch eigenes Handeln zu beeinflussen versuchen, und am feedback können sie wiederum lernen. Auf diese Weise kann eine emergente Ordnung zustande kommen, die *bedingt ist* durch die Komplexität der sie ermöglichenden Systeme, die *aber nicht davon abhängt, dass diese Komplexität auch berechnet, auch kontrolliert werden kann.* Wir nennen diese emergente Ordnung soziales System."[378]

Dieses systemtheoretische Verständnis des Dialogs ist aus meiner Sicht weitgehend vereinbar mit dem im weiteren Verlauf dieser Arbeit aus anderen Quellen entwickelten Dialogbegriff. Im ‚Zwischen' der Dialogführenden entsteht eine gemeinsame Wirklichkeitskonstruktion, die als emergente Ordnung verstanden werden kann und die, quasi losgelöst von den Kommunikationspartnern, im Zentrum des dialogischen Interesses liegt.

Fall »unanschauliche« Theorieentscheidung ließe sich nur vermeiden, wenn man System und Umwelt nicht für eine vollständige Dichotomie hält, sondern etwas Drittes zulässt, das weder dem System noch seiner Umwelt angehört. Wir halten den Nachteil einer solchen Disposition für bedenklicher als den bloßen Verstoß gegen Gewohnheit und Anschaulichkeit. [Luhmann (1984): 67] Hier wird deutlich, dass Luhmann sich für die dichotomische System-Umwelt-Sicht als Theorieentscheidung, die aus einer Nutzenerwägung folgt, entschließt. Diese Entscheidung ist nicht zu verwechseln mit einer objektiven Wahrheitserkenntnis.

[377] Vgl. Luhmann (1984): 157
[378] Luhmann (1984): 157

4 Dialogtheorie

In den vorangegangenen Abschnitten dieser Arbeit wurden theoretische Ansätze erörtert, welche die identifizierte Theorielücke der Protagonisten des Dialogs bezüglich der Organisation, in der er wirksam werden soll, schließen können. Dies ist eine Voraussetzung, um Chancen und Risiken des Dialoges in der Organisation seriös abschätzen zu können.

Der Dialog selber ist dabei bisher nur sehr oberflächlich behandelt worden. Ein fundiertes Verständnis seines Wesens ist jedoch eine ebenso wichtige Voraussetzung für die Nachvollziehbarkeit seiner möglichen Wirkweisen in der Organisation wie das Verständnis der Organisation selber. Deshalb sind die folgenden Abschnitte einer konzeptionellen Vertiefung des Dialogs gewidmet. Diese konzentriert sich zunächst auf Martin Bubers ‚Dialogisches Prinzip‘, eine Quelle, die buchstäblich von allen späteren Autoren, die sich mit Dialog beschäftigen, als grundlegend angesehen wird. Dann wird v.a. auf die von William Isaacs ausgearbeiteten Kapazitäten für neues Verhalten Bezug genommen, die als grundlegende Fähigkeiten, welche von Dialogpartnern beherrscht werden müssen, verstanden werden können. Mit den Arbeiten von Buber und Isaacs sind die konzeptionellen Grundlagen des Dialogs abgedeckt, soweit sie für seine Verwendung in der Organisation relevant sind.

4.1 GRUNDLAGEN: BUBERS DIALOGISCHES PRINZIP – DAS WESEN DES DIALOGS HAT EINEN SYSTEMISCH-KONSTRUKTIVISTISCHEN CHARAKTER

„Im Anfang ist die Beziehung."[379] Dieser Satz Martin Bubers kann als Kernaussage verstanden werden. Die Analogie zur biblischen Sprache deutet auf den grundlegenden Charakter der Beziehung in Bubers Denken und zeigt, dass das ‚Zwischen den Menschen' eine zentrale möglicherweise Existenz stiftende, Bedeutung hat.

---

[379]Buber (2002): 22, 31. Grundlegend zum dialogischen Charakter einer Beziehung hat auch Helm Stierlin gearbeitet [Stierlin (1976)].

Martin Buber[380] hat nicht in den Kategorien der neueren Systemtheorie und des Konstruktivismus gedacht oder auch nur denken können. Entsprechend kommen bei ihm systemtheoretisches oder konstruktivistisches Instrumentarium und Begrifflichkeiten nicht vor. Aber sein Denken und seine Philosophie[381] hinsichtlich des Dialogs sind m. E. auf eigentümliche Weise kompatibel mit diesen Theoriewelten, so dass ich sagen würde: Buber hatte diesbezüglich ein systemisch-konstruktivistisches Weltbild.

Fundamental für Bubers Religionsphilosophie sind zwei Wortpaare, die er als Grundworte bezeichnet: „Das eine Grundwort ist das Wortpaar Ich-Du. Das andere Grundwort ist das Wortpaar Ich-Es; … "[382] Ich-Du stiftet die Welt der Beziehung, ist unmittelbare Begegnung in der Gegenwart und wird von Buber wirkliches Leben genannt. Ich-Es stiftet die Welt des Gegenstandes, sei er materiell oder immateriell. Dieser Gegenstand, dieses Etwas kann man haben, wahrnehmen, erfahren, empfinden oder denken. Es sind Inhalte, die für Buber der Vergangenheit angehören, da Fertigsein Stillstand repräsentiert.[383] Sie sind vollendet, fixiert, abgeschlossen und damit vom Subjekt klar unterscheidbare Objekte. Während zur Gegenständlichkeit des Ich-Es also die Grenzziehung zwischen Subjekt und Objekt gehört, ist in der Beziehung des Ich-Du die Subjekt-Objekt-Trennung aufgehoben. Buber macht diesen Unterschied an einem Beispiel deutlich:

„… ist der Satz: »Ich sehe den Baum« erst so ausgesprochen, daß er nicht mehr eine Beziehung zwischen Menschen-Ich und Baum-Du erzählt, sondern die Wahrnehmung des Baum-Gegenstands durch das Menschen-Bewusstsein feststellt, hat er schon die Schranke zwischen Subjekt und Objekt aufgerichtet: das Grundwort Ich-Es, das Wort der Trennung ist gesprochen."[384]

---

[380]Martin Buber (1878–1965), bis 1933 Professor in Frankfurt am Main, 1953 Friedenspreisträger des Deutschen Buchhandels, hat versucht, das abendländische Judentum zu erneuern. Neben der Bibel hat er aus dem Geist des Chassidismus, einer bis ins Mittelalter zurückreichenden Strömung innerhalb des Judentums, geschöpft. Für Bubers Denken ist das unmittelbare Verhältnis zum Gegenüber entscheidend. Daraus entwickelt er sein dialogisches Prinzip, welches letztlich auch das Verhältnis zu Gott bestimmen soll. Für einen Überblick über Bubers Leben und Werk siehe z. B. Wolf (1992).

[381]Für die vorliegende Arbeit relevant sind v. a. die Texte, die unter dem Titel „Das dialogische Prinzip" zusammengefasst sind. Es handelt sich dabei um folgende Schriften: „Ich und Du" (1923), „Zwiesprache" (1929), „Die Frage an den Einzelnen" (1936) sowie „Elemente des Zwischenmenschlichen" (1953).

[382]Buber (2002): 7

[383]Vgl. Buber (2002): 7–17

[384]Buber (2002): 27

Das Beispiel zeigt, dass es aus Bubers Sicht zwischen Mensch und Baum also sowohl die Beziehung des Ich-Du geben kann als auch die Subjekt und Objekt unterscheidende Konstellation des Ich-Es.

Ich-Es begründet nach Buber außerdem die Welt der Kausalitäten und des Wissenschaftlichen: „Das uneingeschränkte Walten der Ursächlichkeit in der Eswelt, für das wissenschaftliche Ordnen der Natur von grundlegender Wichtigkeit, bedrückt den Menschen nicht, der auf die Eswelt nicht eingeschränkt ist, sondern ihr immer wieder in die Welt der Beziehung entschreiten darf. Hier stehen Ich und Du einander frei gegenüber, in einer Wechselwirkung, die in keine Ursächlichkeit einbezogen und von keiner tingiert ist."[385]

Hier klingt an, dass der menschliche Geist sich für den wissenschaftlichen Umgang mit der Natur des kausalen Denkens bedient, wie z. B. in den Ingenieurswissenschaften unumgänglich. In Bubers Denkwelt hat diese mechanistische Seite des Lebens etwas Bedrückendes, da die Entfaltung des menschlichen Lebens in der Beziehungsdimension des Ich-Du geschieht.[386] Für die durch das Ich-Du begründete Welt der Beziehung haben die Zwänge der Kausalitäten keine entsprechende Bedeutung, sondern hier ist eher vom freien Spiel einer Wechselwirkung die Rede. Das Ich am einen Ende der Relation Ich-Es ist ein einseitig auf ein Objekt einwirkendes Subjekt während das Ich am einen Ende der Relation Ich-Du ein Subjekt ist, das sich in einem wechselseitigen Beeinflussungsverhältnis, also in Koevolution mit einem anderen Subjekt, nämlich dem Du, befindet.

Grundlegend für das Denken Martin Bubers ist die Begründung der personalen Existenz in der Beziehung. Diese Vorstellung ist schon von Fichte und Jacobi im späten achtzehnten Jahrhundert formuliert worden.[387] Etwas später, in der ersten Hälfte des neunzehnten Jahrhunderts, ist die Bedeutung der Ich-Du-Beziehung auch von Wilhelm von Humboldt und Feuerbach unterstrichen worden.[388] Es gibt kein Du ohne ein Ich und es gibt kein Ich ohne ein Du. Damit schwenkt die Aufmerksamkeit von der Fokussierung auf

---

[385] Buber (2002): 54

[386] Diese Wertung Bubers hat als solche für die vorliegende Arbeit keine Bedeutung, allerdings ist eine damit zusammen hängende Konsequenz wichtig, nämlich die Abgrenzung zwischen der linear-kausalen Dimension der mechanistischen Welt und der zirkulären Dimension des Dialoges.

[387] „Ohne Du ist das Ich unmöglich" (Jacobi, 1785), „Das Bewußtsein des Individuums ist notwendig von einem anderen, dem eines Du, begleitet und nur unter dieser Bedingung möglich." (Fichte, 1797). [Beide Zitate aus Buber (2002): 301]

[388] „Der Mensch sehnt sich auch zum Behuf seines bloßen Denkens nach einem dem Ich entsprechenden Du..." (W. v. Humboldt, 1827), „Die wahre Dialektik ist kein Monolog des ein-

einzelne Personen[389] zu der Betrachtung des ‚Zwischen' den Personen und gleichzeitig wird damit die Person als solche in ihrer Existenz begründet. Mit anderen Worten: Durch das Schauen auf das ‚Zwischen' den Personen treten die Personen überhaupt erst in Erscheinung. In seinem Text „Ich und Du"[390] aus dem Jahre 1923 leitet Buber die Existenzbegründung der Person[391] aus der Beziehung unter besonderer Berücksichtigung seines Wirklichkeitskonzeptes her:

> „Der Zweck der Beziehung ist ihr eigenes Wesen, das ist: die Berührung des Du. (…) Alle Wirklichkeit ist ein Wirken, an dem ich teilnehme, ohne es mir eignen zu können. Wo keine Teilnahme ist, ist keine Wirklichkeit. (…) Die Teilnahme ist umso vollkommener, je unmittelbarer die Berührung des Du ist. Das Ich ist wirklich durch seine Teilnahme an der Wirklichkeit. Es ist umso wirklicher, je vollkommener die Teilnahme ist. (…) Die Person wird sich ihrer selbst als eines am Sein Teilnehmenden, als eines Mitseienden, und so als Seienden bewußt."[392]

Buber spricht damit der Beziehung, also dem Zwischen, ein eigenes Wesen zu, welches darin besteht, den anderen zu berühren und ihm nahe zu kommen. Jedes Ich befindet sich in einem Wirkzusammenhang, den es nicht beherrschen oder steuern kann. Nur die Teilnahme an diesem Wirken erzeugt Wirklichkeit. Teilnahme bedeutet Berührung des Du, je unmittelbarer, also direkter, die Berührung, desto vollkommener die Teilnahme und desto wirklicher das Ich. Durch die Teilnahme an dieser Wirklichkeit wird das Ich wirklich. Also wird das Ich nur durch die Berührung des Du wirklich. Wirkzusammenhang und Wechselwirkung zwischen Ich und Du sind Existenz begründend und, wie am Schluss des Zitats deutlich wird, bewusstseinsbegründend für Ich und Du. Die Person tritt als solche und mit ihrem Bewusstsein demnach aufgrund der Beziehung in das Sein. Für Buber ist Beziehung Gegenseitigkeit, also Wechselwirkung, und alles wirkliche Le-

---

samen Denkers mit sich selbst, sie ist ein Dialog zwischen Ich und Du." (Feuerbach, 1843). [Beide Zitate aus Buber (2002): 178]

[389] Der Begriff ‚Person' bei Buber hat natürlich nichts mit dem oben behandelten organisationstheoretischen Begriff z. B. Luhmanns zu tun. Wir können ihn der Einfachheit halber mit ‚Mensch' gleichsetzen.

[390] Buber (2002): 6–136

[391] Viel später, 1953 in ‚Elemente des Zwischenmenschlichen' [Buber (2002): 269–298], bringt er diesen Zusammenhang noch einmal auf den Punkt: „Der Mensch ist nicht in seiner Isolierung, sondern in der Vollständigkeit der Beziehung zwischen dem einen und dem andern anthropologisch existent: erst die Wechselwirkung ermöglicht, das Menschentum zulänglich zu erfassen." [Buber (2002): 290]

[392] Buber (2002): 65 f.

ben ist Begegnung.[393] Die Identitätsbildung findet in der Beziehung statt: „Ich werdend spreche ich Du."[394] Oder an anderer Stelle: „Der Mensch wird am Du zum Ich."[395] Der Mensch ist in seinem Werden und Bewusstwerden sowie in seinem Sein und Bewusstsein also nicht ohne den anderen, nicht außerhalb einer Beziehung, denkbar.[396]

Ich sehe in diesem Zusammenhang eine Chance für die Versöhnung zwischen personenorientiertem Denken und systemorientiertem Denken. Systemisches Denken ist grundsätzlich am Zwischen orientiert, sei es in der Kybernetik erster Ordnung die Wirkweise zwischen den Teilen einer trivialen Maschine, in der Luhmannschen Kommunikationstheorie das Element der Kommunikation zwischen Anwesenden oder in der systemischen Aufstellungsarbeit die Wirkkraft zwischen den aufgestellten Repräsentanten. Immer ist das Eigentliche jenes, welches sich zwischen Personen oder Elementen abspielt. So auch in Bubers Philosophie. Der Mensch tritt durch das Zwischen in Erscheinung, er gewinnt durch das Zwischen Identität und Bewusstsein. In die Sprache der Systemtheorie übersetzt bedeutet dies, dass psychisches System und soziales System sich wechselseitig bedingen. Sie sind ohne einander undenkbar und können ohne einander nicht existieren. In der Buberschen Denkwelt sind sie auch nicht voneinander unterscheidbar als das eine und das andere, als Subjekt und Objekt, sondern bilden eine Einheit. Das Bubersche In-Beziehung-Treten lässt sich in systemtheoretischen Kategorien als eine neue Grenzziehung zwischen Innen und Außen, also als eine neue Unterscheidung hinsichtlich dessen, was als System bezeichnet wird, deuten. „Jede Beziehung in der Welt ist ausschließlich"[397] Das heißt also, sie

---

[393]Vgl. Buber (2002): 12, 15 und 19. „Alles wirkliche Leben ist Begegnung" ist konsequenterweise auch der Titel einer von Stefan Liesenfeld herausgegebenen Zitatesammlung aus dem Buberschen Werk [Liesenfeld (1999)]. Gleichzeitig ist der geschilderte Zusammenhang grundlegend für Bubers religionsphilosophisches Denken. Er erhebt die Ich-Du-Beziehung zum heiligen Grundwort und lokalisiert hier die Gotteserfahrung: „Wer mit dem ganzen Wesen zu seinem Du ausgeht und alles Weltwesen ihm zuträgt, findet ihn, den man nicht suchen kann." [Buber (2002): 80] Gemeint ist Gott, denn jedes „Beziehungsereignis ist eine Station, die ihm einen Blick in das erfüllende auftut..." [Buber (2002): 81].

[394]Buber (2002):15

[395]Buber (2002): 32. Dies ist für Buber ein bereits im Kind angelegter entwicklungspsychologischer Vorgang: „Die Entwicklung der Seele im Kinde hängt unauflösbar zusammen mit der des Verlangens nach dem Du, den Erfüllungen und Enttäuschungen dieses Verlangens, dem Spiel seiner Experimente und dem tragischen Ernst seiner Ratlosigkeit." [Buber (2002): 32]

[396]Vermutlich musste Daniel Defoe aus eben diesem Grunde seinen Held Robinson Crusoe an einem Freitag einen Eingeborenen treffen lassen, der sein Gefährte werden konnte. Denn wie hätte sich jenerseinerExistenzsicherseinkönen,ohnesichindiesemderselbenzuvegewissern?

[397]Buber (2002): 101

schließt etwas ein und schließt etwas aus. Man könnte auch sagen: Jede Beziehung bedeutet eine Grenzziehung zwischen System und Umwelt. „Aber in der vollkommenen Beziehung umfasst mein Du mein Selbst"[398]: Zwei Bewusstseinssysteme werden gewissermaßen zu einem personal-sozialen System.

Der oben beschriebene Prozess der Konstitution der Person gilt ähnlich für die Entstehung einer Gemeinde, also für eine soziales System. Die „wahre Gemeinde (...) entsteht durch diese zwei Dinge: daß sie alle zu einer lebendigen Mitte in lebendig gegenseitiger Beziehung stehen und daß sie untereinander in lebendig gegenseitiger Beziehung stehen."[399] Es wird also wieder der Beziehungsaspekt hervorgehoben. Nicht etwa die Summe der Gemeindemitglieder, sondern das ‚Zwischen' aller und der einzelnen Gemeindemitglieder ist konstituierend für die Gemeinde. Hier sehe ich das gleiche Muster wie im neueren systemtheoretischen Denken, in welchem das soziale System nicht aus der Summe von Menschen, sondern aus dem Geflecht der Kommunikationen besteht. Die Menschen, genauer: die psychischen Systeme, sind dann relevante Umwelten dieses sozialen Systems.[400]

Kierkegaard zitierend entwickelt Buber erkenntnistheoretische Gedanken mit konstruktivistischer Prägung[401]: „»Das, wovon ich rede (...) ist etwas Schlichtes und Einfältiges: daß die Wahrheit für den Einzelnen nur da ist, indem er sie selber handelnd erzeugt.«"[402] Und dann fügt Buber noch den Gedanken der Viabilität hinzu und ergänzt diesen durch einen an von Glasersfeld[403] erinnernden Hinweis auf die Verantwortung der Person: „Der Mensch findet die Wahrheit erst wahrhaft, wenn er sie bewährt. Die menschliche Wahrheit ist hier an die Verantwortung der Person gebunden."[404]

---

[398] Buber (2002): 101

[399] Buber (2002): 47

[400] An anderer Stelle heißt es bei Buber: „Gebilde des menschlichen Gemeinlebens haben ihr Leben aus der Fülle der Beziehungskraft, die ihre Glieder durchdringt, und ihre leibhafte Form aus der Bindung dieser Kraft im Geist." [Buber (2002): 51]

[401] Gerhard Heik Portele setzt sich in „Der Mensch ist kein Wägelchen" [(Portele (1992)] u.a. mit der Beziehung zwischen Gestaltpsychologie und Buberscher Philosophie auseinander und bezeichnet Buber als sozialen Konstruktivisten. [Vgl. Portele (1992): 118].

[402] Buber (2002): 266

[403] Da das Wissen in der radikalkonstruktivistischen Sicht nicht passiv von außen aufgenommen wird sondern aktiv vom denkenden Subjekt aufgebaut wird, kommt dem Individuum eine besondere Verantwortung für sein Tun und Denken zu. [Vgl. z. B. v. Glasersfeld (1996): 50 f.].

[404] Buber (2002): 266. Nichtsdestotrotz wünscht sich Buber einen allgemein verbindlichen Wahrheitsbegriff, der ja gewissermaßen sein Programm als Religionsphilosoph ist: „Not tut der Glaube des Menschen an die Wahrheit als an ein von ihm Unabhängiges..." [Buber (2002): 267]. Hier fällt natürlich auf, dass es um den Glauben an diese Wahrheit geht und dass dieser

Der Begriff „menschliche Wahrheit" deutet schon darauf hin, dass er nicht an einen objektiven und allgemein verbindlichen Wahrheitsbegriff denkt.

An anderer Stelle zitiert Buber den Philosophen Max Stirner: „Wahrheit ... existiert nur – in deinem Kopfe."[405] Sowie: „Die Wahrheit ist eine – Kreatur."[406] Dieser grundlegend konstruktivistischen Stellungnahme schließt Buber sich an: Stirner unternehme die Auflösung der gehabten, in Besitz nehmbaren und von der Person unabhängigen Wahrheit, die ein allen Personen zugängliches Allgemeingut sei. Das Mittel, mit dem er diese Auflösung betreibe, sei „der Nachweis ihrer Personbedingtheit."[407] Nochmals Stirner zitierend, „»Was ich für wahr halte, ist bestimmt durch das, was ich bin.«"[408], stellt er die Beziehung zwischen der Eigenart des beobachtenden Subjekts und dem Wahrheitsbegriff her.[409] Mit Bezug auf die Wirklichkeit lässt Buber ebenfalls ein systemtheoretisch-konstruktivistisches Verständnis erkennen: „In der gelebten Wirklichkeit gibt es keine Einheit des Seins. Wirklichkeit besteht nur im Wirken, ihre Kraft und Tiefe in der seinen. Auch »innere« Wirklichkeit ist nur, wenn Wechselwirkung ist. Die stärkste und tiefste Wirklichkeit ist, wo alles ins Wirken eingeht, der ganze Mensch ohne Rückhalt ... "[410]

Mit Bezug auf die Natur des Menschen und seines Verhaltens grenzt sich Buber von Vorstellungen der Eindeutigkeit und Vorhersehbarkeit ab und lässt Motive anklingen, welche an die Aspekte von Kontingenz und Auto-

---

notwendig ist, eine Art Glaubensappell sozusagen. Dabei handelt es sich im Grunde um die Konstruktion einer ontologischen Wahrheit, die wichtig ist, aber nicht erforscht werden kann: „der Glaube der menschlichen Personen an die Wahrheit als an das sie alle gemeinsam Tragende, in sich Unzugängliche ... " [Buber (2002): 267]

[405] Buber (2002): 208

[406] Buber (2002): 208

[407] Buber (2002): 209

[408] Buber (2002): 209

[409] Buber bezeichnet Stirner als „unfreiwilligen Vater der modernen psychologischen und soziologischen Relativierungen", welche ihrerseits „zugleich wahr und falsch seien" [Buber (2002): 209]. Es gibt für Buber also einen allgemeinen Wahrheitsbegriff, nämlich den des Gottesbegriffes, der sich in der menschlichen Existenz manifestiert. Er sagt dann auch: "Gott ist die Wahrheit, weil er ist, der Einzelne ist die Wahrheit, weil er sich zu seiner Existenz findet." [Buber (2002): 211] Für die vorliegende Arbeit ist es müßig zu diskutieren, ob es sich hier um einen Zirkelschluss handelt. Es kann fest gehalten werden, dass dieser absolute Wahrheitsbegriff sich in einem für diese Arbeit nicht relevanten Bereich der Metaphysik befindet. Buber stellt fest, dass Stirner nur die noetische, also die Denk- und Erkenntnislehre betreffende, Wahrheit aufgelöst habe. [Vgl. Buber (2002): 211] Das soll für die Zwecke dieser Arbeit allemal reichen, um festzustellen, dass Bubers Haltung im Zusammenhang mit den hier interessierenden Bezügen konstruktivistisch genannt werden kann.

[410] Buber (2002): 90

poiesis erinnern: „Nicht seine Radikalität kennzeichnet den Menschen als von allem Nur-animalischen urtief abgehoben, sondern seine Potentialität. Stellen wir ihn allein vor die gesamte Natur, dann erscheint in ihm der Möglichkeitscharakter des naturhaften Daseins…"[411] Und: „Das bedeutet, daß die Tat des Menschen nach Art und Maß unvorhersehbar ist, daß er (…) das Überraschungszentrum der Welt bleibt."[412] Die menschliche Natur ist nicht absolut oder radikal etwa als gut, böse oder sündhaft zu charakterisieren, sondern trägt die Möglichkeiten für Verschiedenheit in sich und kann nicht ausgerechnet werden.

Buber sieht die Unterschiedlichkeit der Menschen als grundlegend und wesenhaft an und bezieht sie auf Gemüt, Denkweise, Gesinnung, Haltung, Wahrnehmung, Erkenntnis und Sinnhaftigkeit. Diese Unterschiedlichkeit gilt es zu erkennen, zu akzeptieren und zu bejahen. Dann kann es gelingen, „an die »Wahrheit« oder »Unwahrheit« (…) des Andern in Demut und redlicher Erforschung zu rühren."[413] Wir lernen den Andern also kennen im Wege einer Erforschung, deren Voraussetzung das Wahrnehmen, Akzeptieren und Bejahen seiner fundamentalen Andersartigkeit ist. Und dabei wird noch einmal ausdrücklich betont, dass dessen Wahrheitsbegriff ein individueller ist.

Kommen der Eine und der Andere sich auf diese Weise näher, dann lösen sich die Subjekt-Objekt-Grenzen auf und beide können auf der Grundlage ihrer jeweiligen Besonderheit in einen koevolutiven Prozess einsteigen: „Es kommt auf nichts anderes an, als daß jedem von zwei Menschen der andere als dieser bestimmte andere widerfährt, jeder von beiden des andern ebenso gewahr wird und eben daher sich zu ihm verhält, wobei er den anderen nicht als sein Objekt betrachtet und behandelt, sondern als seinen Partner in einem Lebensvorgang, sei es auch nur in einem Boxkampf."[414] Es erfolgt der Eintritt in die Welt der Beziehung, in welcher zwei Menschen einander frei gegenüberstehen, ohne einseitige Ursächlichkeit, sondern in Wechselwirkung:[415] „Die Gestalt, die mir entgegentritt, kann ich nicht erfahren und nicht beschreiben; nur verwirklichen kann ich sie. […] Und wirkliche Beziehung ist es, darin ich zu ihr stehe: sie wirkt an mir wie ich an ihr wir-

---

[411] Buber (2002): 259

[412] Buber (2002): 260

[413] Buber (2002): 234

[414] Buber (2002): 274. Buber grenzt sich damit von den Existenzphilosophen ab, für die die Objekthaftigkeit des Anderen konstitutionell sei. Wer den Anderen als Objekt behandele, eliminiere damit das Geheimnis des Kontaktes. [Vgl. Buber (2002): 274].

[415] Vgl. auch Buber (2002): 54

ke."[416] Buber grenzt das Verwirklichen des Andern, welches hier geschehe, von Vorgängen des Erfahrens oder Beschreibens ab. Auch hier finden wir ein konstruktivistisches Motiv. Das Erfahren oder Beschreiben bezieht sich eher auf ein objekthaftes Etwas, welches schon vorhanden sein muss. Das Verwirklichen in der Beziehung kann man als koevolutiven Erzeugungsvorgang verstehen. Im Relationalen entsteht Sozialität als gemeinsame Schöpfung im ,Zwischen'.

Hier erfolgt die Grundlegung des dialogischen Prinzips, welches Buber von der Individualpsychologie abgrenzt: „Die Sphäre des Zwischenmenschlichen ist die des Einander-gegenüber; ihre Entfaltung nennen wir das Dialogische. Demgemäß ist es auch von Grund aus irrig, die zwischenmenschlichen Phänomene als psychische verstehen zu wollen."[417] Die Seelenvorgänge von zwei miteinander Sprechenden seien „nur die heimliche Begleitung zu dem Gespräch selber (. . .), dessen Sinn weder in einem der beiden Partner noch in beiden zusammen sich findet, sondern nur in diesem ihrem leibhaften Zusammenspiel, diesem ihrem Zwischen."[418] In den Kategorien der Systemtheorie ausgedrückt heißt das, dass alles Intrapsychologische Umwelt für das Eigentliche, nämlich das System des ,Zwischen' der Sprecher ist.

4.2 PRAKTISCHE GRUNDLAGEN – DAS ECHTE GESPRÄCH

Bubers Schriften zum dialogischen Prinzip enthalten eine Figur, die er „Das echte Gespräch"[419] nennt. Dieses Konzept stellt eine Art Fazit seines dialogischen Prinzips hinsichtlich zwischenmenschlicher Gespräche dar. Er beschreibt eine Reihe von Voraussetzungen für das echte Gespräch und schildert die Folgen, wenn die Gesprächspartner sich an die Voraussetzungen halten. Hier sollen Voraussetzungen und Folgen dargestellt werden, um das Konzept des echten Gesprächs für Grundlegung und Systematisierung dialogischer Gesprächssituationen im Führungsgeschehen von Organisationen zu nutzen. Buber betont ausdrücklich, dass dieses Konzept sowohl für die Zwiesprache als auch für den „mehrstimmigen Dialog"[420] gilt.

---

[416]Buber (2002): 14
[417]Buber (2002): 276
[418]Buber (2002): 276
[419]Buber (2002): 293 ff.
[420]Buber (2002): 295

4.2.1 Voraussetzungen für das echte Gespräch

4.2.1.1 Wahrhafte und wesenhafte Hinwendung

Buber spricht in diesem Zusammenhang von der Annahme und Bestätigung des Anderen als Partner und „personhafte Existenz."[421] Diese Hinwendung ist „keineswegs schon eine Billigung"[422], d.h., dass diese grundlegende Zustimmung zur Person des Anderen nicht die Zustimmung zu seinen Ausführungen beinhaltet. Ein Ja zur Person bedeutet nicht automatisch ein Ja zur Position. Dieses grundlegende Akzeptieren und Hinwenden prägt allerdings die Gesprächssituation erheblich. Meinungsunterschiede werden sehr unterschiedlich ausgetragen, je nachdem, ob die Beteiligten sich gegenseitig persönlich akzeptieren und einander zuwenden oder nicht.

Es ist interessant zu beobachten, was passiert, wenn sich einer der Gesprächspartner von der Position des anderen abwendet oder diese gar kritisiert oder angreift. Sowohl in sozialen Kontexten, in denen die Teilnehmer des Gesprächs miteinander vertraut sind, als auch in solchen, in denen die Teilnehmer weniger vertraut sind, ist es wahrscheinlich, dass ein solches Verhalten als Abwenden von oder Kritik an der Person empfunden wird. Gerade Gesprächskontexte in Organisationen sind häufig dadurch gekennzeichnet, dass Personen sich mit ihren Positionen und Meinungen derart identifizieren, dass jeder Diskurs über einen Sachverhalt zumindest implizit einen Wettstreit der beteiligten Personen beinhaltet. Wahrhafte Hinwendung zur und vollständiges Akzeptieren der Person eröffnet die Chance, diese Dynamik zu entspannen. Demonstrative Wertschätzung für die Person ermöglicht ein Entkoppeln von Person und Position und erleichtert so ein sachbezogenes Gespräch.[423]

4.2.1.2 Selbst einbringen

„Nur wenn ihr euch selbst schenkt, dann gebt ihr wirklich."[424]

Buber fordert, dass jeder „den Beitrag seines Geistes ohne Verkürzung und Verschiebung hergebe."[425] Durch rückhaltlose Beteiligung am Gespräch entsteht Zugehörigkeit und Gemeinschaftlichkeit. Die Situation kann durch-

---

[421] Buber (2002): 293. An anderer Stelle bezeichnet Buber die Zuwendung mit dem ganzen Wesen als Haltung des Dusagens. [Vgl. Buber (2002): 127].

[422] Buber (2002): 293

[423] Es mag paradox erscheinen, dass persönliche Zuwendung den Sachgehalt eines Gesprächs erhöht. Dabei handelt es sich aber um ein bewährtes Prinzip, welches z. B. in Konfliktverhandlungen erfolgreich angewendet wird; so in den Verhandlungen über die Rückgabe der Sinai–Halbinsel zwischen Ägypten und Israelis 1978. [vgl.: Fisher, Ury, Patton (1984)].

[424] Gibran (2002): 29

[425] Buber (2002): 294

aus dazu führen, dass einer der Beteiligten nicht spricht, denn „schweigsam Bleibende können mitunter besonders wichtig werden."[426] Allseitige Rückhaltlosigkeit führt dazu, dass die Beteiligten sich mit vermindertem Selbstschutz in einem gemeinsam geschaffenen geschützten Raum bewegen. Jeder zahlt gewissermaßen Vertrauenskapital auf ein Gemeinschaftskonto ein, woraus die Grundlage gemeinsamen Interesses entsteht. Dabei handelt es sich um ein gemeinsames Interesse in und an der Form des Zusammenspiels – in der Überzeugung, dass diese Form für alle ein Mehr an Ertrag aus dem Gespräch bringt.

Damit ist die grundsätzliche Frage aufgeworfen, ob man von einem Gespräch stärker profitiert, wenn man sich taktisch verhält und nur zweckgebunden oder dem eigenen Interesse folgend Teile dessen, was man als wichtig erachtet, auch tatsächlich im Gespräch äußert und andere Teile bewusst zurückhält. Eine solche Gesprächshaltung oder Gesprächstaktik setzt darauf, die Gesprächspartner gewissermaßen im Dunkeln zu lassen. Die Alternative ist, ohne taktisches Kalkül rückhaltlos zu kommunizieren und alles preiszugeben, was einem in der jeweiligen Situation bedeutsam erscheint. Im ersten Fall minimiert man das Risiko, den anderen etwas ‚zu schenken' und selbst nicht in gleichem Maße ‚beschenkt' zu werden. Man gibt nicht soviel von sich persönlich und setzt sich damit nicht so stark der Öffentlichkeit aus. Diese Gesprächsstrategie ist darauf angelegt, Gefahren auszuschließen und Risiken zu minimieren. Die rückhaltlose Kommunikation stellt dagegen eine Art kommunikatives Unternehmertum dar. Man geht große persönliche Risiken ein und eröffnet damit gleichzeitig die Chance, ganz neue Dimensionen der Gesprächskommunikation zu eröffnen, wenn nämlich immer mehr Beteiligte immer rückhaltloser kommunizieren. Dadurch wird zunehmend offenbart, von welchen Voraussetzungen die Teilnehmer ausgehen, mit welchen Interpretationsmustern sie operieren, welche Vorurteile sie hegen – kurz: welches ihre inneren Landkarten sind. Auf diese Weise würden Voraussetzungen für echtes Verstehen geschaffen.

4.2.1.3 Schein überwinden

Wer beim Sprechen an die „eigene Wirkung als Sprecher"[427] denkt, „wirkt als Zerstörer".[428] In diesem Zusammenhang stellt Buber das authentische Sein dem nach Geltung strebenden und auf den Schein bedachten Ich gegen-

---

[426] Buber (2002): 296
[427] Buber (2002): 294
[428] Buber (2002): 294

über.[429] Jenes geht mit dem Vollzug des echten Gesprächs einher, während dieses dem ‚Scheinenwollen' verhaftet ist. Der authentisch Sprechende sagt das zu Sagende, während der auf Schein bedachte das Ich sprechen lässt. Aus systemtheoretischer Perspektive bedeutet Lösung vom ‚Scheinenwollen', sich aus der Verwicklung der wechselseitigen Beobachtung und des entsprechenden Bewusstseins darüber zu lösen. Das ist eine mental äußerst anspruchsvolle, aus der Sicht der Systemtheorie vielleicht unmögliche Aufgabe.

Es ist offensichtlich, dass Kommunikationssituationen in Organisationen in besonderer Weise vom ‚Scheinenwollen' der Teilnehmer geprägt sind. Dies bringt die Tatsache mit sich, dass Mitglieder einer Organisation sämtlich Funktionsträger sind und damit bestimmte Rollen zu spielen haben, deren Ausgestaltung zunächst mit dem ‚tatsächlichen Wesen' des Funktionsträger nichts zu tun hat, denn Rollendefinitionen in Organisationen sind per definitionem unabhängig von den Personen, die diese Rollen einnehmen. Davon unbenommen ist, dass bei der Besetzung einer Position mehr oder weniger systematisch auf eine Passung zwischen Funktion und Person geschaut wird.[430] Aber die Person nimmt eine Rolle an, muss diese Rolle spielen und nicht umgekehrt. So kann es passieren, dass aus dem ehemaligen Straßenkämpfer ein staatstragender Außenminister wird.[431] Eine Rolle gut zu spielen und insofern einen Schein zu erzeugen, gehört also zu den strukturellen Gegebenheiten in der Organisation. Aus systemtheoretischer Perspektive muss man fragen, ob es nicht müßig ist, nach einem tatsächlichen Wesen des Rollenträgers Ausschau zu halten. Diagnostische Bemühungen,

---

[429] Dies ist ein Kernbestandteil der Buberschen Daseinsphilosophie. In dem Kapitel ‚Sein und Scheinen' stellt er fest: „Wir dürfen zwei Arten menschlichen Daseins unterscheiden. Die eine mag als Leben vom Wesen aus, Leben bestimmt von dem, was einer ist, die andre als Leben vom Bilde aus, Leben bestimmt von dem wie einer scheinen will, bezeichnet werden." [Buber (2002): 277]. Ähnliche Motive finden sich in den sozialpsychologischen Schriften Erich Fromms: „Bei der Existenzweise des Seins müssen wir zwei Formen des Seins unterschieden. Die eine ist das Gegenteil von Haben; (...) Sie bedeutet Lebendigkeit und authentische Bezogenheit zur Welt. Die andere Form des Seins ist das Gegenteil von Schein und meint die wahre Natur, die wahre Wirklichkeit einer Person im Gegensatz zu trügerischem Schein ..." [Fromm (1976): 35]. Es ist offensichtlich, dass diese personenbezogenen und einen strikten Wahrheitsbegriff verwendenden Ansätze in einem Spannungsverhältnis zu den in dieser Arbeit verwendeten Grundlagen der neueren Systemtheorie stehen. Nach Ansicht des Autors erwächst aber gerade aus dieser Spannung fruchtbares Potenzial für neue Einsichten.

[430] Dafür verwenden Organisationen ein reiches eignungsdiagnostisches Instrumentarium vom schlichten Interview bis zum aufwendigen Assessment Center.

[431] Der Volksmund trägt dieser Dynamik auch Rechnung: „Mit dem Amt kommt der Verstand."

die sich der Frage widmen, wie jemand wirklich ist, z. B. Persönlichkeits-
verfahren, treten gegenüber solchen in den Hintergrund, die prüfen, wie gut
jemand eine Rolle spielen kann, wie z. B. Assessment Centers. Es wird also
mehr auf Verhaltenskompetenz geachtet als auf Wesen und Persönlichkeit
des Kandidaten.

Damit stellt sich die Frage, ob und inwieweit kommunikative Settings,
die ein wesenhaftes, nicht dem Scheinenwollen verhaftetes Sprechen ermöglichen sollen, in Organisationen überhaupt hergestellt werden können und
dann auch Nutzen produzieren.

4.2.1.4 Keine Prädisposition

Vorgefertigte Beiträge passen nicht zum echten Gespräch, denn sein Verlauf
ist nicht planbar. Obwohl jedes Gespräch „seine Grundordnung von Anbe-
ginn in sich"[432] trägt, ist sein Verlauf „des Geistes, und mancher entdeckt,
was er zu sagen hatte, nicht eher, als da er den Ruf des Geistes vernimmt."[433]
Dieses Kriterium des echten Gesprächs betont den Prozesscharakter desselben. Bedeutendes kann unvorhergesehen in seinem Verlauf zu Tage treten.

Unvorbereitet in ein Gespräch zu gehen ist in Organisationen schwierig
und unüblich zugleich, wenn man bedenkt, dass meist schon Annahmen,
Urteile oder Erfahrungen zu den anstehenden Themen existieren und dass
die Teilnehmer fast immer bestimmte Interessen haben. Selbst wenn also
keine vorher angefertigten Beiträge da sind, wird es in der Regel dennoch
Vor-Urteile, Vor-Erfahrungen und Vor-Annahmen sowie bereits existierende
Interessen geben, die die Beiträge der Beteiligten vor-fertigen. Es liegt nahe,
dies unter Effizienzgesichtspunkten auch zu begrüßen, denn solche Vorselektionen vereinfachen Handlungen und Entscheidungen, man muss nicht immer wieder ‚bei Null' anfangen. Voranahmen im Sinne der oben erläuterten
Entscheidungsprämissen dienen typischerweise dieser Effizienz steigernden
Absicht. Die Frage ist, ob es in bestimmten Situationen nicht doch nützlich ist, ganz von vorne anzufangen. Insbesondere wenn es gilt, neue Wege
zu beschreiten, Innovationen zu schaffen oder radikale Strategiewechsel zu
vollziehen, kann es helfen, den Blick von bisherigen Filtern weitgehend zu
befreien.

Ganz allgemein stellt sich die Frage, ob Organisationen in einer zunehmend komplexer und vielleicht auch turbulenter werden Umwelt komplexere Formen inneren Prozessierens entwickeln und institutionalisieren müssen,

---

[432]Buber (2002): 296
[433]Buber (2002): 296

um auf veränderte Herausforderungen antwortfähig zu bleiben bzw. um ihr Überleben zu sichern. Weiter unten wird dargelegt werden, dass die Methode des Dialogs, ebenso wie z. B. Teamarbeitsformen, für die Konstruktion entsprechend komplexer Binnenstrukturen von Organisationen ins Spiel kommen können.

4.2.1.5 Eignung der Teilnehmer

Buber fordert, dass „alle Teilnehmer, ohne Ausnahme, so beschaffen sein müssen, dass sie den Voraussetzungen des echten Gesprächs zu genügen fähig und bereit sind."[434] Die so formulierte Eignungsvoraussetzung umfasst also das Können und das Wollen der Teilnehmer. Man möchte hinzufügen, dass die Rahmenbedingungen des Gesprächs auch ein Dürfen ermöglichen müssen. Es nützt nichts, wenn jemand die richtige Einstellung, die entsprechende Kompetenz und auch den ehrlichen Wunsch mitbringt, ein echtes Gespräch zu führen, falls er gleichzeitig befürchten muss, dafür bestraft zu werden, wenn er sich z. B. rückhaltlos einbringt und öffnet.

Kriterien für diese Eignung sind wiederum die oben erläuterten Aspekte: Die am echten Gespräch Beteiligten müssen also willens und in der Lage sein, sich in der beschriebenen Weise wahr- und wesenhaft den anderen zuzuwenden, sich rückhaltlos selbst in das Gespräch einzubringen, authentisch aus ihrem Wesen zu sprechen und nicht die Wirkung als Sprecher zu bedenken sowie (im Idealfall: jegliche) Prädispositionen fallen zu lassen.

Es wird deutlich, dass ein so anspruchsvoller Katalog an Eignungskriterien selbst in informellen Settings nicht durch bloßen Appell an die Teilnehmer eines Gesprächs auch tatsächlich umgesetzt wird. Wenn die beschriebene Gesprächsform ihren Nutzen entfalten soll, bedarf es neben der Bereitschaft, sich auf sie einzulassen, v. a. auch einer elaborierten Dialogkompetenz. Denken wir an real existierende Organisationen, stellt sich die Frage, welche Kontextbedingungen geschaffen werden können und müssen, damit individuelle Bereitschaft und Kompetenz auch tatsächlich aktiviert werden. Der speziellen Gesprächsform des Dialoges muss Raum und Zeit gegeben werden.[435]

4.2.1.6 Einbeziehung aller Anwesenden

Buber erkennt, ganz im Einklang mit systemtheoretischem Gedankengut, dass jeder Anwesende die Gesprächssituation mitbestimmt. Und deshalb fol-

---

[434]Buber (2002): 296
[435]Weiter unten wird Isaacs' Begriff des ,Containers' eingeführt werden.

gert er, dass jeder Anwesende auch teilnehmen muss.[436] In diesem Zusammenhang erinnert Buber sich an ein Gespräch zwischen Männern in Anwesenheit ihrer scheinbar nicht am Gespräch beteiligten Frauen. Es entwickelte sich ein konkurrierendes Gesprächsverhalten, in welchem „»glänzend«, fechterisch, siegerisch"[437] kommuniziert wurde. „Das Gespräch verdarb"[438], es wurde kein echtes Gespräch geführt.

Die Anwesenheit der scheinbar unbeteiligten, jedenfalls nicht einbezogenen Frauen bestimmte den Gesprächsverlauf mit und so entstand eine Beobachtungssituation, in welcher eine Beobachtergruppe, nämlich die Frauen, das Geschehen vermeintlich von außen beobachteten. Aber sie prägten das Verhalten der das Gespräch führenden Männer in entscheidender Weise mit. Man muss ergänzen, dass in Organisationen in diesem Sinne auch physisch Abwesende anwesend sein können. Das betrifft z. B. die stets wichtige Frage, wer zu einem Meeting einzuladen ist und wer tatsächlich der Einladung folgt. Wenn der Inhaber einer wichtigen hierarchischen Position einer Sitzung fernbleibt, auf der Entscheidungen fallen sollen, die seinem Kompetenzbereich angehören, dann wird dies den Verlauf der Sitzung beeinflussen.[439] So ist der Hierarch gewissermaßen anwesend, obwohl er physisch abwesend ist.

4.2.2 Folgen und Charakteristika des echten Gesprächs

4.2.2.1 „Ontologische Sphäre"[440]

Ein Gesprächsverhalten im Einklang mit den skizzierten Voraussetzungen bedeutet authentisches Einbringen des eigenen Seins. Wenn alle Beteiligten dieser Maxime folgen, entsteht das echte Gespräch und mit ihm Raum für das Sein, welchen Buber ‚ontologische Sphäre' nennt. Dabei betont er abermals die Gefahren eines dem Schein verhafteten Verhaltens: „Weil das echte Gespräch eine ontologische Sphäre ist, die sich durch die Authentizität des Seins konstituiert, kann jeder Einbruch des Scheins es versehren."[441] So gesehen scheinen echte Gespräche und ontologische Sphären in diesem Sinne

---

[436]Das heißt nicht unbedingt, wie oben erwähnt, dass er auch sprechen muss.

[437]Buber (2002): 297

[438]Buber (2002): 297

[439]Die Politik hat das Spiel mit An- und Abwesenheit perfektioniert. Man denke an de Gaulles ‚Politik des leeren Stuhles' oder die Frage, welcher Ministerpräsident eines Bundeslandes bereit ist, sein Amt aufzugeben, um sich in der Bundesregierung der Kabinettsdisziplin zu unterwerfen.

[440]Buber (2002): 295

[441]Buber (2002): 295

in Organisationen mit ihren oben erwähnten Strukturbedingungen, die den Schein geradezu fordern und fördern, praktisch unmöglich.

Dieses ontologische Verständnis unterscheidet sich von dem üblicherweise verwendeten Begriff der Ontologie, denn es ist prozesshaft, während das gängige ontologische Weltbild ein gewissermaßen statisches Verständnis vom So-Sein der Welt bedeutet. Das Entstehen einer ‚ontologischen Sphäre' durch gemeinsames Handeln der Beteiligten ist dagegen ein geradezu konstruktivistischer Akt. Bei genauerem Hinsehen fällt auf, dass ontologische Sphäre und echtes Gespräch in einer bemerkenswert zirkulären Beziehung zueinander stehen. Sie sind einander gleichzeitig Voraussetzung und Ergebnis. Denn das authentische Einbringen des eigenen Seins im Sinne des echten Gesprächs erzeugt einerseits die ontologische Sphäre, andererseits ist die ontologische Sphäre der ideale Raum für dieses vorbehaltlose Einbringen des Selbst.

4.2.2.2 „Gemeinschaftliche Fruchtbarkeit"[442]

Vorbehaltlose Beteiligung und rückhaltloses Einbringen aller Beteiligten ermöglicht größtmögliches Ausschöpfen der vorhandenen geistigen Ressourcen. Die Befreiung von hemmenden Filtern und Vorselektionen erschließt das vorhandene geistige Potenzial.

Es versteht sich, dass die Idee einer optimalen Nutzung der menschlichen Ressourcen in einer Organisationswelt, deren kritischer Erfolgsfaktor zunehmend der intelligente Einsatz von Humankapital wird, attraktiv ist. In einer sich globalisierenden Welt, die immer mehr Komplexität in der Umwelt von Organisationen erzeugt, könnte die optimale Nutzung psychischer Systeme, die strukturell an Organisationen gekoppelt sind, zum kritischen Wettbewerbsfaktor werden.

4.2.2.3 „Elementares Mitsammensein"[443]

Elementares Mitsammensein und gemeinschaftliche Fruchtbarkeit sind Motive, die ganz ähnlich in den inzwischen traditionellen Vorstellungen von Teamarbeit in Organisationen vorkommen.

Das echte Gespräch erzeugt eine Zwischenmenschlichkeit und Zusammengehörigkeit, durch welche die Beteiligten in ihrer Tiefe ergriffen und erschlossen werden. Es ist ein „Triumph des Zwischenmenschlichen"[444]: „Das

---

[442] Buber (2002): 295
[443] Buber (2002): 295
[444] Buber (2002): 296

Zwischenmenschliche erschließt das sonst Unerschlossene."[445] Dieses Unerschlossene ist der Kern der Buberschen Philosophie, denn in ihm verbirgt sich der Zugang zum Wesen der Person. In einer Nachbemerkung zitiert Buber aus Alexander Villers' ‚Briefen eines Unbekannten': „Ich habe einen Aberglauben an den Zwischenmenschen. Ich bin es nicht, auch Du nicht, aber zwischen uns entsteht einer, der mir Du heißt, dem Andern ich bin."[446] Hier wird das Zwischenmenschliche durch Personifizierung zum Zwischenmenschen in seiner Bedeutung hervorgehoben. Man könnte sagen: Je mehr Zwischenmensch, desto mehr Mensch. Buber selbst stellt fest: „Person erscheint, indem sie zu andern Personen in Beziehung tritt."[447] Dieses Motiv zieht sich wie ein roter Faden durch alle seine im „Dialogischen Prinzip" zusammengefassten Schriften und begründet letztlich seine existenzphilosophische Grundannahme.

Dieser Zwischenmensch stellt eine bemerkenswerte Verknüpfung von Menschen, Beziehung und Sozialem dar. Systemtheoretisch übersetzt könnte er eine Sphäre sein, in welcher psychische Systeme und soziales System ganz ‚nah zusammenrücken' und so die Beobachtungspotenziale psychischer Systeme für das soziale System in besonderer Weise verfügbar gemacht werden.

4.2.3 Grenzen des Dialogs

An den Beispielen von Erziehern, Heilern und Seelsorgern macht Buber deutlich, dass die dem Dialogischen an sich inhärente, vollständige Gegenseitigkeit nicht für jede Beziehungsgestaltung optimal ist. „Es gibt jedoch auch manches Ich-Du-Verhältnis, das sich seiner Art nach nicht zur vollen Mutalität entfalten darf, wenn es in dieser seiner Art dauern soll."[448] Der spezielle Nutzen, z. B. in der Beziehung des Erziehers zu seinem Zögling, käme nicht in vollem Maße zu Stande: „...damit seine Einwirkung auf ihn eine einheitlich sinnvolle sei, muss er diese Situation jeweils nicht bloß von seinem eigenen Ende aus, sondern auch von dem seines Gegenüber aus in all ihren Momenten erleben..."[449] Buber spricht in diesem Zusammenhang von „Umfassung"[450]. Wenn das Gegenüber aber in gleicher Weise den Erzieher, Heiler oder Seelsorger umfasse, könne dieser seinem Auftrag nicht

---

[445]Buber (2002): 295
[446]Buber (2002): 298
[447]Buber (2002): 65
[448]Buber (2002): 130
[449]Buber (2002): 131
[450]Buber (2002): 131

mehr gerecht werden: „. . . so könnte doch die besondere erzieherische Beziehung nicht Bestand haben, wenn der Zögling seinerseits die Umfassung übte . . .‟[451]

Es ist anzunehmen, dass das Verhältnis zwischen Führenden und Geführten in der Organisation ähnlich begrenzt in der vollen Mutualität ist wie nach Buber das Verhältnis zwischen Erzieher und Zögling, Heiler und Patient sowie Seelsorger und „Schäfchen“. „Jedes Ich-Du-Verhältnis innerhalb einer Beziehung, die sich als ein zielhaftes Wirken des einen Teils auf den anderen spezifiziert, besteht Kraft einer Mutualität, der es auferlegt ist, keine volle zu werden.‟[452]

Konventionelles Führungsverständnis beinhaltet immer das zielgerichtete und zweckhafte Wirken zwischen Akteuren und das Steuern einer Organisation. In dieser Hinsicht sind dialogischer Beziehungsgestaltung in Organisationen also entsprechende Grenzen gesetzt, die keine volle Mutualität zulassen.

4.3 FÄHIGKEIT ZUM DIALOG

Ganz allgemein gilt der Dialog als eine jedermann zugängliche, mühelose Form der Kommunikation. Die herrschende Vorstellung suggeriert, dass er keiner besonderen Voraussetzungen bedarf, weder hinsichtlich der beteiligten Personen noch in Bezug auf die Rahmenbedingungen. Man muss einfach nur ins Gespräch kommen und offen miteinander sein: miteinander reden. Dieser Dialogbegriff, den man als eine Art offenes und vertrauensvolles Gespräch verstehen kann, hat gewiss seinen Wert.[453] Im Rahmen der

---

[451] Buber (2002): 131

[452] Martin Buber (2002): 132. Es kommt hinzu, dass Buber von „echten“ Erziehern und Heilern/ Psychotherapeuten spricht, ohne näher auszuführen, was dies genau heißt. Der Kontext seiner Schrift legt nahe, dass er damit eine nicht angemaßte Kompetenz meint. Nur dann ließe sich demnach Asymmetrie statt voller Mutualität in der Beziehung rechtfertigen. Im Rahmen von Führung wären demnach folgende Fragen zu stellen: Erstens: Was ist ein „echter“ Führer, der seine Position nicht aufgrund von Anmaßung hat? Zweitens: Welchen Unterschied macht es für die Gestaltung der Führungsbeziehung, ob es sich um einen „echten“ Führer handelt oder nicht? In Großorganisationen sieht es ja gelegentlich so aus, als wären Führungskräfte v.a. qua Machtteilung kompetent, d.h. dass sie führen *dürfen*, dass es aber am *Können* hapert – und, allerdings seltener, auch am *Wollen*. Eine gleichmäßig starke Ausprägung von Können, Wollen und Dürfen könnte operationaler Gradmesser für Führungskompetenz in Großorganisationen sein.

[453] Sehen wir einmal davon ab, dass „Dialog“ neben „Team“ zu den am meisten missbrauchten Schlagwörtern in Organisationen und Institutionen gehören. Wenn von den vielen Vorstandsteams die Rede ist, denen der Dialog mit den Mitarbeitern besonders wichtig sei, stellt sich natürlich die Frage, inwieweit für einen Vorstand die Bezeichnung „Team“ und für seine Kom-

vorliegenden Untersuchung soll jedoch ein anderer, weitaus anspruchs- und voraussetzungsvollerer Dialogbegriff entwickelt werden.

Der Dialog, wie er hier verstanden werden soll, ist eine äußerst fruchtbare und sehr ungewöhnliche Form der Gesprächsführung. Er stellt höchste Anforderungen an die Teilnehmenden, insbesondere auch solche Anforderungen, die mit typischen Verhaltensmustern konfligieren und nicht unmittelbar einleuchtend sind. Systematisch erlernte Verhaltensmuster in den Rollen, in denen wir uns bewegen, lassen uns anders als dialogisch kommunizieren. Dies gilt für die private Sphäre, etwa als Eltern oder (Ehe-) Partner, ebenso wie für unsere berufliche Sphäre, z. B. als Mitarbeiter, Vorgesetzter, Betriebsrat oder Berater. Es ist nicht ungewöhnlich, dass sich mit unseren verschiedenen Rollen rollenspezifische Interessen verknüpfen, die unser Denken, Handeln und Kommunizieren beeinflussen. Mit solchen Interessen verbindet sich meist auch ein bestimmtes Wollen, also eine Absicht oder der Wunsch, eine bestimmte Wirkung zu erzielen. Dieses zielgerichtete, absichtsvolle Wollen und die daraus folgende Art und Weise der Kommunikation vertragen sich grundsätzlich nicht mit dem Charakter einer dialogischen Kommunikation. Sie stehen ihr geradezu im Wege.

Warum dann überhaupt Dialog im Kontext der Arbeitswelt? Geht es in ihr nicht gerade um Ziele und Wirkungen, um plan- und absichtsvolles Denken und Handeln? Wenn der Dialog im Kontrast zu den typischen, nahe liegenden Formen der Kommunikation in der Arbeitswelt ohne bestimmte Absicht, wenn er ziel- und planlos ist – wozu soll er dann überhaupt gut sein? Welchen Nutzen kann er in der Welt der Organisationen und des Managementgeschehens haben?

Später soll überprüft werden, inwieweit die besondere Kommunikationsform des Dialogs, wie sie in den folgenden Abschnitten weiter entwickelt wird, mit den Implikationen der systemtheoretischen Sicht auf Organisationen zusammenpasst.

William Issacs analysiert vier grundlegende Fähigkeiten, die Dialogpartner beherrschen müssen:

a. Zuhören

b. Respektieren

c. Suspendieren

d. Artikulieren

---

munikation mit den Mitarbeitern die Bezeichnung „Dialog" überhaupt zutreffend sein kann – selbst im oben beschriebenen Alltagsverständnis.

Er nennt sie „Kapazitäten für neues Verhalten"[454], womit deutlich wird, dass es um mehr als Gesprächtechniken geht. Es handelt sich um Schlüsselkompetenzen für die erfolgreiche Gestaltung eines Dialogs. Die Ausübung dieser Kompetenzen mündet in ein Dialog förderndes Verhalten der Kommunizierenden. Im Folgenden sollen die Kapazitäten für neues Verhalten näher untersucht werden.

4.3.1 Zuhören

„Der Strom der Gedanken, Bilder und Gefühle, der jederzeit durch uns hindurchfließt, er hat eine solche Wucht, dieser reißende Strom, daß es ein Wunder wäre, wenn er nicht alle Worte, die jemand anderes zu uns sagt, einfach wegschwemmte und dem Vergessen übereignete, wenn sie nicht zufällig, ganz und gar zufällig, zu den eigenen Worten passen. Geht es mir anders?, dachte ich. Habe ich je einem anderen wirklich zugehört? Ihn mit seinen Worten in mich hineingelassen, so daß mein innerer Strom umgeleitet worden wäre?"[455]

Wahrhaftes Zuhören erfordert sowohl, dass wir die Worte des oder der anderen in uns aufnehmen, als auch, dass wir sie nicht in dem in uns herrschenden Lärm untergehen lassen. Deshalb heißt Zuhören auch, „inneres Schweigen zu entwickeln".[456] Issacs verweist auf die physikalischen und physiologischen Bedingungen des Hörens und Zuhörens. Im Gegensatz zum Sehen, welches durch Schließen der Augen unterbunden werden könne, sei es uns nicht möglich, das Hören auszuschalten. Die Ohren seien immer offen.[457] Der visuelle Sinn funktioniert viel schneller als der auditive: Lichtwellen bewegen sich mit 300.000 Kilometer pro Sekunde, während Schallwellen nur 550 Meter pro Sekunde zurücklegen.[458] Somit stehen die akustischen Reize gewissermaßen in einem dramatischen Wettbewerb mit visuellen Reizen um unsere Aufmerksamkeit. Entsprechend sei unsere Kultur von Bildern beherrscht. Bewusstes Zuhören erfordert damit auch ein Erschließen und Entdecken von Langsamkeit, was durch Schließen der Augen erleichtert werden kann.

---

[454] Isaacs (2002): 83 ff.

[455] Mercier (2006): 163

[456] Isaacs (2002): 85

[457] Offensichtlich beschränkte sich Isaacs in dieser Betrachtung auf Methoden ohne die Verwendung körperfremder Stoffe, sonst hätte er die Chancen der Oropax-Applikation berücksichtigt. Das Auftauchen innerer Bilder bei geschlossenen Augen scheint für ihn ebenfalls nicht relevant.

[458] Isaacs (2002): 86 f.

Kommunikationstrainings enthalten in der Regel Übungen in der Kunst des aktiven Zuhörens. Häufig wird hier aber der Spieß derart umgedreht, dass geübt wird, dem Gesprächspartner konkludent zu signalisieren, dass man aktiv zuhört. Dies geschehe durch gelegentliches verständiges Nicken oder Nachfragen zum Verständnis.[459]

Die Schwierigkeit des Zuhörens sieht Isaacs in den individuell einzigartigen Wahrnehmungsfiltern. Er illustriert dies mit einem Zitat des indischen Philosophen Krishnamurti: „Wenn wir versuchen, zuzuhören, finden wir es außerordentlich schwierig, weil wir stets unsere Meinungen und Gedanken, unsere Vorurteile, unseren Hintergrund, unsere Neigungen und Impulse projizieren; wenn die vorherrschen, hören wir gar nicht auf das, was gesagt wird."[460] Diese Beschreibung Krishnamurtis erinnert an das systemtheoretische Konzept der Autopoiesis des Beobachters. Dieser nimmt in der Kommunikation Informationen nicht zuhörend von außen auf, sondern erzeugt sie im Wege interner Operationen selbst - allenfalls im Zusammenhang mit einer Störung[461] seitens seines Kommunikationspartners. Krishnamurtis Empfehlung, wie es gelingen kann, Kommunikation zu ermöglichen, lautet: „Zuhören – und Lernen – ist nur in einem Zustand der Aufmerksamkeit, des Schweigens möglich, dem dieser ganze Hintergrund fehlt. Dann, so scheint mir, ist Kommunikation möglich."[462] Ist man nur aufmerksam genug, so bringt man sozusagen die spezifischen Wahrnehmungsmuster des eigenen Beobachterstatus zum Schweigen. Ob dies ein hinreichendes Konzept ist, um den Kommunikationspartner zu verstehen, muss zunächst offen bleiben. Es fällt auf, dass Krishnamurti in diesem Zusammenhang auch von „Lernen" spricht, von einem Vorgang also, mit dem wir nach herkömmlich-intuitivem Verständnis mehr Intensität und Anstrengung verbinden als mit bloßem Zuhören. Diese Verbindung weist möglicherweise den Weg zu einem klareren Verständnis von Zuhören und Verstehen.

Zuhören ist für Isaacs ein Weg zur Partizipation, zur Teilnahme an der Welt. Für ihn ist wichtig, dass wir nicht als getrennte Individuen außerhalb der Welt oder der Natur stehen und diese beobachten, sondern gleichzei-

---

[459] Gelegentlich wird auch eine Art ‚soziales Grunzen', etwa „hmm hmm", genannt, mit dem man aktives Zuhören signalisiert. In meiner Beratungsarbeit mit Gruppen wird immer wieder die Bedeutung guten und aktiven Zuhörens erörtert. Auf die Frage, was dies denn sei, wird regelmäßig geantwortet, wie man es zeige. Damit kommt eine bemerkenswert taktische Komponente ins Spiel: Wichtiger als das aktive Zuhören scheint der Anschein desselben zu sein.

[460] Isaacs (2002): 85

[461] In der Literatur ist hier oft von ‚Perturbation' die Rede.

[462] Isaacs (2002): 85

tig Bestandteil derselben sind. Er grenzt diese Sicht von der cartesianischen Weltsicht der klaren Subjekt- Objekttrennung ab, die heute immer noch unser Denken bestimme.[463]

Nun kommt ein entscheidender Punkt in Isaacs Darstellung der zuhörenden Kommunikation, der über die Empfehlung, möglichst viel Aufmerksamkeit aufzubringen, hinausgeht: „... wenn man jemanden lange kennt oder eine enge Beziehung zu ihm entwickelt, verändern sich die Informationen. Ich erinnere mich genau daran, auf wie unterschiedliche Weise meine Mutter meinen Namen aussprach, als ich ein Kind war; dieses einzige Wort hatte eine Vielfalt an Bedeutungen, die von: »Tu etwas bestimmtes«, bis zu: »Jetzt gibt's Ärger«, reichen konnten. Und in der Regel wusste ich ganz genau, was gemeint war. Diese Bedeutungen waren in mir »eingefaltet« und hatten einen starken Einfluss auf unsere Interaktion."[464] Offensichtlich geht es hier um einen gemeinsamen Entwicklungsprozess zwischen Mutter und Sohn, der es möglich macht, den Bedeutungsgehalt eines Wortes, in diesem Beispiel des Namens des Sohnes, im landläufigen Sinne zu verstehen, also zu verstehen, was die Mutter meint, wenn sie den Namen des Jungen nennt. Isaacs nennt dies die holographische Eigenschaft der Sprache, weil wie in einem holographischen Bild im Einzelnen das Ganze enthalten sei.[465]

Zunächst ist wichtig festzuhalten, dass die bloße Wahl des richtigen Wortes, der richtigen Benennung eines Sachverhaltes nicht die Bedeutung, das Gemeinte automatisch mitliefert. Dies können wir mit der autopoietischen, beobachterspezifischen Informationserzeugung genauso begründen wie in dem Zitat von Krishnamurti am Anfang dieses Abschnittes. Es reicht auch nicht die Kenntnis des situativen Kontextes, etwa, ob die Sonne scheint oder ob es regnet, um zu verstehen, was die Mutter meint, wenn sie den Namen des Jungen nennt. Es gilt, über einen historischen Kontext gemeinsamer Erfahrung zu verfügen. Dieser historische Kontext kann nur im Wege der Koevolution, in welcher sich eine „enge Beziehung" „entwickelt", zwischen Mutter und Sohn erworben worden sein. Im Zuge dieser Entwicklung sind Bedeutungsgehalte im Sohn „eingefaltet" worden, die ihm eine Interpretationssicherheit hinsichtlich des von der Mutter Gemeinten geben. Aus der Perspektive der neueren Systemtheorie kann man hier auch von einer strukturellen Kopplung psychischer Systeme sprechen, die die Koevolution ermöglicht.

---

[463] Isaacs (2002): 88
[464] Isaacs (2002): 89 f.
[465] Vgl. Isaacs (2002): 89 f.

Hier bringt Isaacs den Dialog als Mittel zur Überwindung der Verständigungsschwierigkeiten ins Spiel: „Der Dialog ist der Mechanismus, mit dem sich das Hologramm des Gesprächs fokussieren lässt."

Isaacs liefert Rat, wie man Zuhören lernen kann, nämlich indem man auf das eigene Fühlen und Denken achtet und auf diese Weise zunächst etwas über die Art des eigenen Zuhörens lernt. „Die Wahrnehmung der eigenen Gefühle stellt eine Verbindung ... zum Kern der eigenen Erfahrungen dar."[466] Ebenso gilt für das Denken: „Auf das Denken achten bedeutet, beobachten lernen, wie die Gedanken einen Großteil der persönlichen ... Erfahrung diktieren." Die Beobachtung des eigenen Fühlens und Denkens ermöglicht, eine Distanz zu ihnen einzunehmen und etwas über sie zu erfahren. Auf diese Weise kann es auch gelingen, sich von typischen, quasi-automatischen Denk- und Fühlmustern zu lösen, also mehr Unvoreingenommenheit zu erlangen oder sich stärker den Denk- und Fühlmustern des Kommunikationspartners zu nähern, etwas über ihn zu erfahren, etwas darüber zu lernen, „wie andere die Welt erleben."[467]

4.3.2 Respektieren

Während es beim Aspekt des Zuhörens um die Bedeutung des vom Anderen Gesagten geht, steht beim Respektieren die Person des Anderen selbst im Mittelpunkt. Dem Anderen Respekt zu erweisen heißt, ihn in seiner Ganzheit und Legitimität als Person zu sehen, sich für die Quellen seiner Erfahrung zu interessieren, seine Grenzen zu akzeptieren und sein Potenzial zu erkennen und zu schätzen.[468]

Isaacs erläutert das „Kohärenzprinzip"[469], aus dem eine grundsätzliche Haltung des Respekts erwachsen kann.[470] Demnach begreifen wir uns als

---

[466]Isaacs (2002): 91

[467]Isaacs (2002): 97

[468]Isaacs (2002): 105 ff.

[469]Isaacs diskutiert in diesem Zusammenhang vom Kohärenzprinzip abgrenzend das cartesianische Weltbild als ein maschinelles, in welchem die Welt aus einzelnen Teilen besteht wie z. B. eine Uhr. Dieses Weltbild mündete auch im tayloristisch-maschinellen Bild vom Unternehmen. Für das Kohärenzprinzip führt er die Erkenntnisse der Quantentheorie sowie die Heisenbergsche Unschärferelation an. Diese führten dazu, die Welt der Elektronen und schließlich auch die Welt insgesamt als „Struktur der Ganzheit" zu begreifen, in welcher „ganzheitliche Kräfte am Werk" seien. [Vgl. Isaacs (2002): 110 ff.] Am Ende scheint der Unterschied nicht darin zu bestehen, ob es Teile gibt oder ein Ganzes, sondern, ob man die Teile oder das Ganze im Vordergrund sieht und entsprechend seine Aufmerksamkeit fokussiert. Der entscheidende Unterschied liegt darin, ob man als wesentlich und konstitutiv die Teile oder das Ganze sieht. Dann ist auch die Differenzierung plausibel, ob man eher auf Unterschiede oder auf Gemeinsames fokussiert.

[470]Isaacs (2002): 110 ff.

Teil eines Ganzen, zu dem auch alle anderen gehören. Wenn man widerstreitende Standpunkte und Interessen als zum Ganzen gehörend versteht, könne es eher gelingen, nach dem Gemeinsamen als nach dem Trennenden zu schauen und auf diese Weise in Konfliktlagen Respekt zu erweisen. „Das Kohärenzprinzip im Dialog lehrt uns, die Ganzheit oder ihr Fehlen im Gespräch zu erfahren."[471]

Respekt als eine den Gesprächspartner inkludierende Haltung ist auch Voraussetzung für die Erkundung seiner Absichten und Impulse, also für ein tieferes Verständnis seiner Person.

Eine Respekt fördernde Haltung wäre ebenfalls, beim „Zuhören eine Perspektive einzunehmen, aus der man sagen kann: ‚Das ist auch in mir.'"[472] Isaacs betont, dass mit solcher Haltung Muster der Schuldzuweisung geschwächt und Respekt vor dem anderen gestärkt wird. Und dabei stellt er fest: „Was wir wahrnehmen können, ist auch in uns."[473] Damit sind also auch für ihn, ähnlich wie in den konstruktivistischen Grundlagen der neueren Systemtheorie, Wahrnehmungen zumindest keine vollständigen Repräsentationen der äußeren Welt.

4.3.3 Suspendieren[474]

Wir alle gehen in Gespräche mit eigenen Vorstellungen und Meinungen oder bilden uns diese während eines Gespräches. „Die Schwierigkeit liegt zum Teil darin, dass wir dazu neigen, das, was wir sagen, sehr schnell mit dem zu identifizieren, wer wir sind. Greift jemand unsere Gedanken an, fühlen wir uns selbst angegriffen"[475] In dem Sinne hieße, unsere eigenen Vorstellungen und Standpunkte aufzugeben, uns selbst aufzugeben. Alle Festlegungen, Gewissheiten und Standpunkte hindern jedoch den Dialog. Deshalb ist ein zeitweiliges Aussetzen dieser geronnenen Einsichten nötig, wenn man den freien, ungehinderten Gesprächsfluss will. Das heißt nicht, die eigene Meinung zu unterdrücken, es heißt aber auch nicht, sich von ihr abhängig zu machen, sondern es bedeutet, eine Distanz zu ihr einzunehmen, z. B. indem man eigene Gefühle und Gedanken zur Kenntnis nimmt und beobach-

---

[471] Isaacs (2002): 112

[472] Isaacs (2002): 116

[473] Isaacs (2002): 116

[474] Der Begriff kommt aus dem Lateinischen und bedeutet „(einstweilen) des Dienstes entheben; aus einer Stellung entlassen; zeitweilig aufheben", [Duden (1974): 704]. Lat. ‚suspendere' heißt auch ‚in der Schwebe halten', [vgl. Kluge (2002): 899]. Mit diesem ‚in der Schwebe halten' hängt der engl. Begriff für Spannung, ‚Suspense', zusammen. Das ‚In der Schwebe halten' der eigenen Meinung in einem Gespräch erzeugt auch Spannung in uns.

[475] Isaacs (2002): 123

tet, ohne zwangsläufig nach ihnen handeln oder sich nach ihnen richten zu müssen.[476]

Sind die Eckpunkte unseres Denkens durch Standpunkte definiert, dann bilden diese Standpunkte gleichzeitig seine Grenzen. Das Suspendieren der Standpunkte ermöglicht, den Blick frei zu bekommen für neue Perspektiven oder Einsichten.

In der Unterscheidung von Formen des Suspendierens stellt Isaacs neben das Beisichbehalten und Nicht-Aussprechen eigener Standpunkte die Möglichkeit, die entsprechenden Bewusstseinsinhalte zu äußern, um sie sich und anderen verfügbar zu machen. Eine weiterführende Form wäre, sich dann die Prozesse bewusst zu machen, die zu diesen Bewusstseinsinhalten führen. So kann man z. B. während eines Gespräches Ärger in sich aufkommen spüren. Die erste Form oder auch Stufe des Suspendierens ist, diesen Ärger zur Kenntnis zu nehmen, zu beobachten und sich auf diese Weise von ihm zu distanzieren. Man identifiziert sich nicht mit ihm und man leitet aus ihm keine eigene Handlung her. In der nächsten Form des Suspendierens würde man in der Gesprächssituation aussprechen, dass man Ärger in sich aufkommen spürt. Dieses Aussprechen würde aber kein direktes Adressieren eines Kommunikationspartners bedeuten, etwa im Sinne von ‚Ich ärgere mich über dich', sondern man würde das Phänomen des aufkommenden Ärgers der kommunikativen Situation zur Verfügung stellen, etwa so: ‚Ich spüre gerade ein Gefühl des Ärgers in mir aufkommen'. Die dritte Stufe des Suspendierens würde dann den Ärger zum Gegenstand einer gemeinsamen Exploration machen, man würde versuchen, Bewusstsein über die Prozesse zu erlangen, die den Ärger erzeugen. Isaacs führt hierfür den Begriff „Propriozeption"[477] an. Diese Selbstwahrnehmung kann übrigens auch auf der Ebene von Gruppen und deren Denk-, Aktions-, oder Reaktionsmustern hilfreich sein, um deren blinde Flecken aufzudecken. Isaacs nennt das „kollektives Suspendieren"[478]

In seiner Untersuchung über dysfunktionales Denken und Handeln befasst sich Dietrich Dörner auch mit den Ursachen für die Reaktorkatastrophe von Tschernobyl. [479] Kollektive blinde Flecken des Steuerteams des Re-

---

[476]Isaacs (2002): 123

[477]Vgl. Isaacs (2002): 130 f., Propriozeption bedeutet Selbstwahrnehmung und wird bei Isaacs unterschieden in Selbstwahrnehmung auf körperlicher oder geistiger Ebene. Er nimmt Bezug auf David Bohm, der glaube, wir würden die körperliche Selbstwahrnehmung als selbstverständlich erleben und hätten die geistige Selbstwahrnehmung verloren. (vgl. ebd.)

[478]Isaacs (2002): 138

[479]Dörner (1989): 47–57

aktors haben demnach zu einer systematischen Überschätzung der eigenen Fähigkeiten und Urteilskraft bei gleichzeitiger Unterschätzung der Risiken geführt. Die gleichen Muster haben maßgeblich zum Challenger-Unglück[480] und zur misslungenen Schweinebuchtinvasion[481] beigetragen.

Das Suspendieren von Gewissheiten ermöglicht das Offenhalten von Fragen, die wiederum den Treibstoff eines Dialogs darstellen. Fragen öffnen eine Gesprächssituation für neue Impulse, während Gewissheiten die Kommunikation limitieren.

4.3.4 Artikulieren

Der Aspekt der Artikulation betrifft sowohl den Gegenstand dessen, was zum Ausdruck gebracht werden soll, als auch sein Timing. Es geht also darum, zur rechten Zeit das Richtige zu sagen. Dieses Artikulieren im Sinne des Dialogs hat eigentümliche, unkonventionelle Eigenschaften. Man muss nämlich lernen, „sich zu fragen, was jetzt gerade ausgedrückt werden sollte."[482] Dann artikuliert der Sprechende, dieser Notwendigkeit dienend, den entsprechenden Gedanken. Man sagt also das, was gerade gesagt werden muss, und nicht, wie üblich, das was man selber gerne sagen möchte. Wer einen Beitrag zum Gespräch leistet, lässt sich also nicht von dem Gedanken leiten, was er sagen will, sondern fragt sich, was nun zu dem Gesprächsverlauf gehört. Seine Gesprächshaltung ist darauf gerichtet, dem Gespräch und seinem weiteren Verlauf zu dienen und nicht seinen persönlichen Absichten.[483] Diese Eigenschaft des nichtintentionalen Artikulierens beinhaltet für Isaacs die Möglichkeit einer Art Kleistschen Sprechstrategie[484]: „Im Dialog zeigt sich das als Bereitschaft zu sprechen, ohne zu wissen, was man sagen will."[485] Artikulation ist also nicht Nachahmung von durch einen selbst oder durch andere Vorgedachtem. Analog zur Improvisation in der Musik findet hier ein kreativer Akt der Kommunikation statt, in welchem im Gespräch ge-

---

[480]Das NASA Spaceshuttle ist 1986 nach dem Start in 16 km Höhe explodiert. Dabei kamen sieben Astronauten ums Leben.

[481]1961 scheiterte ein CIA-gestützter Invasionsversuch von Exilkubanern an der Südküste Kubas.

[482]Isaacs (2002): 141

[483]Die Aufmerksamkeit des Sprechers ist hier im Buberschen Sinne auf das ‚Zwischen' der Akteure gerichtet. Die Kommunikation, also das Gespräch zwischen den Personen ist demnach Gegenstand der Aufmerksamkeit. Dies ist ein für die vorliegende Arbeit wichtiger Aspekt mit Bezug zur von Luhmann inspirierten systemtheoretischen Kommunikationstheorie, in welcher die Kommunikation die systembildende Grundeinheit bildet.

[484]Nämlich der „allmählichen Verfertigung des Gedankens beim Sprechen".

[485]Isaacs (2002): 144

meinsam etwas geschaffen[486] wird: „Im Dialog interagieren die Teilnehmer nicht nur, sie schaffen etwas."[487] Jeder leistet seinen Gesprächsbeitrag, indem er seine eigene Stimme findet und artikuliert.[488] Auf diese Weise kann jeder am gemeinsamen Schöpfungsakt teilnehmen und Wirkung erzielen. „Die eigene Sprache hat verändernde Kraft."[489]

Um diese Haltung im Gespräch verwirklichen zu können, bedarf es allerdings einer Voraussetzung, nämlich des Selbstvertrauens und Zutrauens zu den eigenen Gedanken, gerade wenn diese ohne vorherige Begutachtung aus einem herausprudeln. Die Stolpersteine liegen sowohl in dem notwendigen Mut, einfach aus sich heraus zu sprechen, als auch in der Wertschätzung der eigenen Gedanken.[490] Um nicht zu stolpern, gilt es zu erkennen, dass „... was in uns auftaucht, Wert hat – dass wir es wert sind, dass man uns zuhört."[491]

An dieser Stelle sollten wir uns die konventionelle Form der Kommunikation in der Organisation vergegenwärtigen, z. B. im typischen Setting einer Konferenz, in dem es darum geht, „die eigene Meinung durchzusetzen, die eigene Überlegenheit klar zu machen, das eigene Terrain zu behaupten."[492] In einem solchen Setting findet Zuhören aus taktischen Erwägungen statt, Suspendieren ist geradezu kontraproduktiv, denn es schwächt die eigene Position und droht in einen Terrainverlust zu münden. Respekt wird geübt, wenn es der Durchsetzung eigener Interessen dient, und aus dem gleichen Grunde auch fallen gelassen. Respekt ist keine grundsätzliche Haltung gegenüber den Gesprächspartnern. Schließlich gilt das Gleiche für die Artikulation: Man wählt Form, Inhalt und Zeitpunkt für die eigenen Äußerungen je nach persönlicher Interessenlage. Die Artikulation dient nicht dem gemeinsamen Schöpfungsakt. Im klassischen Setting einer Konferenz in einer Organisation wird also das Potenzial einer Gruppe für Tiefe, Breite und Höhe der Gemeinsamkeit in der Kommunikation wahrscheinlich nicht ausgeschöpft.

---

[486]Allerdings findet im Gegensatz zur Konzertmusik mit Dirigenten eine Art demokratische oder kollektive Orchestrierung statt, etwa wie in der Kammermusik.

[487]Isaacs (2002): 151

[488]Isaacs betont die Magie des gemeinsamen Schöpfungsaktes, indem er die Etymologie des aramäischen ‚Abrakadabra' bemüht, welche soviel wie ‚ich schaffe, während ich spreche' bedeutet. Das ist eine Art konstruktivistischer Kommunikationsmagie.

[489]Isaacs (2002): 141

[490]In diesem Zusammenhang zitiert Isaacs Emerson: „Doch geht der Mensch über sein Denken ohne Aufmerksamkeit hinweg, weil es sein eigenes ist." [ebd.: 143]

[491]Isaacs (2002): 144

[492]Isaacs (2002): 145

Zusammenfassend soll noch einmal die konstruktivistische Beschaffenheit der Artikulation im dialogischen Prozess zum Ausdruck gebracht werden: „Der Dialog bietet uns eine andere Möglichkeit: die Entdeckung, dass man durch Reden etwas erschaffen kann. Die eigene Stimme ist nicht einfach ein Mittel, mit dem man seine Gedanken oder bestimmte Aspekte der eigenen Person offen legt. Sie kann im Wortsinn eine Welt erschaffen, ein Bild beschwören."[493]

4.3.5 Container

Neben diesen vier Kapazitäten für neues Verhalten führt Isaacs den Begriff „Container" ein: „Ein ‚Container' ist ein Gefäß, ein Setting, in dem die Intensität menschlicher Aktivität gefahrlos ausgedrückt werden kann. Die aktive Erfahrung, dass Menschen zuhören, einander respektieren, ihre Urteile suspendieren und sich artikulieren, ist der Schlüsselpunkt des Containers beim Dialog."[494] Auffällig in diesem Konzept ist der Aspekt der Gefahrlosigkeit. Beim Container handelt es sich also um eine Art geschützten Raum, in dem der Dialog stattfinden und Dialog fördernde Verhaltensweisen an den Tag gelegt werden können. Er ist also ein Raum des Vertrauens. Weiter heißt es: „Ich arbeite nach der Devise: kein Container (...) kein Dialog."[495] Der Container ist aus Isaacs Sicht folglich nicht nur eine hinreichende, sondern eine notwendige Bedingung für den Dialog. Alle Beteiligten können guten Willens sein, sich in einen Dialog zu begeben und dennoch ist es möglich, dass der Dialog nicht in Gang kommt. Dann liegt es nicht an den Einzelnen, sondern am Mangel eines angemessenen Containers.[496] In seinen weiteren Ausführungen zum Container bleibt Isaacs m. E. etwas vage hinsichtlich seiner praktischen Verwirklichung.[497] Für den Zweck dieser Arbeit können wir an das bisher dargestellte Container-Verständnis knüpfen.[498] Dabei stellt

---

[493] Isaacs (2002): 145

[494] Isaacs (2002): 204

[495] Isaacs (2002): 204

[496] Vgl. Isaacs (2002): 204

[497] Auch Susanne Ehmer, die dem Container in Anlehnung an Isaacs einen Abschnitt widmet, führt letztlich nur noch einmal die Metapher des Containers als Behältnis für den Dialog aus und betont seine Wichtigkeit, ohne konkret zu benennen, wie der Container geschaffen wird. [Vgl. Ehmer (2004): 137 f.]

[498] So führt Isaacs an, dass das Bild des Behälters bereits in der jüdischen Kabbala auftaucht und sich über die Schriften der Alchemie bis in die moderne Psychologie als ‚haltender Raum' durchzieht. In einem Analogieschluss mit dem sich entwickelnden Leben stellt Isaacs fest, dass ein Container drei entscheidende Elemente enthält: Energie, Möglichkeit und Sicherheit. Aber diese Begriffe werden nicht konkretisiert oder anderweitig fassbar gemacht. Schließlich führt

sich die Frage, ob es gelingen kann, einen solchen Container im Rahmen einer Organisation zu errichten und ihm Dauerhaftigkeit zu verleihen.

4.4 ZWISCHENFAZIT ZUM DIALOGBEGRIFF

Der Dialog hat in Organisationen und Managementkreisen einen zweifelhaften Ruf. Einerseits wird jeder die Bedeutung der Dialogfähigkeit beschwören, andererseits verhält es sich mit ihr ähnlich wie mit der Teamfähigkeit: Man assoziiert damit Weichheit, Nachgiebigkeit, Unentschlossenheit und eine Art menschenfreundlicher Ineffizienz. Damit verbindet sich in der Regel die Vorstellung von Zeitverschwendung durch zuviel unnützes Gerede. Dies sind alles Attributionen, die nicht zum beliebten Bild des entschlossenen und entscheidungsstarken Managers passen. Aber der Dialog hat, ebenso wie die Teamfähigkeit, den Status der politischen Korrektheit erlangt. Deshalb wird er, wie das Team, auch von Angehörigen der „Eisenfresserfraktion" regelmäßig im Munde geführt. Im tagesaktuellen Geschehen spielen beide dann möglicherweise keine oder eine nur geringe Rolle.

Zusammenfassend lässt sich feststellen, dass die theoretischen Grundlagen sich in drei Dimensionen gliedern lassen:
a. Innere Haltung der Dialogführenden
b. Kompetenzen und Verhalten der Dialogführenden
c. Rahmen- und Kulturgestaltung für den Dialog

Daraus lassen sich weit reichende individuell-kommunikative und organisationale Ansprüche, die die Verwirklichung von Dialogmethoden stellen, ableiten.

4.4.1 Innere Haltung der Dialogführenden

Hier geht es um die Einstellung oder innere Haltung der am Dialog Beteiligten, die dadurch ausgezeichnet ist, dass sie sich nicht beobachten lässt. Der Beobachter kann lediglich beobachtbares Verhalten in Bezug auf zugrunde liegende Einstellungen interpretieren. Wenn wir am Bankschalter jemanden beobachten, der eine Spende für Erdbebenopfer leistet, dann ist es uns unmöglich zu wissen, aus welcher Einstellung heraus er dies tut. Wir können nicht erkennen, ob ihn seine humanistische Erziehung, eine alltagspraktische Menschenfreundlichkeit, schlichtes Mitleid oder die Tatsache, dass er es liebt, beim Spenden beobachtet zu werden, antreibt. Insofern ist die innere

---

Isaacs Bilder für äußere Container, das erste Parlament der Vereinigten Staaten in Philadelphia, und innere Container, Schädel und Innenohr des Menschen, an. Diese Bilder sind eingängig, aber nicht zwingend, um das Konzept eines Dialog-Containers mit seinen „unsichtbaren Strukturen" zu verstehen. [Vgl. Isaacs (2002): 204 ff.]

Haltung zunächst etwas, das den Dialogführenden in seiner Selbstreflektion betrifft. Er kann sich fragen, welche Aspekte seiner Einstellungen dialogförderlich oder –behindernd sind. Er kann sich überlegen, welchen Preis er hinsichtlich seiner Einstellungen um des Dialogs willen zu zahlen bereit ist.[499]

Mit der inneren Haltung der Dialogführenden sind in erster Linie folgende Aspekte der Dialogtheorie angesprochen: wahrhafte und wesenhafte Hinwendung, kommunikatives Unternehmertum/ kommunikative Risikofreude, Schein überwinden/ authentisch sein, keine Prädisposition/ Unvoreingenommenheit, Bereitschaft zum Zuhören, Respektieren, Bereitschaft zum Suspendieren, Konzentration auf und Arbeit am Zwischen.

Aus systemtheoretischer Sicht sind dies alles Aspekte, über die wir keinen direkten Aufschluss bekommen können.

4.4.2 Kompetenzen und Verhalten der Dialogführenden

Bei Kompetenzen und Verhalten betrachten wir immer noch die handelnden bzw. kommunizierenden Personen, wir begeben uns jetzt jedoch mehr in Richtung des Beobachtbaren, wobei das Verhalten leichter beobachtbar ist als die Kompetenzen. Wenn jemand das Verhalten zeigt, den Mund zu halten, während sein Gesprächspartner redet, dann ist das leicht beobachtbar. Ob er auch über die Kompetenz des aktiven Zuhörens verfügt, ist schwieriger festzustellen.

Mit Kompetenzen und Verhalten der Dialogführenden sind in erster Linie folgende Aspekte der Dialogtheorie angesprochen: Selbst einbringen, keine Prädisposition/ Unvoreingenommenheit, Einbeziehen aller Anwesenden/ partizipieren lassen, Fähigkeit zum Zuhören, Fähigkeit zum Suspendieren,

Artikulieren. Sind dies Aspekte, die sich mit Schulungen im Rahmen der Personal- und Führungskräfteentwicklung stärken lassen? Kann es gelingen, mit Hilfe der Organisationsentwicklung einen Kontext zu schaffen, in wel-

---

[499] So berichtet Peter Senge von einem Workshop, den er 1990 im sich im Umbruch befindlichen Südafrika mit weißen Wirtschaftsvertretern und schwarzen „Community Organizers" durchführte. Nach einer gemeinsam im Fernsehen verfolgten Rede des damaligen Präsidenten de Klerk, die die radikale Veränderung der herrschenden Verhältnisse ankündigte, geschah im Workshop etwas Dramatisches im Zusammenhang mit der Preisgabe innerer Haltungen. Ein weißer Teilnehmer wendete sich direkt an eine schwarze Teilnehmerin und sagte: „I want you to know that I was raised to think that you were an animal … ", worauf er in Tränen ausbrach. [Senge, Scharmer, Jaworski, Flowers (2004): 4]. Natürlich gibt auch diese Beobachtung streng genommen nur ein Indiz und keine Gewissheit für ein einstellungsbedingtes Drama. Es ist theoretisch denkbar, dass der weiße Geschäftmann dieses Verhalten aus taktischen Gründen gezeigt hat, gewissermaßen, um sich für den anstehenden Wandel in der Gesellschaft zu wappnen.

chem Individuen solche Verhaltensweisen und Kompetenzen dann auch tatsächlich praktizieren?

4.4.3 Rahmen- und Kulturgestaltung für den Dialog

Diese Dimension geht teilweise über die reine Personengebundenheit hinaus. Im Kontext von Organisationen und des in ihnen stattfindenden Managementgeschehens stellt sich die Frage, welche Rahmenbedingungen dem Dialog zuträglich oder abträglich sind. In welchem Milieu gedeiht der Dialog am besten? Wer kann was zu einem optimalen Rahmen beitragen?

Mit der Rahmen- und Kulturgestaltung sind v. a. folgende beiden Aspekte der Dialogtheorie angesprochen: Eignung der Teilnehmer, Einbeziehen aller Anwesenden/ Kultur der Partizipation. Die Organisationskultur ist systemtheoretisch gesehen Ergebnis eines langfristigen, kontinuierlichen und selbst organisierenden Prozesses und insofern nicht linear steuerbar, wenn man von unwahrscheinlichen Ausnahmen absieht. Bei der Auswahl von Mitgliedern der Organisation scheint es leichter zu sein, auf Kriterien der dialogischen Eignung zu setzen. Aber das funktioniert nur, wenn diejenigen, die die Auswahlentscheidung treffen, auch entsprechende Kriterien zu Grunde legen. Wie kann hier die Neigung von Organisationen, über Auswahlprozesse die eigenen kulturellen Muster fortzuschreiben, überwunden werden?

4.4.4 Der individuell-kommunikative Anspruch des Dialogs

Aus obiger Analyse ergibt sich folgende zusammenfassende Charakterisierung des Dialogs und der damit einhergehende besondere Anspruch an die Dialogführenden:

Die Akteure zeichnen sich durch eine bejahende, respektvolle und hinwendende Haltung zueinander und durch Interesse aneinander aus. Sie begegnen sich unvoreingenommen und mit der Bereitschaft und dem Wunsch, sich gegenseitig zuzuhören. Eigene Vorstellungen oder Einstellungen eine Zeit lang beiseite zu lassen ist für sie nicht nur eine Selbstverständlichkeit, sondern auch ein reizvolles Verfahren, um Neuem auf die Spur zu kommen. Redebeiträge sprechen aus den Sprechern für das Gespräch, das Gespräch dient nicht der Selbstdarstellung der Sprecher. Deshalb gilt die Aufmerksamkeit der kommunizierenden Akteure auch mehr dem sich zwischen ihnen entspinnenden Gespräch als den am Gespräch teilnehmenden Akteuren. Die Risiken eines rückhaltlosen und selbstoffenbarenden Engagements für das Gespräch gehen sie gerne ein, weil sie die Chancen eines solchen Engagements höher schätzen. Die Früchte eines auf diese Weise entstehenden Gesprächs sind für sie reicher als der Preis des riskanten Engagements.

134

Die Teilnehmer am Gespräch teilen mit, was sie mitzuteilen haben. Sie geben her, was sie herzugeben in der Lage sind, das heißt, dass sie nichts zurückhalten, was dem Gespräch dienen könnte. Dabei achten sie darauf, dass das, was sie beitragen, nicht vorgefertigt und sozusagen „mitgebracht" ist, sondern dass es als richtig beizutragen im Verlauf des Gesprächs erkannt und deshalb geäußert wird. Alle Vorannahmen oder Vorurteile werden im dialogischen Kommunikationsprozess beiseite gelassen oder einer erforschenden Betrachtung unterzogen. Die Teilnehmer achten außerdem darauf, dass alle Anwesenden auch in das Gespräch einbezogen werden. Das heißt nicht, dass sie unbedingt selber etwas äußern müssen, aber sie müssen zumindest die Möglichkeit dazu haben. Jedem ist es ein Anliegen, den anderen gut zuzuhören und er besitzt auch die Fähigkeit dazu. Das Zuhörenwollen und –können entspringt dem Wunsch, sich auf den anderen einzulassen und etwas über sein Weltbild und seine Wahrnehmungen zu erforschen. Außerdem verfügen die dialogisch Kommunizierenden über die Kompetenz, sich zur rechten Zeit in passender Weise über den richtigen Gegenstand auszudrücken.

4.4.5   Der organisationale Anspruch des Dialogs

Wenn die als Akteure des Dialogs in der Organisation in Frage kommenden Organisationsmitglieder über die oben beschriebenen Einstellungen und Kompetenzen verfügen und wenn sie ein entsprechendes Verhalten zeigen oder zumindest zeigen wollen, stellt sich die Frage, welche organisationalen Rahmenbedingungen geschaffen werden müssen, um dem Dialog das Feld zu bereiten. Es müsste gewissermaßen das optimale Milieu für Kultivierung und Pflege des Dialogs geschaffen werden. In dieser Kultur gehört es dazu, dass diejenigen, die von einem Thema betroffen sind, auch an der Verarbeitung des Themas beteiligt werden. Es herrscht eine Kultur der Partizipation. Das bedeutet nicht, wie häufig und gerne missverstanden wird, dass jeder bei allem mitzureden habe, sondern man kann von Entscheidungen betroffen sein, als Experte einen wichtigen Fachbeitrag leisten können oder über vergleichbare Erfahrungen verfügen, um am Dialog beteiligt zu werden.

Alle dialogische Kommunikation ist prinzipiell Kommunikation „auf Augenhöhe". Das Primat des Respekts vor der personhaften Existenz des Dialogpartners bringt, zumindest für die Dauer des Dialogs, eine Egalisierung der Dialogführenden mit sich, setzt also die Hierarchie außer Kraft. Eine Führungskraft, die den Dialog „von oben herab" sucht, wird ihn nicht finden. In der Organisation muss also zeitweilig die Hierarchie suspendiert werden, damit der Dialog stattfinden kann und seine Leistungsversprechen eingelöst werden können. Dabei ergibt sich allerdings die prinzipielle Schwierigkeit, dass Organisationsmitglieder ein egalitäres Dialogsetting möglicherweise nicht nutzen, da sie die Gewissheit haben, dass die Hierarchie in absehbarer Zeit wieder restituiert wird. Es spricht einiges dafür, dass die Erwartung eines wieder eingesetzten hierarchischen Settings die Dynamik eines (dann vermeintlich) nichthierarchischen Settings überstrahlt.

In gewissem Sinne müssen aber auch die Mitarbeiter sich aufschwingen. Es sollte gezeigt werden, dass der Dialog keine triviale Angelegenheit ist. Die Organisation muss anspruchsvolle Rahmenbedingungen schaffen und die Akteure müssen ungewöhnliche Haltungen und Verhaltensweisen an den Tag legen sowie schwierig zu erwerbende Kompetenzen beherrschen. Nicht jede Organisation und nicht alle Mitarbeiter und Führungskräfte in Organisationen weisen in diesem Sinne die gleiche Reife zum Dialog auf.

Wo Dialog stattfindet, wird die Macht auf die Dialogführenden verteilt. Es gibt im Dialog nicht die Mächtigen und die Ohnmächtigen. Dies ist auch ein wesentlicher Unterschied zu anderen interaktiven Kommunikationsformen wie Diskussion[500] und Debatte, in welchen die Mächtigkeit der Beteiligten sich an Menge und Stärke ihrer Argumente bemisst. Sie sind auf Durchsetzung angelegt, während der Dialog gemeinsames Schaffen anstrebt. Dieser grundlegende Unterschied zwischen Dialog und Diskussion wird auch von David Bohm festgestellt. Er charakterisiert den Dialog als „stream of meaning flowing among and through us and between us."[501] Und dann heißt es: "This will make possible a flow of meaning in the whole group, out of which will emerge some new understanding."[502] Zur Diskussion meint er: "It really means to break things up. It emphasizes the idea of analysis (...) Discussion is almost like a ping-pong game, where people are batting the ideas back and forth and the object of the game is to win or get points for yourself."[503] In der Diskussion geht es also darum, gegen den oder die anderen zu gewinnen und im Dialog um den gemeinsamen Schöpfungsprozess von Sinn, Bedeutung und Verständnis. Dies wären erhebliche kulturelle Unterschiede des Miteinanders für eine Organisation.

---

[500]Edgar Schein hebt in seiner Untersuchung über die Berater-Klienten-Beziehung die Chancen hervor, die sich für eine Diskussion durch einen vorher stattfindenden Dialog ergeben, da der Dialog gemeinsame Sprache und Bedeutungen schaffe und so vor der Gefahr bewahre, im Wege der verfrühten Diskussion falschen Konsens zu erreichen. [Vgl. Schein (2000): 261]

[501]Bohm (1996): 6

[502]Bohm (1996): 6

[503]Bohm (1996): 6 f.

Bei der, zumindest zeitweise, Egalität der beteiligten Akteure und Außerkraftsetzung von Macht und Hierarchie, wenn sie denn überhaupt verwirklichbar sind, sind eigentlich anarchische Charakteristika des Dialogs und müssten schon deshalb auf System erhaltende Widerstände stoßen.

Nachdem nun die für die vorliegende Untersuchung relevanten theoretischen Grundlagen zu Dialog und Organisation dargelegt wurden, sollen in den folgenden Abschnitten auf dieser Grundlage die Vereinbarkeit der dargelegten theoretischen Konzepte untersucht und die praktischen Implementierungschancen des Dialogs in der Organisation geprüft werden.

5 Theorie des Dialogs im Verhältnis zu ausgewählten Aspekten der neueren Systemtheorie, des Konstruktvismus und der systemischen Organisationstheorie

Wenn man Systemtheorie, Konstruktivismus und darauf basierende organisationstheoretische Konzepte als Denkrahmen für das Geschehen in der modernen Organisation akzeptiert, kann man den oben beschriebenen Dialogbegriff dazu in Beziehung setzen und untersuchen, ob und inwieweit der Dialog in die Prozesse der Organisation implementiert werden und dort Wirkung entfalten kann, um die von seinen Protagonisten vorgetragenen Leistungsversprechen einzulösen.

5.1 DIALOG UND SYSTEMTHEORETISCH-KONSTRUKTIVISTISCHE GRUNDLAGEN

Zunächst sollen grundlegende Konzepte und Theoreme der neueren Systemtheorie und des Konstruktivismus, die oben erläutert wurden, bezüglich ihrer Vereinbarkeit mit der ebenfalls dargelegten Theorie des Dialogs untersucht werden. Daraus ergibt sich ein Bild hinsichtlich der grundsätzlichen Beziehung zwischen Dialog und Systemtheorie.

5.1.1 Dialog und Autopoiesis, Selbstreferenz sowie operative Geschlossenheit

Geht man davon aus, dass Systeme operational geschlossen sind, so bringt dies wichtige Implikationen für die Kommunikation zwischen Systemen mit sich. Zum Beispiel ist die Vorstellung einer linearen Informationsweitergabe nicht mehr haltbar. Die Idee des Informationstransportes von einem Akteur zum anderen erweist sich als trügerisch. Auch im Dialog werden diese gängigen Vorstellungen vom Funktionieren der Kommunikation aufgehoben. Die Dialogpartner gehen nicht davon aus, dass ein bloßes Mitteilen von Information dafür sorgt, dass diese Information sich in weitgehend ähnlicher Beschaffenheit oder gar identisch im Bewusstsein des Adressaten abbildet. Sie interessieren sich für die Art und Weise, wie der Adressat Informationen hört und verarbeitet. Die Dialog führenden Kommunikationspartner wissen um die Unzulänglichkeit der einseitig gerichteten sprachlichen Kommunikation für die mitteilende Verständigung und sind bestrebt, im Kommunizieren einen gemeinsamen Schöpfungsakt zu begehen und somit gemeinsam etwas Neues zu schaffen. Im Prozess der dialogischen Kommunikation wird also auf gemeinsames Verständnis hin gearbeitet. Dieses wird nie einfach so als gegeben unterstellt. Letztlich tritt der Mitteilungscharakter der Kommunikation, welcher intuitiv eng mit der Informationstransportmetapher verknüpft ist, in den Hintergrund. An seine Stelle tritt die Idee des gemeinsamen Erarbeitens von Information im Prozess der dialogischen Kommunikation. Wenn in der Dialogtheorie auch nicht von operativer Geschlossenheit die Rede ist, so scheint sie doch faktisch in der Ausgestaltung des Dialogs dieses Phänomen zu berücksichtigen, indem sie dem direkten kommunikativen Eingreifen in ein System bzw. einen Kommunikationspartner keine Chance gibt.

Der dem Dialogkonzept eigene Respekt vor Individualität, Eigenart und Eigengesetzlichkeit des Anderen kann als Anerkennung seiner Autopoiesis verstanden werden. Die Autopoiesis und Nichttrivialität der Kommunikationspartner ist aus dieser Perspektive nicht Hindernis für das gegenseitige Verstehen, sondern Gegenstand des Interesses und der Neugier. Die durch die operative Geschlossenheit bestehende Kluft zwischen, in diesem Falle psychischen, Systemen wird nicht durch gegenseitiges, lineares Eingreifen ineinander zu überwinden versucht, sondern durch Schöpfen einer gemeinsamen Kommunikation, des Dialogs.

Der Dialog entsteht durch kommunikatives Zusammenwirken der Dialogpartner und kann als eigenständiges System verstanden werden. Mit dem Dialog kommt also ein System aus Kommunikationen zu Stande, die aufeinander Bezug nehmen. Im Sinne der dargelegten Systemtheorie kann man dieses als selbstreferenzielles, operativ geschlossenes, autopoietisches System auffassen. Dieses System zeichnet sich dadurch aus, dass die Kommunikation unter Anwesenden stattfindet, es sich also um ein Interaktionssystem handelt.

5.1.2 Dialog und strukturelle Kopplung

Aus den bisherigen Überlegungen kann man den Schluss ziehen, dass der dialogische Prozess ein Prozess der Koevolution ist. Die beteiligten Systeme schaffen gemeinsam ein kommunikatives Werk und verändern sich dabei gleichzeitig, da sich für sie informative Rückwirkungen aus dieser gemeinsamen Schöpfung ergeben. Wenn man ganz allgemein annimmt, dass ein Dialog zwischen Systemen gelingt, dann findet ein zirkulärer Beeinflussungs- und Anpassungsprozess statt. Es herrscht oder entwickelt sich ein für die Koevolution nötiges Maß an Gemeinsamkeit. Die sich gemeinsam entwickelnden Systeme sind in diesem Maße kompatibel. Der Dialog ist sowohl Folge als auch Voraussetzung dieser Kompatibilität. Er fungiert in diesem Vorgang als Form für die strukturelle Kopplung der kommunizierenden psychischen Systeme.

Über die Penetration stellt nach Luhmann ein System einem anderen seine vorkonstituierte Eigenkomplexität zur Verfügung[504], so z. B. die Psyche für die Organisation oder ein Beratungssystem für eine Organisation. Wirkt die Penetration in beide Richtungen, so spricht man von Interpenetration bzw. von struktureller Kopplung. Die vorkonstituierte Eigenkomplexität der beteiligten Systeme ist im Dialog u.a. gewissermaßen Gegenstand der Kommunikation. Die Dialogpartner interessieren sich für diese Komplexität, versuchen ihr näher zu kommen, sie bis zu einem gewissen Grade zu ergründen.

Diesen theoretischen Vorstellungen folgend ist, zunächst ebenfalls theoretisch, der Weg des Dialogs in die Organisation folgendermaßen denkbar: Im ersten Schritt stellen die an einem Interaktionssystem teilnehmenden psychischen Systeme ihre vorkonstituierte Eigenkomplexität dem Interaktionssystem zur Verfügung. Es herrscht ein Zustand der Interpenetration zwischen psychischen Systemen und Interaktionssystem, denn man kann davon ausgehen, dass in beide Richtungen vorkonstituierte Eigenkomplexität zur Verfügung gestellt werden wird. Im einem gedanklichen, möglicherweise aber auch chronologischen zweiten Schritt stellt das Interaktionssystem der Organisation seine vorkonstituierte Eigenkomplexität zur Verfügung. Auch hier kann man wohl davon ausgehen, dass dieser Mechanismus in beide Richtungen wirkt, also eine Interpenetration stattfindet.

Wenn die Akteure des Interaktionssystems willens und in der Lage sind, eine Kommunikation nach den Regeln der Dialogkunst zu pflegen, so ist dies mit den Konzepten von struktureller Kopplung und Penetration/ Interpenetration vereinbar. Das dialogische Geschehen trägt sicherlich zur Konstitution der Eigenkomplexität im Interaktionssystem bei. Wie kann nun der zweite Schritt, der gewissermaßen die Brücke zwischen Interaktionssystem und Organisation schlägt, aussehen? Die nahe liegende Überlegung ist, dass, wenn die Produkte der Kommunikationen im Interaktionssystem den Charakter von Entscheidungen oder entscheidungsähnlichen Kommunikationen

---

[504] „Von *Penetration* wollen wir sprechen, wenn ein System die eigene *Komplexität* (und damit: Unbestimmtheit, Kontingenz und Selektionszwang) *zum Aufbau eines anderen Systems zur Verfügung stellt.* (...) *Interpenetration* liegt entsprechend dann vor, wenn dieser Sachverhalt wechselseitig gegeben ist, wenn also beide Systeme sich wechselseitig dadurch ermöglichen, daß sie in das jeweils andere ihre vorkonstituierte Eigenkomplexität einbringen." [Luhmann (1984): 290]

haben, sie auch von der Organisation als relevant erachtet werden, da die Basisoperationen der Organisation Entscheidungen sind. Wenn und insoweit es z. B. vorstellbar ist, dass Interaktionssysteme in Organisationen in einem dialogischen Kommunikationsmodus Entscheidungsoptionen für die Organisation vorbereiten, die in den Kommunikationen der Organisation zu Entscheidungen verarbeitet werden können, würde auch der Dialog, zumindest indirekt, für die Organisation Relevanz erlangen und wirksam werden.

5.1.3 Dialog und Beobachter/Beobachtung

Eine wichtige Eigenschaft des Dialogs ist, Beobachtungsmuster zu beobachten. Wenn ein Akteur beispielsweise beschließt, eigene Vorurteile zu suspendieren, gewissermaßen vor sich „aufzuhängen" und zu betrachten, dann baut er damit in sein eigenes Beobachten ein Beobachten zweiter Ordnung seines ebenfalls eigenen Beobachtens ein.

Die Ausgestaltung von Kommunikation als Dialog bedeutet, dass die Fortführung des Systems mit dialogischen Mitteln geschieht. Daran knüpft sich die Folge, dass das soziale System ganz bestimmte Regeln der Beobachtung befolgt, nämlich solche, die dem Konzept des Dialogs Rechnung tragen. Dabei handelt es sich um lauter Aspekte, die darüber Auskunft erteilen, wie man sich verhalten soll, wenn man dialogisch kommunizieren will, eine Art Verhaltensrezeptur zur Dialogführung. Das gilt gleichermaßen für „Eigenschaften des echten Gesprächs" nach Buber, wie wahrhafte Zuwendung, Schein überwinden oder Einbeziehung aller Anwesenden, wie für die „Kapazitäten menschlichen Verhaltens" nach Isaacs: Zuhören, Respektieren, Suspendieren und Artikulieren. Stets geht es um präskriptive Hinweise, wie das Beobachten geschehen soll. Man könnte auch sagen, dass der Akt des Beobachtens durch die Dialogregeln methodisch angereichert und qualitativ gehoben werden soll. Dies geschieht immer mit dem Ziel, Verstehen und Verständnis im konventionellen Sinne zu maximieren und Gemeinsamkeit zu begründen.

Das Beobachterkonzept gibt der Subjektgebundenheit von Beobachten und Erkennen Ausdruck und dialogische Kommunikation interessiert sich gerade für den Beobachter und dessen spezifische Art und Weise zu beobachten. Während andere Kommunikationsformen sich eher auf das Beobachten von Gesprächsgegenständen beziehen, geht der Dialog systematisch in die Beobachtung zweiter Ordnung, indem er die Beobachtung der Beobachtung zum Gegenstand macht, wenn er z. B. Vorurteile suspendiert oder Prämissen, mit denen Akteure in ihren Beobachtungen operieren, erkennbar macht. Der Dialog widmet sich also ausdrücklich diesem besonderen Aspekt der neueren Systemtheorie, dass es keine beobachterlose Kommunikation gibt und dass deshalb der Beobachtung von Beobachtern eine wichtige kommunikationstheoretische und -praktische Bedeutung zukommt. Da der Dialog im Interaktionssystem stattfindet, wird dieses als Beobachter zweiter Ordnung installiert.

5.1.4 Dialog und Kommunikation

Wie verhalten sich die drei Selektionsvorgänge des Luhmannschen Kommunikationsbegriffes, Information, Mitteilung und Verstehen, in Bezug auf die Idee des Dialogs? Auch den Dialog kann man so verstehen, dass die kommunizierenden Akteure zunächst eine Informationsselektion vornehmen müssen. Hier ist zu bedenken, dass die Information typischerweise auch Inhalte über die Art der Kommunikation und der Beobachtung enthalten kann. Der Charakter des Dialogs bringt es mit sich, dass häufig auch metakommunikative Inhalte selektiert werden: Von welcher Vorerfahrung lässt sich ein Akteur in der Kommunikation leiten? Welche Wertestandards gelten für ihn unverrückbar? usw.. Bei der Mitteilung, welche nach Luhmann die Anregung für eine Selektion auf Seiten des Kommunikationspartners ist, bringt der Dialog die Art und Weise dieser Selektion ins Spiel. Im Sinne des Dialogs muss sie z. B. eine respektvolle Haltung und vorbehaltlose Hinwendung zur Person des Anderen mit transportieren. Hinsichtlich der dritten Selektionsdimension muss festgehalten werden, dass das systemtheoretische Kommunikationsverständnis nicht auf Verstehen im landläufigen, also inhaltlich-informativen Sinne zielt. Vielmehr bedeutet Verstehen hier: Ein Akteur erkennt, dass ein anderer Akteur mit ihm kommunizieren möchte, ihn also als Adressat einer Kommunikation ansteuert. Damit ist die Voraussetzung für ein kommunikatives Anknüpfen gegeben. Der Dialog dagegen ist als Instrument gedacht, das in der Lage ist, inhaltlich und menschlich ein besonders tiefes Verständnis zwischen den Kommunikationspartnern zu ermöglichen. Der Anspruch an gelingende Kommunikation ist also beim Dialog ein anderer, auch höherer, als im systemtheoretischen Kommunikationsverständnis. Der gelingende Dialog ist damit voraussetzungsvoller als gelingende Kommunikation im Sinne der Systemtheorie. Insgesamt kann man festhalten, dass die drei Luhmannschen Selektionsprozesse grundsätzlich auf den Dialog als Kommunikationsform übertragbar sind. Allerdings ist dialogische Kommunikation derart anspruchs- und voraussetzungsvoller als systemtheoretisch verstandene Kommunikation im Luhmannschen Sinne, dass das Zustandekommen eines dialogischen Kommunikationssystems damit ceteris paribus deutlich unwahrscheinlicher ist.

Kommunikation erfüllt die wichtige Funktion, als operative Basiseinheit die Grenzen des Systems zu ziehen: „Wie kann unterschieden werden, ob eine Kommunikation zur Organisation gehört oder nicht? Nur wenn es zu einer Innen-außen-Unterscheidung der Kommunikation kommt, das heißt, wenn Kommunikationen als ‚intern' oder ‚extern' unterschieden werden, kann sich die Organisation als abgegrenzte Einheit definieren.

Die Kommunikation muss also immer irgendwie (mit-) markieren, ob sie zur Organisation gehört oder nicht. Reden zwei Menschen als Rollenträger oder als Privatpersonen miteinander?"[505] Die Regeln der Kommunikation in der Privatsphäre und in der Sphäre der Organisation sind unterschiedlich und müssen eingehalten werden, um die entsprechende Unterscheidung nachvollziehen zu können und zu erkennen, in welchem System man sich als Kommunizierender gerade befindet. Simon stellt weiter fest, dass die Organisation „dafür sorgt, dass die Teilnehmer an der Kommunikation austauschbar bleiben, während *im Gegensatz dazu* die Kommunikationsmuster reproduziert und ... konstant erhalten werden können."[506]

Beide Aspekte der systemisch-kommunikationstheoretischen Sicht, die Innen-außen-Markierung und die Austauschbarkeit der Kommunizierenden wirken nur schwer vereinbar mit der Eigenlogik des Dialogs, wenn man das kommunikative Geschehen im Kontext der Organisation betrachtet. Das Konzept der dialogischen Kommunikation geht davon aus, dass Menschen authentisch aus ihrem Innern sprechen, wie etwa im Buberschen „Selbst einbringen" oder im Isaacschen „Artikulieren". Im Gegensatz dazu ist die Kommunikation z. B. zwischen Rollenträgern in einer Organisation von funktionalen oder rollenspezifischen Interessen geprägt, die keinen verlässlichen Rückschluss auf personale Authentizität oder das Innere eines Sprechers zulassen. Die dialogische Selbstoffenbarung eines Individuums gegenüber seiner Umwelt ist notwendig mit der spezifischen Eigenart und Einzigartigkeit des Einzelnen verbunden. Für den Dialog ist dieses Besondere ein bedeutsamer Bestandteil seines eigenen Wertes. Damit ist aber auch keine Austauschbarkeit der Kommunizierenden möglich, ohne dass das Besondere des jeweiligen Dialogs verloren ginge. Bei der rollen- und funktionsgeprägten Kommunikation in einer Organisation hingegen ist Bedeutung personaler

---

[505] Simon (2007): 22 f.
[506] Simon (2007): 23

Eigenarten einzelner Rollenträger weitaus geringer, ihre Austauschbarkeit also höher.

Allgemein geht die Systemtheorie davon aus, dass die kommunikativen Routinen und Modi eines Systems unabhängig von den Menschen, die sich in dessen Umwelt befinden, weitgehend stabil sind. Aus der konzeptionellen Sicht des Dialogs dagegen kann kein Dialog dem anderen gleichen, wenn man die den Dialog führenden Akteure austauscht. Der Dialog ist also weitgehend personenabhängig, die Kommunikation innerhalb eines Organisationssystems aus Sicht der neueren Systemtheorie dagegen weitgehend personenunabhängig.

Dies ist ein gravierender Unterschied in Bezug auf den vorliegenden Untersuchungsgegenstand. Der spezifisch-personale Charakter des Dialogs als Kommunikationsform könnte in einer Organisation insofern für Verwirrung sorgen. Aus Sicht der Organisationslogik verwischt er die Sphären von privater Kommunikation und Rollenkommunikation. Oder er wird direkt als private Kommunikation und damit für die Organisation als nicht relevant und außerhalb der Organisation befindlich verstanden. Der Dialog läuft aus diesem Grunde Gefahr, als Privatkommunikation markiert zu werden und seine Wirkung in der Organisation nicht entfalten zu können, insbesondere da in ihm durchaus typisch menschliche Themen artikuliert werden, die im Kontext der Organisation als ‚privat' gelten könnten.

Es stellt sich die Frage, inwieweit das Interaktionssystem, auch im Zusammenhang mit der Organisation, solche personennahen Kommunikationsformen zulässt, um Beobachtungsfähigkeiten und Beobachtungspotenziale der psychischen Systeme für die Organisation nutzbar zu machen.

5.1.5 Dialog und Kontingenz

Die mit der doppelten Kontingenz einhergehende wechselseitige Ungewissheit über den weiteren Verlauf einer Kommunikation und die gleichzeitige gegenseitige Abhängigkeit der Kommunizierenden entspricht strukturell dem Wesen des Dialogs. Keiner der Akteure kann planvoll bestimmen, wie der weitere Verlauf des Dialogs aussieht. Dies ist für den Dialog in noch stärkerem Maße der Fall als für konventionelle kommunikative Formen, weil die Suspendierung von Vorannahmen und der Wille zur Exploration das der Kontingenz inne wohnende Überraschungsmoment sogar noch verstärken. Man kann sich gewissermaßen nicht einmal mehr auf die Vorurteile verlassen, die man selbst oder andere gepflegt haben. Aus solchen Vorurteilen üblicherweise erwartbare Reaktionen oder Interaktionen sind plötzlich nicht mehr selbstverständlich. Diese Dimension der Kontingenz im Dialog deutet Luhmann in einer sich auf die doppelte Kontingenz beziehenden allgemein-systemtheoretischen Bemerkung an. Er bezeichnet die zu Grunde liegen-de Struktur als „multiple Konstitution"[507] und stellt fest: „In der Literatur spricht man auch von Dialog oder von mutualistic (…) systems…"[508]

Wenn man davon ausgeht, dass zu Beginn eines Dialogs der Zustand dop-pelter Kontingenz herrscht, dann heißt das, dass in dieser Situation die An-bahnung eines sozialen Systems bevorsteht und dass das Gelingen dieser Anbahnung keineswegs selbstverständlich ist. Dafür spricht einiges, denn die voraussetzungsvollen Ansprüche des Dialogs machen sein Zustande-kommen zunächst eher unwahrscheinlich. Wenn er jedoch entsteht, könnte die Besonderheit seiner Qualität in den Beobachtungen der beteiligten Be-wusstseinssysteme die Wahrnehmung von etwas Neuem, Ungewöhnlichem aufkommen lassen.

5.1.6 Dialog und Subjektgebundenheit

„Es sei daran erinnert, daß wir nicht auf Ereignisse reagieren, sondern auf Darstel-lungen von Ereignissen."[509]

Die konstruktivistische Vorstellung, dass alles Erfahren, Erkennen und Beobachten subjektgebunden ist und dass insofern der Erkennende sich sei-ne Welt selbst erschafft, ist gut vereinbar mit den Bedingungen der Dia-logtheorie. Denn sie geht davon aus, dass die Dialog treibenden Akteure sich für die Weltsicht des jeweils Anderen interessieren müssen, um mitein-ander eine gemeinsame Sicht der Dinge zu kreieren. Es geht nicht darum, die Realität der Dinge zu erkunden, denn dem dialogischen Kommunika-tionsverständnis liegt ebenso wie dem Konstruktivismus keine objekthafte Vorstellung der Welt in ihrem Sosein zu Grunde.

In beiden theoretischen Ansätzen wird die potenzielle Vielzahl von Kon-notationen verwendeter Wörter anerkannt und man geht nicht automatisch davon aus, dass die eigenen Begriffe und Bezeichnungen auch für die je-weiligen Kommunikationspartner gelten. Vielmehr gilt von vornherein die Devise, dass in der Kommunikation eine Heterogenität von Bedeutungen herrscht und dass dieser auf den Grund zu gehen Voraussetzung für gegen-

---

[507] Luhmann (1984): 65

[508] Luhmann (1984): 65

[509] Novik (2001): 299, Peter Novik ist Historiker und formuliert damit eine Art konstrukti-vistisches Prinzip der Geschichtsschreibung. Dieses kommt auch in der Winston Churchill zu-geschriebenen Aussage zum Ausdruck, dass er erwarte, dass die Geschichte wohlwollend mit ihm (Churchill) umgehen werde, da er vorhabe, sie selbst zu schreiben.

seitiges Verstehen ist. Selbstverständlich wird es auch in diesem gegenseitigen Erforschen der Weltbilder und mentalen Modelle nicht möglich sein, die
Grenzen der eigenen Erfahrung zu überschreiten. Aber der Prozess der gemeinsamen Exploration bietet doch die Chance für vertieftes gegenseitiges
Verstehen in einem gemeinsamen Entwicklungsprozess.

5.1.7 Dialog und Viabilität

Dem Dialog, der ein explorativer, kollektiv erfahrender und schöpferischer
Kommunikationsvorgang ist, liegt nicht die Vorstellung der Wahrheitsfin-
dung zu Grunde. Die mentalen Modelle aller Beteiligten sind gleichberechtigt und befinden sich nicht im Wettstreit miteinander. Es gilt nicht, her-
auszufinden, welches dieser Modelle der Realität entspricht und damit alle
anderen aus dem Feld schlägt. Der Vorgang des gemeinsamen Erschaffens
eines kommunikativen Gebildes und des damit einhergehenden Verständnisses impliziert geradezu die Nützlichkeit, also die Viabilität, dieser Gemeinsamkeit.

Das gemeinsame Schaffen von „ontologischer Sphäre" im Sinne Bubers
entspricht der Intersubjektivität, welche wiederum das Ergebnis von Viabilität zweiter Ordnung ist. Wenn mehrere Individuen ein bestimmtes Wissen
als nützlich, also viabel, empfinden, dann erreichen sie eine gemeinsame
Stabilisierung von Erfahrungswirklichkeiten und schaffen jene Intersubjektivität, die der buberschen Vorstellung von ontologischer Sphäre zu entsprechen scheint und nicht mit Objektivität, Realität oder Ontologie verwechselt
werden darf. Insofern könnte der Dialog also helfen, Intersubjektivität und
damit Stabilität und Festigung der Erfahrungswelten von Organisationsmitgliedern zu fördern und auf diese Weise so etwas wie gemeinsame Ziele oder
eine Organisations- und Führungskultur zu ermöglichen und zu entwickeln.

5.1.8 Dialog und Kybernetik zweiter Ordnung

Der Schwenk in der Beobachtung vom Objekt zum Beobachter ist gewissermaßen programmatischer Bestandteil der Dialogtheorie. Wer einen Dialog
führt, vollzieht diesen Schwenk auf zweierlei Weise: Er beobachtet die eigenen Muster des Denkens und Fühlens und suspendiert gegebenenfalls eigene
Vorurteile und er versucht, etwas über die Muster des Denkens und Fühlens
anderer zu erfahren, sich ihnen zu nähern und etwas darüber zu erfahren, wie
andere die Welt erleben. Er beobachtet also sowohl sich selbst als auch seine
Kommunikationspartner als Beobachter.

Die Idee der Kybernetik zweiter Ordnung bringt außerdem mit sich, dass
das Subjekt und Objekt trennende Denken nicht aufrechterhalten werden

kann. Über keinen Gegenstand, sei es ein Unternehmen, ein Produkt oder eine Vorstandsvorlage, kann im unbeobachteten Zustand berichtet werden. Subjekt und Objekt sind insofern von ihrer Existenz her aneinander gebunden, die strikte Grenzziehung zwischen ihnen löst sich auf. Prinzipiell entspricht diese Auflösung einer strikten Trennung zwischen Subjekt und Objekt derjenigen der im Dialog befindlichen Individuen (Ich-Du) in Martin Bubers dialogischem Prinzip.

5.1.9   Dialog und Verantwortung

Das Individuum wird in der konstruktivistischen Weltsicht gewissermaßen auf sich selbst und seine Erfahrungswelt zurückgeworfen und erhält damit die Verantwortung für seine Wirklichkeitskonstruktionen bzw. Welterschaffung. Wenn man dieses Verantwortungsprinzip auf eine Gruppe von Akteuren, die z. B. im Rahmen einer Organisation gemeinsam Ziele erreichen will, überträgt, dann kann der Dialog eine kommunikative Methode sein, diese gemeinsame Verantwortung als Gruppe wahrzunehmen und ihr gerecht zu werden. Er ist ein Vehikel zur Schaffung von Intersubjektivität, also einer nützlichen gemeinsamen Weltsicht. Er ermöglicht die individuelle Beteiligung an dieser Schöpfung und erleichtert damit auch die entsprechende Verantwortungsübernahme, da es prinzipiell einfacher und zumutbarer ist, für etwas Verantwortung zu übernehmen, das man selbst mit erschaffen hat.

5.1.10   Zwischenfazit zur Beziehung von Dialog und systemtheoretisch-konstruktivistischen Grundlagen

Es lässt sich festhalten, dass Dialogtheorie und grundlegende systemisch-konstruktivistische Konzepte weitgehend vereinbar sind und in mancher Hinsicht sogar eine besondere innere Nähe aufweisen. Man kann den Dialog als ein autopoietisches, operational geschlossenes, selbstreferenzielles soziales System verstehen. Er erfüllt die Bedingungen von struktureller Kopplung und die Konzepte der Beobachtung sowie der Kybernetik zweiter Ordnung sind mit ihm vereinbar. Sein Wesen entspricht der Vorstellung von Kontingenz und die Idee der Subjektgebundenheit allen Erfahrens und Erkennens ist auch ihm eigen. Es ist geradezu der Sinn des Dialogs, viable Wirklichkeitskonstruktionen und Intersubjektivität zu erzeugen. Dies kommt ganz besonders in Martin Bubers Idee der ontologischen Sphäre und in William Isaacs' Kunst des gemeinsamen Denkens zum Ausdruck. Auch das konstruktivistische Verantwortungsprinzip kann man als natürlich zum Konzept des Dialogs zugehörig auffassen. Die drei Selektionsprozessierungen Informa-

tion, Mitteilung und Verstehen nach der Luhmannschen Kommunikationstheorie lassen sich ebenfalls auf das dialogische Kommunizieren übertragen.

Anknüpfend an das systemtheoretische Kommunikationsverständnis muss
man aber auch feststellen, dass für das Zustandekommen eines Dialogs sehr
viel mehr Bedingungen erfüllt sein müssen, als für das Funktionieren der
voraussetzungsärmeren Kommunikation im Luhmannschen Verständnis. Die
Wahrscheinlichkeit des Entstehens eines dialogischen Kommunikationssystems ist also deutlich geringer als die des Entstehens eines kommunikativen
Systems ohne die besonderen Ansprüche und Forderungen des Dialogs.

Es ist bereits angedeutet worden, dass der Dialog im Kontext einer Organisation zusätzlichen Schwierigkeiten ausgesetzt ist. Seine Beobachter- und
Personenorientierung könnte zu verwirrenden Markierungen hinsichtlich der
Frage führen, ob er innerhalb oder außerhalb der Organisation stattfindet und
sie bindet ihn in einer Weise an Individuen, die den Grundgedanken der Systemtheorie widerspricht.

5.2 Dialog und systemische Organisationstheorie

Nach der Analyse der Beziehung zwischen grundlegenden systemisch-kon-
struktivistischen Konzepten und dem Dialog soll nun eine nähere Betrachtung der Beziehung zwischen Dialog und Organisation folgen. Dieser Betrachtung wird die auf der neueren Systemtheorie fußende systemische Organisationstheorie zu Grunde gelegt. Eine solche Untersuchung des Dialogs
im theoriebasierten Kontext der Organisation kann Schlussfolgerungen über
die tatsächlichen Nutzungsmöglichkeiten des Dialogs als Kommunikationsform im Rahmen von Management und Organisation zulassen.

5.2.1 Dialog und Entscheidung, Entscheidungsprämisse sowie Entscheidungsprogramm

Hinsichtlich der Entscheidungen als operative Basiseinheit von Organisationen lässt sich zunächst feststellen, dass der Dialog keinen direkten Bezug zu
ihnen hat, in gewisser Weise sogar einen Gegensatz zum Kommunikations-
typ Entscheidung bildet. Von seinem Wesen her öffnet er die Kommunikation, erhöht er die Zahl der Optionen und exploriert er eine Situation, während
die Entscheidung alle Optionen bis auf eine eliminiert, einen kommunikati-
onsschließenden Charakter hat und Situationen beurteilt und bewertet. Insofern dürfte der Dialog aus der Sicht von Entscheidungsträgern dem Verdacht
der Entscheidungsverzögerung ausgesetzt sein. Er passt nicht in die verbreitete Managementdynamik des Vorankommens durch Entscheidungsfreude.

148

Entscheidungsprämissen mit ihrem Charakter als Vorentscheidungen, die nicht mehr hinterfragt werden müssen, stehen der Idee des Dialogs geradezu diametral entgegen, denn das Suspendieren und Hinterfragen alles Vorgefassten ist integraler Bestandteil des Dialogs. Hier zeigt sich, dass der organisatorische Sinn von Entscheidungsprämissen zur Erleichterung der Koordinationsleistung von vielen Akteuren ein natürliches Widerstandspotenzial gegen die Integration des Dialogs in die kommunikativen Routinen der Organisation bildet. In dem Maße jedoch, in welchem die umweltbedingte Veränderungsdynamik auch das Infragestellen von Gegebenem erfordert oder im Sinne der Überlebensfähigkeit der Organisation sogar unabdingbar macht, wird es ceteris paribus auch Raum und Legitimität für dialogische Kommunikationsformen geben. Die Einrichtung von Kommunikationswegen als Entscheidungsprämisse der Organisation wird durch die unkonventionelle Dialogform beispielsweise untergraben. In diesem Zusammenhang stellt sich die Frage, ob der Dialog in seiner für Organisationen empfundenen Fremdartigkeit als weiteres kommunikatives Setting in die Kommunikationsroutinen der Organisation eingeführt werden kann.

Ähnlich verhält es sich mit Entscheidungsprogrammen: In ihrer quantitativ Grenzen setzenden Funktion legen sie Zuständigkeiten fest und in ihrer qualitativ Grenzen setzenden Funktion sorgen sie für inhaltliche und Identität stiftende Aufmerksamkeitsfokussierung. Der Dialog würde von seiner Anlage her auch vor diesen Festlegungen keinen Halt machen und insofern als Bedrohung empfunden werden können bzw. Widerstand hervorrufen.

5.2.1.1 Dialog und Person

Die Akteure einer Organisation sind nach dem Verständnis der neueren Systemtheorie Personen, also Rollenträger, Kommunikationsteilnehmer und Adressaten für Kommunikation, nicht aber vollständige Menschen, wie sie in unserem Alltagsverständnis vorkommen.

5.2.1.1.1 Innere Zustände der Organisationsmitglieder

Handelte es sich um Menschen in ihrer ganzen Komplexität, so wäre die Erforschung innerer Zustände wie Einstellungen und Motive ein individualpsychologisches Anliegen mit organisationspsychologischer Relevanz. Da der Mensch als solcher in der Organisation aber nicht vorkommt, sondern zu ihrer Umwelt gehört, lautet die Frage, was es mit den inneren Zuständen von Personen auf sich hat. Die Antwort ist einfach: Sie spielen keine Rolle.

Wie bereits die Etymologie des Wortes Person[510] nahe legt, geht es um das Äußere, ja sogar den Schein, nicht jedoch um das, was dahinter steckt. Man könnte sagen, es geht um das, was wahrnehmbar ist und wirkt, unabhängig von irgendwelchen inneren Zuständen oder Befindlichkeiten, die möglicherweise dazu führen. Ganz in diesem Sinne ist die Betrachtung oder Erforschung von Haltungen und Einstellungen von Personen in der Organisation nach systemtheoretischem Verständnis obsolet.

Aus dieser Perspektive können wir nicht erkennen und es spielt auch keine Rolle, ob Akteure in einer Organisation eine respektvolle, bejahende Haltung zueinander und Interesse aneinander haben. Wir werden nie wissen, ob sie sich unvoreingenommen begegnen und den Wunsch hegen, sich zuzuhören. Es ist uns unergründlich, ob sie eigene Vorstellungen suspendieren und dies als Reiz empfinden. Ebenso verhält es sich mit den Motiven ihres Sprechens. Ob diese der Selbstdarstellung oder der Selbstoffenbarung dienen, ist aus systemtheoretischer Perspektive weder relevant noch erkennbar.

Betrachten wir das Konzept der Beobachtung, so spielen innere Gegebenheiten durchaus eine Rolle. Die Beobachtungstätigkeit eines Organisationsmitglieds ist ein psychischer Vorgang. Dieser spielt sich nach systemtheoretischem Verständnis aber nicht innerhalb der Organisation ab, sondern im psychischen System, welches zur Umwelt der Organisation gehört.[511] Die Beobachtungen eines psychischen Systems sind damit Fremdbeobachtungen und nicht Selbstbeobachtungen der Organisation.

Innerhalb der Organisation ist also so etwas wie innere Haltung oder Einstellung von Akteuren nicht zugänglich, nicht einmal vorhanden. In der Konsequenz heißt das, dass diese Dimension des Dialogbegriffes vor dem Hintergrund des gegebenen Theorierahmens wegfällt. Oder, anders herum formuliert: Immer, wenn wir uns um intrapsychologische Fragestellungen kümmern und diese erforschen, bewegen wir uns außerhalb der von der Organisation in ihrer Autopoiesis geschaffenen Grenzen. Wenn diese Dimension des Dialogs regelrecht aus der Organisation ausgeschlossen bleibt, könnte es interessant sein, ob die Erforschung solcher Fragestellungen das Wirksamwerden des Dialogs *für* die Organisation, wenn auch nicht *in* der Organisation, beeinflusst.

Wenn ein Dialog im Interaktionssystem stattfindet, bleibt das Problem der Trennung zwischen Kommunikationen innerhalb des Systems und Akteuren in der Umwelt des Systems bestehen. Allerdings kann man davon ausgehen,

---

[510]Lat. Persona: Rolle, Maske des Schauspielers [vgl. Kluge (2002): 691]
[511]Vgl. Simon (2007): 53

dass die Präsenz und direkte Adressierbarkeit der Akteure im Interaktions-system mehr Nähe und Intimität zulässt, wodurch auch eine stärkere Nä-he zu inneren psychischen Zuständen, etwa der bejahenden, wohlwollenden Grundhaltung zur Person des Anderen, entstehen mag. Aus Sicht des Autors ist es zumindest vorstellbar, dass die im Interaktionssystem herstellbare Inti-mität das Praktizieren eines produktiven Dialogs ermöglicht. In diesem Zu-sammenhang ergibt sich die m. E. wichtige Frage, ob die produktive Funk-tionalität des Dialogs, welche sich aus Exploration, Vorbehaltlosigkeit und Perspektivenvielfalt ergibt, auch in einem nüchternen Organisationskontext wirksam werden kann, der sich mit seinem systemtheoretischen Personen-konzept geradezu ausdrücklich jenes human touch beraubt, der gedanklich und emotional in den Ideen von Dialog und Team traditionell mitschwingt.

5.2.1.1.2 Verhalten der Organisationsmitglieder

Das Verhalten von Organisationsmitgliedern können wir, wie bereits dar-gelegt, nur über die Betrachtung von Personen erfassen. Wenn es also um typisch menschliche Verhaltensweisen geht, müssen wir folglich, zumindest aus theoretischer Sicht, passen. Bei allem beobachtbaren Verhalten und Zei-gen von Kompetenzen haben wir es mit dem grundsätzlichen Problem zu tun, dass sich nichts über das tatsächliche Vorhandensein einer Kompetenz oder die tatsächliche Motivation für ein Verhalten sagen lässt. Aus dem Be-obachtbaren lassen sich immer nur Indizien dafür sammeln, lässt sich gewis-sermaßen nur ein Indizienbeweis führen. Das Verhalten eines Gesprächsteil-nehmers lässt sich zwar beschreiben mit „er suspendiert seine Vorurteile", ob er dies aber auch wirklich tut, lässt sich nicht beobachten, denn die Vorurtei-le befinden sich im psychischen System, also in der Umwelt der Organisati-on. Aus systemischtheoretischer Organisationssicht ist es letztlich aber auch gleichgültig, ob jemand sehr gut vortäuschen kann, dass er ohne Vorurteile kommuniziert oder ob er dies tatsächlich tut.

Ebenso verhält es sich mit dem Einbeziehen aller Anwesenden. Es mag sein, dass jemand sehr geschickt den Schein erweckt, andere an der Kommu-nikation zu beteiligen und mit großem Interesse deren Beiträge zu verfolgen. Ob er dies tatsächlich tut, ist mit letzter Sicherheit nicht feststellbar, es spielt aber auch keine Rolle. Systemtheoretisch gesehen kann der gute Schauspie-ler eines gewünschten Verhaltens, der aber ohne innere Überzeugung han-delt, wirksamer sein als derjenige, der mit echter innerer Überzeugung ein bestimmtes Verhalten zeigt, welches aber von anderen Personen nicht als authentisch wahrgenommen wird. Im Sinne des Systems spielen Gesinnung und Ethik oder die mögliche Verworfenheit eines täuschenden Verhaltens zunächst keine Rolle.

Wenn wir aus Sicht des Dialogs erwarten, dass Dialogteilnehmer ihr menschliches Selbst einbringen, besteht die Gefahr, dass dies zu Irritationen führt. Nehmen wir an, der Finanzvorstand einer Aktiengesellschaft eröffnet seinen Bericht im Board Meeting, indem er sich an den ihm sehr sympathischen Vorstandsvorsitzenden wendet und folgende Worte spricht: „Ich mag Sie wirklich gerne." Dies kann als authentisches Sprechen aus dem menschlichen Inneren verstanden werden, ist aber schwer einsortierbar in die Kommunikation des vorhandenen Settings. Das liegt daran, dass der Mensch an sich mit der ihm eigenen Kommunikation dort eigentlich nicht vorgesehen ist. Gefragt ist die Person mit den an ihre Rolle geknüpften Erwartungen. Die beschriebene Kommunikation würde mit einiger Wahrscheinlichkeit als privat und damit nicht dem System der Organisation zugehörig markiert werden.

5.2.1.1.3 Rollen der Organisationsmitglieder

Da die Person im systemtheoretischen Sinne als Rolleninhaber auch an bestimmte Entscheidungsprämissen und Entscheidungsprogramme gebunden ist, ist gewissermaßen strukturell entschieden, dass sie nicht vorbehaltlos kommunizieren kann. Die Rolle selbst ist bereits eine Entscheidungsprämisse.[512] Rollenkonformes Verhalten gehört zu den strukturellen Grundbedingungen einer Organisation. Wenn der Finanzchef beginnen würde, Marketingkampagnen zu konzipieren und zu lancieren, würde dies sehr schnell zu Reibung im Funktionieren des Systems führen. Dies geschähe selbst dann, wenn er kompetenter als der Marketingchef wäre, allein deshalb, weil er sich einer ganz bestimmten Entscheidungsprämisse nicht unterwirft, nämlich der Rollenabgrenzung. Durch die Mitgliedschaft in einer Organisation und entsprechende Zuweisung einer Rolle sowie die damit verbundenen Erwartungsbündel findet die systematische Verengung des individuellen Verhaltensspektrums statt. Das Mitglied tauscht ein gewisses Maß seiner Nichttrivialität und seiner Freiheit zu Verhaltenskontingenz gegen die Vorteile der Mitgliedschaft in der Organisation ein. Damit begibt es sich, zumindest für den Kontext der Organisation, eines Teils seiner Möglichkeiten zu authentischem Sprechen aus dem menschlichen Innern im Sinne des Dialogs.

Interaktionssysteme haben als Subsysteme der Organisation eines gemeinsam: Die Kommunizierenden sind Funktionsträger bzw. Stelleninhaber der

---

[512]Vgl. Simon (2007): 70

Organisation. Sie sind also beim Kommunizieren nicht anwesend als „Vollmenschen im Vollzug ihrer lebenden und psychischen Autopoiesis"[513], sondern als „Agglomerat von individuellen Selbsterwartungen und Fremderwartungen"[514]. Als Rollenträger haben sie es besonders schwer, im Sinne der Dialogtechniken Vorannahmen zu suspendieren, da die mit den Rollen verbundenen Erwartungen konstituierend für die Rollen und die Rollen konstituierend für die Organisation sind. Auf diesem konstitutiven Gefüge basiert die Eigenlogik der Organisation. Und die arbeitsvertragsrechtliche Legitimität, die den Menschen zum Rollenträger einer Organisation macht, lebt von diesen Erwartungen. Der Leiter des Controllings soll im Sinne dieser Erwartungen mit Kennzahlen operieren und seine Argumentation von ihnen leiten lassen, der Personalchef hat spezielle arbeitsrechtliche Bedingungen zu beachten und kommunikativ ins Spiel zu bringen und der Marketingleiter muss gelegentlich kreative Ideen in die Kommunikationen des Unternehmens einspeisen. Würde Letzterer dauernd mit gesetzlichen Normen und Kennzahlen argumentieren, würde er den Erwartungen an seine Rolle wahrscheinlich nicht gerecht und die oben beschriebene konstitutive Logik der Organisation in Frage stellen. Er würde schließlich die eigene Rolle in Frage stellen bzw. seine Eignung dafür. Das bedeutet, dass die Daseinsberechtigung des Einzelnen in der Organisation mit zunehmender Nichterfüllung der Rollenerwartungen sinkt.

Sind Personen im Sinne der systemischen Organisationstheorie dialogfähig? Da sie Entscheidungsprämissen in der Organisation darstellen, bringen sie gewissermaßen das Vor-Urteil, also die Vorentscheidung als Teil ihres Wesens mit. Das Suspendieren vorgefasster Urteile, Meinungen und Entscheidungen ist in diesem Sinne im Kontext der Organisation zumindest dann nicht möglich, wenn sie konstitutiv für die Rolle und damit für die Organisation sind. Der Leiter des Rechnungswesens muss Bilanzen vorlegen, in denen Aktiva und Passiva ausgeglichen sind. Die Konzernchefin muss ihren Aktionären das Gefühl geben, dass ihr die Performance der Aktien am Herzen liegt und der Betriebsratsvorsitzende muss bei Reorganisationen auf Erhalt aller Arbeitsplätze dringen. Nachhaltiges Abweichen von solchen Erwartungen an Rollenausfüllung würde das Bauprinzip der Organisation aushebeln.

Es ist weiterhin zu bedenken, dass die Person als Bündel organisationaler Erwartungen trivialer ist als der Mensch in seiner Gesamtkomplexität.

---

[513]Luhmann (2000): 285
[514]Luhmann (2000): 280

Hier stellt sich also die Frage, ob ein Dialog von Personen in der Organisation überhaupt stattfinden kann und, wenn dies der Fall ist, unter welchen Voraussetzungen. Eine weitere Frage ist, ob der Dialog zwischen solcherart trivialisierten Menschen seine Leistungsversprechen aufrechterhalten kann. Lohnt es sich, vom Bild dieser Organisationstheorie ausgehend, überhaupt noch, auf den Dialog als spezifischen Kommunikationsmodus in Organisationen zu setzen?

5.2.1.2 Dialog und Kultur

Dialog als Kommunikationsmethode und Unternehmenskultur stehen in einem zirkulären Zusammenhang. Die erfolgreiche Implementierung dialogischer Methoden in einer Organisation würde ohne Zweifel Rückkopplungen auf ihre Kultur haben. Die vielfältigen Ansprüche dialogischer Kommunikation gehen weit über kommunikative Gepflogenheiten in real existierenden Organisationen hinaus und sind insofern nicht ohne weiteres erfüllbar. Gleichzeitig hängt es sehr von der bestehenden Unternehmenskultur ab, wie groß die Chancen zur Implementierung des Dialoges sind. Je nach dem, wie reif eine Organisation im Umgang mit Konflikten, Unsicherheit und Komplexität ist, werden ihre Rollenträger mehr oder weniger geneigt sein, dialogischen Verfahren eine Chance zu geben und sich auch persönlich auf das notwendige Maß an Offenheit einlassen.

Um der Beziehung zwischen Dialog und Organisationskultur gerecht zu werden müsste man vielleicht genauer sagen: Die Implementierung des Dialogs würde einen kulturellen Entwicklungsprozess für die Organisation bedeuten. Dies macht wiederum deutlich, wie schwer dann der Implementierungsprozess wäre und wie wenig steuer- und kontrollierbar. Ob der bei Luhmann angeführte und weiter oben erwähnte Ausnahmefall der spektakulären Kulturveränderung durch eine große Persönlichkeit in der Frage der Implementierung von Dialogmethoden greifen würde, bleibt fraglich. Es stellt sich die Frage, welche System-Umweltbedingungen für eine selbst organisierte Dialogkulturentwicklung des autopoietischen Systems Organisation günstig sind.

5.2.2 Dialog und Stelle

Das Konzept der Stelle als Knotenpunkt für Kommunikationswege, Koordinationsort für Entscheidungsprämissen und Anknüpfungspunkt für Personen ist derart mit Vor-Entscheidungen aufgeladen, dass man es als Eckpfeiler der gegebenen Strukturbildung einer Organisation bezeichnen kann. Die Stelle ist in diesem Sinne ein durch und durch strukturkonservatives Element, welches unkonventionellen Methoden wie etwa dem Dialog gewissermaßen von seiner Natur her entgegensteht. Vereinfachend könnte man formulieren: Die Stelle setzt fest, friert ein, verengt und verfestigt, während der Dialog aufhebt, auftaut, weitet und verflüssigt. Die Stelle als Konstrukt der Organisation und die Idee des Dialogs als mögliche Kommunikationsform in einer solchen Organisation stehen von ihrer konzeptionellen Grundausrichtung her in einem diametral entgegengesetzten Verhältnis. Ceteris paribus kann man also festhalten, dass der Dialog in einer Organisation desto weniger Chancen zur Entfaltung seiner Wirkungen hat, je dominanter die Logik der Stellen in ihr ist. Mitglieder einer Organisation, die als Rollenträger Stellen besetzen, werden desto weniger Anreiz empfinden, einen Dialog zu führen, je mehr sie sich mit den in ihrer Stelle verankerten Vor-Entscheidungen identifizieren.

5.2.3 Dialog und Unsicherheitsabsorption

Der Entscheidungen aufschiebende Charakter des Dialogs hat auch eine Verzögerung der mit Entscheidungen einhergehenden Unsicherheitsabsorption zur Folge. Damit mag der Dialog wiederum als dysfunktional aus Sicht von Organisationsmitgliedern gesehen werden. Andererseits ist das Verhältnis von Organisationen zur Unsicherheit zwiespältig. Sie sind zwar darauf angelegt, Unsicherheit zu beseitigen, damit wird aber gleichzeitig deutlich, dass sie auf Unsicherheit angewiesen sind. Deshalb ist es im Interesse des Weiterlebens der Organisation so wichtig, dass unmittelbar nach der Entscheidung durch dieselbe neue Unsicherheit entsteht, die nach weiteren Entscheidungen ruft. Der Dialog verlangsamt den Prozess der Unsicherheitsabsorption. Dysfunktional wäre er zunächst also nur, wenn er eine anstehende Entscheidung über einen für diese kritischen Zeitpunkt hinaus verschöbe oder wenn er die Aussicht auf eine Entscheidung ganz und gar unwahrscheinlich machen würde. Auf der anderen Seite bietet er die Aussicht auf eine qualitativ bessere Entscheidung durch hochwertige, der Komplexität schwieriger Entscheidungen gerecht werdende Entscheidungsvorbereitung.

Der Dialog bietet die Chance, die kollektive Intelligenz der Organisation über das Maß, welches sich aus ihrer Bauweise ergibt, hinaus zu organisieren und anzuzapfen. Wenn es gelingt, den Entscheidungsträgern diesen möglichen Vorteil in Verbindung mit einem sinnvollen Timing für die entsprechende Entscheidung nahe zu bringen, steigt die Wahrscheinlichkeit des Einsatzes von Dialogtechniken im Rahmen des Entscheidungen vorbereitenden Instrumentariums. Der Dialog könnte als Unsicherheit verarbeitender Prozess angesehen werden, welcher der Entscheidung vorgeschaltet ist.

In diesem Sinne könnte er als Gefäß, das zeitweise ebenfalls Unsicherheit absorbiert, dienen. Durch seinen Charakter der Exploration und Öffnung sowie durch die Steigerung der Zahl an Optionen würde er zunächst das Maß an Unsicherheit erhöhen und es gegebenenfalls im Prozess der Erforschung eines Sachverhaltes wieder senken.

Letzteres würde in dem Maße geschehen, in welchem es den Dialogpartnern gelingt, eine kollektive Wirklichkeitskonstruktion zu erzeugen. Die zunehmend gemeinsame Sicht eines Sachverhaltes oder Problems und möglicher Lösungen verringert Unsicherheit.

5.2.4 Dialog und Mitgliedschaft

In ihrer strukturellen Kopplungsfunktion zwischen psychischen Systemen und Organisationen eröffnet die Mitgliedschaft Personen Zugang zu Organisationen. Damit sorgt sie gleichzeitig dafür, dass der Mensch in seiner vollen Komplexität außerhalb der Organisation bleibt. Die Kommunikationen von Organisationen sind also auf systemtheoretisch verstandene Personen angewiesen. Die Mitgliedschaft sorgt gewissermaßen dafür, dass wir es in der Organisation mit dem für die Zwecke der Kommunikation geschaffenen abstrakten Konstrukt der Person zu tun haben. Da dieses Konstrukt nicht lebt, denkt oder fühlt, ist es nur schwer als dialogfähiger Partner im Sinne Martin Bubers oder William Isaacs vorstellbar. Insbesondere die Bubersche Vorstellung des sich öffnenden, authentisch aus seinem Inneren sprechenden Individuums ist kaum vereinbar mit den Konzepten von Mitgliedschaft und Person.

Es stellt sich die Frage, ob ein mit den Konzepten von Mitgliedschaft und Person kompatibles Dialogverständnis realisierbar ist, welches hinreichend viele der geschilderten Leistungsversprechen des Dialogs einlöst, obwohl die menschliche Komponente zumindest stark eingeschränkt ist.

Das gelegentliche Stattfinden von sogenannten off-site-Tagungen, bei denen (Management-) Teams sich an einen Ort begeben, der sich fern des Unternehmenssitzes befindet, kann man als Versuch deuten, den präjudizierenden Fesseln von Mitgliedschaft, Person, Rolle und Stelle zu entkommen. Es wäre ein Versuch, den Menschen in einen geschützten und sauber umgrenzten Raum durch die Hintertür wieder einzuführen. Eventuelle Folgeprobleme, also Unterminierungen der Organisationslogik, könnte man off-site auch besser kontrollieren. Zu diesem Zweck werden regelmäßig externe Berater engagiert, die mit viel Geschick die Teilnehmer solcher Tagungen öffnen sollen, was erfahrungsgemäß außerhalb der Büroräume auch tatsächlich besser gelingt. Offsites zeichnen sich durch ein temporäres Ineinanderfließen von Organisationssphäre und privater Sphäre aus, was regelmäßig als wohltuend, aber auch als verwirrend empfunden wird. Letzteres v. a. dann, wenn Teilnehmer das Gefühl bekommen, sich zu weit geöffnet zu haben.

5.2.5 Dialog und Interaktionssystem

Der Dialog ist als spezielle Kommunikationsform von der Präsenz der Kommunizierenden abhängig. Dies ist offensichtlich anders als bei der Email-Kommunikation, der Companymail-Kommunikation und der Kommunikation über Unternehmenszeitungen. Kommunikation in schriftlicher Form ist nicht an Anwesenheit gebunden. Schriftliche Kommunikation ist insofern nicht Interaktion. Diese hat aber auch einen anderen Charakter als das Telefonat, die Telefonkonferenz oder die Videokonferenz. Im Sinne der Systemtheorie kann der Dialog also im Zusammenhang mit der Organisation nur in Interaktionssystemen stattfinden, die sich dadurch auszeichnen, dass sie als Kommunikation unter Anwesenden zu verstehen sind. Kriterium für Anwesenheit ist, ob die Kommunikation einen Akteur als anwesend behandelt.

Denken wir an Interaktionssysteme in Organisationen, so gibt es derer viele: die Vorstandssitzung[515], das Abteilungsmeeting, die Ausschusssitzung des Betriebsrats, das Meeting eines Projekt-Lenkungsausschusses usw. Eine Organisationseinheit als solche, Abteilung, Hauptabteilung oder Bereich, ist in großen Organisationen heutzutage selten auch gleichzeitig ein Interaktionssystem, da sie meist räumlich verstreut ist, häufig über verschiedene Länder. Es stellt sich die Frage, ob Abteilungsmeetings, die mit Hilfe moderner Medien, also per Telefon- oder Videokonferenz stattfinden, auch Interaktionssysteme sind. Handelt es sich bei solchen Meetings um Kommunikation unter Anwesenden? Diese Frage, die für die Erforschung von Interaktionsystemen relevant ist, soll für den Gegenstand der vorliegenden Arbeit ausgeklammert werden. Die Möglichkeiten des Dialogs sollen an dieser Stelle also nur hinsichtlich solcher Interaktionssysteme untersucht werden, die durch die Kommunikation physisch Anwesender entstehen. Hier kann festgestellt werden, dass das Interaktionssystem gewissermaßen der Ort[516] ist, an wel-

---

[515]Genauer müsste es heißen: das Kommunikationssystem einer Vorstandssitzung. Der sprachlichen Praktikabilität halber wird zur Bezeichnung eines Systems im Folgenden immer wieder die entsprechende Verkürzung gewählt. Gemeint ist stets das jeweilige System aneinander anknüpfender Kommunikationen im Luhmannschen Sinne.

[516]Der im Begriff „Ort" mitschwingende lokale Charakter ist genauso genommen irreführend, da das System im Sinne der neueren Systemtheorie nicht als lokal, sondern als ereignishaft zu verstehen ist.

chem Dialog stattfinden kann. Wenn dies geschieht, stellt sich die Frage, wie der Dialog im Interaktionssystem Anschluss an die Kommunikationen der Organisation findet. Ein Ansatz dafür ist oben m. H. der Konzepte der Penetration und Interpenetration bzw. strukturellen Kopplung erläutert worden.

5.2.6 Dialog und Team

Einer der prominentesten Protagonisten des Dialogs in der Organisation, Peter Senge, bezeichnet, wie weiter oben ausgeführt, das lernende Team als Mikrokosmos der lernenden Organisation und den Dialog, neben der Diskussion, als bedeutsames Lerninstrument für das Team. Rudolf Wimmer argumentiert, dass Veränderungsdynamik von modernen Organisationen deren Angewiesensein auf Teams erhöht.[517] Demnach wächst die Komplexität der Umwelt von Organisationen z. B. im Zuge der Globalisierung der Wirtschaft, aber auch durch die mit der zunehmenden Bedeutung von Organisationen in der Gesellschaft steigenden Ansprüche an Organisationen dramatisch. Entsprechend müssen Organisationen ihre Binnenkomplexität steigern, um überlebensfähig zu bleiben.[518] Wimmer stellt fest, dass Organisationen aufgrund dieses Strukturwandels „Teams als permanentes Strukturelement inkorporieren, wohl wissend, dass die innere Logik von Teams (ihre Nähe zu Personen, ihre starke Beziehungsorientierung, ihr Angewiesensein auf ausbalancierte Macht- und Einflussstrukturen etc.) mit dem klassischen Organisationsverständnis in einem dauerhaften Widerspruch steht."[519] Senge und Wimmer sprechen beide den Teams als Strukturelement eine zentrale Bedeutung für die Antwortfähigkeit moderner Organisationen auf die komplexer werdenden Herausforderungen der Umwelt zu. Wimmer mischt seiner Analyse jedoch anders als Senge eine gehörige Portion Skepsis bei, indem er den unauflöslichen Widerspruch zwischen Teamlogik und Organisationslogik betont.

Entsprechend stehen die jeweiligen Kommunikationsmodi in einem dauerhaften Widerspruch. In der klassischen Organisation sind die Einflussstrukturen nicht ausbalanciert, sondern hierarchisch und folglich funktioniert dort auch die Kommunikation nach hierarchischen Prinzipien. Weisungsbefugnisse ermöglichen die anweisende Kommunikation, im Militär gilt das Prinzip von Befehl und Gehorsam usw.. Anders verhält es sich in Teams,

---

[517]Vgl. Wimmer (2006a): 43 ff.

[518]Dieser Zusammenhang wurde für Systeme im Allgemeinen auch von W. Ross Ashby aufgezeigt und als „law of requisite variety" bezeichnet. [Ashby (1956)].

[519]Wimmer (2006a): 45

insbesondere in den von Senge angeführten lernenden Teams. Die Kommunikationsmodi Diskussion und Dialog sind grundsätzlich egalitär. In der Diskussion setzt sich nicht die Kraft des Arguments der höher besoldeten, also hierarchisch höher stehenden Person durch, sondern die Kraft des inhaltlich überzeugenderen Arguments. Dabei ist es grundsätzlich egal, ob dieses vom Pförtner oder Vorstandsvorsitzenden geäußert wird. Im Dialog ist der Beitrag jedes Dialogpartners unabhängig von seiner hierarchischen Position in der Organisation gleich willkommen. Somit haben Diskussion und Dialog als Kommunikationsinstrumente im Team einen anarchischen oder wenigstens heterarchischen Charakter, denn sie setzen die hierarchische Ordnung, zumindest zeitweise, außer Kraft. Damit stellt sich die Frage, inwieweit diese aus der Teamsphäre rührende Störung der ‚heiligen Herrschaftsordnung‘[520] der Organisation die Vereinbarkeit der Funktionsweisen von Team und Organisation unterminiert.

Diese Widersprüche im Organisationsbau und den damit einhergehenden Kommunikationsformen erschweren die Integration des Teams und des Dialogs in die Organisation. Wimmer stellt die These auf, dass „heutige Organisationen auf eine viel grundlegendere Art und Weise teamförmige Strukturen brauchen, als dies beim klassischen Organisationsmodell der Fall war.“[521] Er begründet diese These damit, dass die spezifische Organisationsform des Teams überall dort gefragt ist, wo ein hohes Maß an Komplexität, Konflikthaftigkeit und Unsicherheit auftritt. Diese Faktoren würden im Zuge der sich rasant verändernden Umweltanforderungen und Umweltbedingungen für Organisationen wie Deregulierung, Globalisierung, globale Standortkonkurrenz etc., immer bedeutsamer, die Organisationen hätten aber in ihrer klassisch-hierarchischen Ausprägung immer weniger Antworten auf diese Herausforderungen und würden diese auch zu langsam produzieren.[522] Grundsätzlich halten nach Wimmer die Maßnahmen interner Veränderungen in Organisationen nicht mit den Veränderungen ihrer Umwelt Schritt und damit würden auch die „traditionellen Bauprinzipien bezüglich Organisationen grundlegend erschüttert. Die viele Jahrzehnte gültigen Strukturgesetze der klassischen Hierarchie, die Organisationsprinzipien der funktionalen Gliederung und Arbeitsteilung, die bürokratischen Formen der Koordination und Kommunikation haben ihre bislang unbestrittene Gültigkeit eingebüßt.“[523]

---

[520] Gr. hierós = heilig, gr. árchein = herrschen [Kluge (2002): 412]
[521] Wimmer (2006): 188
[522] Vgl. Wimmer (2006): 180 ff.
[523] Wimmer (2004): 137

Um die steigende Außenkomplexität meistern zu können, muss die Organisation ihre Binnenkomplexität, die eigene Wandlungsfähigkeit sowie die Selbstreflexivität und Explorationsfähigkeit ihrer Führung steigern. Damit einher geht ein erheblicher „Bedeutungszuwachs von Kommunikation"[524]. Vom Einzelnen wird mehr eigene Urteilskraft, Kritikfähigkeit, Widerspruchsgeist und Flexibilität gefordert.[525] Teammitglieder sollen in der Lage sein, gemeinsam neue Wege zu entdecken und Vorfestlegungen aufzugeben. Wimmer stellt selbst fest, dass die Verwirklichung dieser Ansprüche im Kontext von Machtdynamik und Interessendurchsetzung in den real existierenden Organisationen höchst unwahrscheinlich ist, aber er macht auch deutlich, wie sehr aus seiner Sicht die Überlebensfähigkeit von Organisationen in den sich radikal verändernden Umwelten von der Arbeitsfähigkeit von (Management-) Teams im oben beschriebenen Sinne abhängt. Er plädiert dafür, „organisationstheoretisch motivierte Argumente anzuführen, die begründen helfen, warum es sinnvoll ist, den Gruppenbegriff von seinen historischen Aufladungen zu befreien und ihn scharf zu machen für die Bezeichnung einer eigenen Systembildungsform, die weder mit dem Beschreibungrepertoire der Interaktion noch mit dem der Organisation theoretisch angemessen erfasst werden kann."[526] Ein solcher neu konzeptualisierter Begriff des Phänomens Gruppe in der Organisation wäre m. E. der passende Raum für die Kommunikationsform des Dialogs in der Organisation. Er würde gewissermaßen den Rahmen des erläuterten Widerspruchs im Organisationsgefüge setzen, in welchem sich dann auch der Dialog mit seinem analogen Widerspruchspotenzial einrichten und entfalten kann.

Die beschriebenen Voraussetzungen für die Veränderungsfähigkeit von Organisationen im Sinne verbesserter Antwortfähigkeit auf die Umwelt entsprechen in großem Maße den Voraussetzungen für das Führen eines Dialoges. Der Dialog ist ein öffnendes, explorierendes, Optionen vermehrendes und damit komplexitätssteigerndes Kommunikationsverfahren. Er hängt von der Bereitschaft der Teilnehmer ab, Selbstreflexion zu praktizieren und Vorurteile zu suspendieren. Nicht zuletzt ist er darauf angewiesen, dass das verbreitete Macht- und Interessenspiel zumindest zeitweise ausgesetzt wird. Aus dieser Sicht ist der Dialog in der Organisation also gleich wahrscheinlich oder unwahrscheinlich wie die oben beschriebene funktionierende Grup-

---

[524]Wimmer (2006): 187
[525]Vgl. Wimmer (2006): 187
[526]Wimmer (2007): 287

pe. Im Falle der Realisierung würde er ihr jedoch als wirksames Instrument zur Bearbeitung der angeführten Herausforderungen dienen.

5.2.7 Dialog und Hierarchie

Wenn die organisationstheoretische Grundsatzfrage, ob eine Leistung über die gezielte Vernetzung von Marktbeziehungen oder über den Aufbau einer Organisation erstellt werden soll (make or buy), im Sinne der Organisation beantwortet wird, bedeutet dies eine Entscheidung zu Gunsten von Hierarchie. Das Prinzip der Hierarchie beinhaltet als Kernelement die Asymmetrie, während das Konzept des Dialogs ebenso untrennbar mit dem Element der Symmetrie verknüpft ist. Hierarchische Strukturen stehen also prinzipiell der Integration dialogisch-egalitärer Kommunikation entgegen. Sie sind gewissermaßen feindliches Terrain für den Dialog. Auch ihre Prämissen setzende Funktion und die damit verbundene Verringerung der Notwendigkeit persönlicher Kommunikation erzeugt eher Skepsis hinsichtlich der Entfaltung von Dialogtechniken in der Organisation. Gleiches gilt für die Funktion der Hierarchie, den Entscheidungsfluss in der Organisation am Laufen zu halten, denn der Dialog verlangsamt diesen zunächst. Generell führt dies zu dem Schluss, dass hierarchische Umfelder für die Verwirklichung der Dialogidee äußerst ungünstig sind.

Gleichzeitig ist in Betracht zu ziehen, dass hierarchische Strukturen auch für eine gewisse Autonomie der jeweiligen hierarchischen Ebenen sorgen. Wenn die Organisation erfolgreich ist und die einzelnen Hierarchieebenen gut funktionieren, wird die Notwendigkeit des Durchgriffs „von oben nach unten" auch vergleichsweise gering sein. Die Hierarchie erfüllt zwar ihre beschriebenen Funktionen, aber sie wirkt auf eher subtilem Wege als durch offenes hierarchisches Verhalten oder Machtgehabe. Wenn die Asymmetrie also nicht so spürbar für die Akteure ist, könnte das wiederum die Chancen für den Einsatz dialogischer Kommunikation erhöhen. Man darf sich allerdings keinen Illusionen darüber hingeben, dass vordergründig wenig hierarchische Organisationen nicht auch starke hierarchische Dynamiken entfalten können, die ein zartes Dialogpflänzchen gegebenenfalls schnell eintrocknen lassen.[527]

---

[527]Es ist ja geradezu in der Mode, dass Unternehmen in Selbstbeschreibungen zum Ausdruck bringen, wie nicht-hierarchisch ihre Kulturen seien. Diese Statements sind in gewissem Sinne paradox, da es nicht-hierarchische Organisationen eigentlich nicht geben kann.

5.2.8 Dialog und Führung

Da die systemtheoretische Sicht grundsätzlich die Vorstellung heroischer Einzelleistungen von Managern und die damit verbundenen Kontrollillusionen im Führungsgeschehen in Frage stellt, könnte der Führungsdialog als Methode zur gemeinsamen Wirklichkeitskonstruktion im Management ins Spiel kommen. Wenn man sich die von Wimmer skizzierten Aufgabenfelder[528] der Führungsmannschaft einer Organisation vor Augen führt, wird deutlich, dass es dabei immer mehr um die zukunftssichernde gemeinsame Bewältigung von Komplexität geht und dass Führung in diesem Sinne immer eine „Mannschaftsleistung"[529] ist. In diesem Zusammenhang beschreibt Wimmer Führung auch als „organisationale Fähigkeit"[530] im Gegensatz zu einem „individual trait"[531]. Zur Realisierung dieser Mannschaftsleistung wäre der Dialog an sich hervorragend geeignet. Gleichzeitig macht Wimmer deutlich, dass die Entwicklung einer entsprechenden organisationalen Fähigkeit ungewöhnlich anspruchsvolle Anforderungen an das Führungspersonal stellt: „Wichtig ist vor allem der halbwegs angstfreie Umgang mit Nichtwissen, die Bearbeitung von Ungewissheit, der Verzicht auf schnelle logische Erklärungen basierend auf alten Vorgefasstheiten."[532] Dieses Anforderungsprofil erinnert deutlich an Bedingungen und Fähigkeiten, die auch zur Realisierung eines Dialoges nötig sind. Dies legt den Schluss nahe, dass ein Führungsteam etwa in gleichem Maße dialogfähig ist, in dem es fähig ist, Führung als organisationale Fähigkeit zu etablieren.

5.2.9 Dialog und Macht

Grundsätzlich ist der Dialog eine egalisierende und insofern mit Macht nicht kompatible Form der Kommunikation. Dialogische Kommunikation ist symmetrisch, alle Beteiligten sind gleichberechtigt. Wann immer eine Machtdynamik in Interaktionen zum Tragen kommt, ist prinzipiell kein Dialog möglich, da die Machtdynamik die Beteiligten in eine asymmetrische Konstellation versetzt. Es ist plausibel, dass in einer Machtkonstellation Vorurteilslosigkeit, freie Artikulation, unvoreingenommenes Zuhören sowie wahrhafte

---

[528] Siehe Wimmer (2009). Die Aufgabenfelder sind weiter oben dargestellt worden.

[529] Wimmer (2009): 26

[530] Wimmer (2009): 24

[531] Wimmer (2009): 24, Wimmer bezieht sich hier auf eine lange Tradition in der Führungsforschung und bezieht sich dabei auf O'Toole (2001), der, dieser Tradition zunächst folgend, nach und nach festgestellt hat, dass Führung in erfolgreichen Organisationen eher als institutionelle Fähigkeit statt als individuelle Eigenschaft zu beschreiben wäre.

[532] Wimmer (2009): 26

und wesenhafte Zuwendung schwierig zu verwirklichen sind. Damit wird zunächst deutlich, dass ein Dialog zwischen in der Organisation asymmetrisch konstellierten Akteuren sehr unwahrscheinlich ist. Offen bleibt die Frage, ob durch gezielte Interventionsmethoden und die Schaffung spezieller kommunikativer Settings diese Schwierigkeit überwunden werden kann. Aber zunächst ist festzuhalten, dass der Dialog als Kommunikationsmittel aus der Machtperspektive eher eine Chance zwischen Peers, also im organisatorischen Gefüge auf gleicher hierarchischer Ebene angesiedelten Rollenträgern, hat. Zwischen ihnen ist zumindest formal die Voraussetzung von Symmetrie und Gleichberechtigung erfüllt.

Hierarchen und Inhaber von Macht in der Organisation spielen insofern eine wichtige Rolle im Zusammenhang mit den Bemühungen um die Implementierung des Dialogs, als sie Signale setzten können, die den Dialog fördern oder hindern. So können sie z. B. ihre Mitarbeiter ermuntern, eine bestimmte Kommunikationskultur zu pflegen, die dem offenen Austausch, dem Beitragen auch kritischer Aspekte, der Unvoreingenommenheit usw. einen hohen Wert beimessen. Wenn sie mit ihrem vorbildlichen Verhalten ein entsprechend gutes Beispiel abgeben, können sie auf eine dialogfreundliche Kultur hinwirken. Es wird ihnen dabei jedoch nicht gelingen, die Hierarchie als solche außer Kraft zu setzen. Sie ist als konstitutives Element in der Bauweise der Organisation immer präsent und wird alle gut gemeinten Signale im obigen Sinne insofern in ihrer Wirkung limitieren. Wenn eine Führungskraft jedoch systematisch Ergebnisse hinsichtlich ihres Innovationsgrades misst, wird im Ergebnis produzierenden Mitarbeitersystem u. U. eine Dynamik entstehen, die die kreativen Potenziale des Dialogs zu nutzen sucht, gegebene Prämissen suspendiert, eine nichthierarchische Kommunikation entwickelt usw..

Man darf in dem Zusammenhang aber auch nicht unterschätzen, dass der Macht suspendierende Charakter von Dialogprozessen von Machtinhabern als bedrohlich erlebt werden könnte. Schließlich setzt der Dialog Macht erhaltende Faktoren außer Kraft und beraubt damit die Mächtigen zeitweise ihrer Einfluss-, Kontroll- und Steuerungsmöglichkeiten. Die Ergebnisse von Susanne Ehmers weiter oben angeführter Untersuchung könnten als Indiz für diese Dynamik gedeutet werden.

5.2.10 Zwischenfazit zur Beziehung von Dialog und systemischer Organisationstheorie

Die Untersuchung des Dialogs im Zusammenhang mit der Organisation aus systemtheoretischer Perspektive gibt Anlass zu erheblicher Skepsis hinsichtlich der Möglichkeiten, den Dialog in das Organisationsgeschehen zu integrieren.

Zunächst kann der Dialog nur in Interaktionssystemen stattfinden. Er ist seiner Natur nach von der persönlichen Präsenz der Kommunizierenden abhängig. Damit ist er aber noch nicht in den Kommunikationen, genauer den Entscheidungen, der Organisation angekommen. In zur Organisation gehörenden Interaktionssystemen könnte trefflich und vorbildlich dialogisiert werden, ohne dass davon auch nur der geringste Einfluss auf das System der Organisation ausgeht. Die strukturelle Kopplung zwischen Interaktionssystem und Organisation stellt eine erste große Hürde für den Dialog in der Organisation dar.

Ein weiteres Hindernis ist, dass nach der Idee des Dialogs ein inniges kommunikatives Verhältnis zwischen Menschen etabliert werden soll, welches von Vorbehaltlosigkeit, Authentizität und Selbstoffenbarung geprägt ist. Die kommunikativen Adressaten in Organisationen sind jedoch Personen, welchen solche menschlichen Züge schwerlich zuzuschreiben sind. Grundsätzlich ist es aus systemtheoretischer Sicht ohnehin unmöglich, Aufschluss über innere Zustände wie Vorbehaltlosigkeit eines Akteurs zu erlangen. Insbesondere ist im systemtheoretischen Verständnis von Organisationen kein Platz für Fragen der Gesinnungsethik von Organisationsmitgliedern. Diese scheint aber bei Autoren wie Senge und Bohm eine wichtige Rolle zu spielen. Es wurde ja bereits dargelegt, dass bei den Protagonisten des Dialogs keine durchgängige Organisationstheorie erkennbar ist. Wenn man aber der intuitiv nahe liegenden Vorstellung folgt, dass eine Organisation v. a. auch aus Menschen besteht, ist schnell die Frage innerer Zustände dieser Menschen, wie Motivation und Gesinnung, im Spiel. Der Dialog ist eine prozesshafte, gemeinsame Wirklichkeitskonstruktion mit einem an sich schon hohen Anspruch für seine Realisierung. Dieser Anspruch ist unter den Bedingungen der Organisation noch höher und wird m. E. von Senge unterschätzt. Vertrauensbildung[533], guter Wille und Trainieren der Beteiligten reichen hier jedenfalls nicht aus.

---

[533]Ohnehin geht nach Ansicht des Autors der Begriff „Vertrauen" im Zusammenhang mit Interaktionen und Beziehungen in Organisationen zu weit. Die Erfahrung zeigt, dass gute Beziehungen in Organisationen eher von einer kontextabhängigen Zweckloyalität geprägt sind. Im

Erschwerend für die Implementierung des Dialogs ist insbesondere, dass Mitgliedschaft, Rolle, Stelle, Entscheidungsprämissen und Entscheidungsprogramme die Person in der Organisation in ein engmaschiges Netz von wechselseitigen Erwartungen und Vorentscheidungen verstricken, welche im Sinne von Berechenbarkeit, Erwartbarkeit und funktionaler Trivialität den kommunikativen Spielraum von Personen stark einschränken.

Die Bedeutung der Unsicherheitsabsorption durch Entscheidungen und der daraus resultierende Entscheidungsfluss stehen ebenfalls dem Dialogverständnis entgegen, da der Dialog zunächst stets Entscheidungen suspendiert, Unsicherheit in Form von Komplexität erhöht und den Entscheidungsfluss verlangsamt.

Der Dialog wird zumindest zwischen hierarchisch unterschiedlich positionierten Rollenträgern einer Organisation äußerst schwer sein, da die Asymmetrie zwischen ihnen in der Kommunikation nicht wirklich aufhebbar ist. Aber auch zwischen Akteuren auf gleichem hierarchischen Level könnte die in Organisationen verbreitete, ihnen wohl auch eigene Macht- und Einflussdynamik dafür sorgen, dass solche Ansprüche des Dialogs wie Authentizität und wahre Offenbarung aus dem Innern schwer realisierbar sind.

Die Protagonisten des Dialogs gehen in der Regel davon aus, dass eine erfolgreiche Implementierung des Dialogs in Organisationen maßgeblich von der richtigen Einstellung der Akteure, v. a. der Führungskräfte, abhängt. Wenn diese nur erkennen würden, welche Möglichkeiten dialogische Techniken und die damit verbundenen Verhaltensweisen eröffnen, dann würde ein entsprechendes Umdenken (Metanoia) einsetzen, die Früchte des Dialogs im Sinne der beschriebenen Leistungsversprechen könnten geerntet werden und die Welt wäre für alle Beteiligten besser. Aus dieser Sichtweise heraus sind Überzeugungs- und Aufklärungsarbeit, Schulung und Training probate Mittel, um die Integration dialogischer Techniken in das Führungs- und Verhaltensrepertoire von Funktionsträgern in der Organisation zu fördern. Die beschriebene Perspektive unterschätzt m. E. die dem Bauprinzip von Organisationen innewohnenden Incentivierungen für eine grundlegend andere Art von individuellem Verhalten. Es handelt sich dabei zumindest teilweise um ein Verhalten, welches dem Charakter des Dialogs grundsätzlich widerspricht und auf Kampf, Durchsetzen, Gewinnen, Angreifen und Verteidigen zielt. Man mag darüber streiten, ob solche Verhaltensweisen aus Sicht eines

---

Gegensatz zur bedingungslosen menschlichen Qualität des Vertrauens wird Zweckloyalität dem nicht-menschlichen Charakter der Interaktion von Organisationsmitgliedern eher gerecht.

realistischen Menschenbildes als typisch angesehen werden dürfen. In Organisationen jedenfalls, denen die Verlockungen von Aufstieg in der Hierarchie, Einkommenssteigerung und Disposition über finanzielle, sachliche und personelle Ressourcen inhärent sind, ist solches Verhalten anscheinend an der Tagesordnung.

Die Akteure in einer Organisation können nur wirksam werden, wenn sie in ihren Rollen und mit den daran geknüpften Erwartungen wahrgenommen und akzeptiert werden. Die Rollen stellen gewissermaßen den Raum der personalen Existenz und Handlungsmöglichkeiten in einer Organisation dar. Insofern werden Organisationsmitglieder auf die Sicherung der eigenen Rollen und damit der eigenen Position bedacht sein. In dem Maße, wie sie das Gefühl haben, durch aggressives Verhalten gegenüber anderen Rolleninhabern den eigenen Einfluss zu mehren und die eigene Existenz in der Organisation auszubauen, könnten sie geneigt sein, nicht nur das eigene Terrain zu verteidigen, sondern fremdes Terrain anzugreifen. Wenn die Kultur einer Organisation solch aggressives Verhalten, z. B. durch Beförderung, belohnt, setzt sie einen Anreiz zu nichtkooperativem Verhalten. In gleichem Maße schränken sich die Möglichkeiten ein, den Dialog als Kommunikationsform zu etablieren.

Insgesamt lässt die Analyse wenig Hoffnung für die Implementierung des Dialogs als Form der Kommunikation in Organisationen. Obwohl der Dialog von seiner Anlage her mit den Grundlagen von Systemtheorie und Konstruktivismus sehr gut vereinbar ist, scheint er für die Organisation nur schwer nutzbar, da große Teile ihrer Bauweise und Eigenlogik seiner Verwirklichung entgegenstehen. Andererseits ist deutlich geworden, dass die veränderten und sich weiter verändernden Herausforderungen an die Organisation der Postmoderne v. a. ihre Komplexitätsbearbeitungsfähigkeit strapaziert. Hierfür bieten sich gerade Dialogkonzepte an, insbesondere, wenn man das Managementgeschehen in Organisationen aus systemtheoretisch-konstruktivistischer Perspektive begreift. Es lohnt sich also, die Frage zu stellen, welche Bedingungen erfüllt werden müssen, um die Wahrscheinlichkeit der Dialogimplementierung trotz aller Widrigkeiten zu erhöhen.

5.3 CHANCEN DER IMPLEMENTIERUNG

Wenn man die Organisation im Sinne der systemischen Organisationstheorie versteht, wird man keine großen Hoffnungen für die Anwendung des Dialogs in ihr hegen. Andererseits scheint der Dialog ein probates Instrument zu sein, um die Organisation für die steigenden Ansprüche an ihre Antwortfähigkeit auf Umweltherausforderungen zu rüsten. Im Folgenden sollen deshalb einige Szenarien untersucht und Vorschläge unterbreitet werden, mit deren Hilfe die Chancen zur Implementierung des Dialogs in das Organisationsgeschehen erhöht werden könnten.

5.3.1 Neue Nüchternheit im Dialog – Dialog 2.0

Eine der wichtigsten Fragen ist wohl, ob, wenn man so will, das Fehlen des Menschen in der Organisation[534] ein unüberwindliches Hindernis für die Anwendung des Dialogs in der Organisation darstellt. Es wurde gezeigt, dass Personen, die als Rollenträger in Organisationen Stellen besetzen, enge Grenzen hinsichtlich ihrer Freiheit zu handeln und zu kommunizieren gesetzt sind. Kann also zwischen solchen Mitgliedern einer Organisation ein Dialog stattfinden, der die eingangs dieser Untersuchung dargelegten Leistungsversprechen annähernd einlöst?

Dies kann aus Sicht des Autors nur gelingen, wenn das Verhältnis zwischen Dialog und Organisation in ähnlicher Weise neu gestaltet wird, wie dies Rudolf Wimmer für das Verhältnis zwischen Team und Organisation fordert: „Wir müssen vielmehr lernen, Organisationen wie Teams und ihr spezifisches Verhältnis zueinander neu zu konzeptualisieren und uns von unseren liebgewonnenen, normativ hoch aufgeladenen Teamvorstellungen und Gruppentheorien der Vergangenheit zu verabschieden.“[535] Die normativen Aufladungen des Teamkonzepts, Humanisierung der Arbeitsverhältnisse, Partizipation und Mitentscheidung der Mitarbeiter, Selbstbestimmung-

---

[534]Dieser Aspekt der Luhmannschen Systemtheorie erscheint manchem Praktiker widersinnig. Er ist ja auch kontraintuitiv, da man in Organisationen scheinbar dauernd auf Menschen trifft. Unsere Intuition ist eben geprägt von dem Bild, dass Organisationen aus Menschen, Materialien und Gemäuern bestehen. Die Vorstellung, dass Organisationen Systeme aneinander knüpfender Kommunikationen und psychische Systeme relevante Umwelten dieser Systeme sind, ist sehr abstrakt. Sie hat einen klaren Wettbewerbsnachteil in unserer bildhaft ausgestatteten Intuition. Diese analytische Trennung von Kommunikationen und Menschen führt zu einer ungünstigen Prognose für die Implementierbarkeit des Dialoges in Organisationen. Die Auswahl der zu Grunde liegenden Organisationstheorie beeinflusst also maßgeblich das Ergebnis dieser Untersuchung. Der Leser mag sich fragen, wie häufig er einen Dialog im Sinne Bubers, Isaacs oder Senges in Organisationen erlebt hat, und daraus Indizien für die diesbezügliche Validität der systemischen Organisationstheorie herleiten. Aus Sicht des Autors spricht die Erfahrung für die Nützlichkeit der hier verwendeten Theorie.
Peter Fuchs treibt diese Frage noch weiter auf die Spitze, indem er ‚den Menschen' als Zeichen versteht und damit seiner Vitalität beraubt: „*Der* Mensch ist kein Lebewesen, *der* Mensch *lebt* nicht. Kein Zeichen lebt, kein Sinn hat die Eigenschaft, lebendig zu sein, so wenig wie die Systeme, die sinnfundiert operieren, *lebende* Systeme sind, nicht das Sozialsystem und auch nicht: das Bewußtsein." [Fuchs (2007): 34].
[535]Wimmer (2006):174

und verwirklichung, Enthierarchisierung und letztlich auf diesem Wege die Erschließung neuer Produktivpotenziale[536], haben eine dem Verständnis der Dialogvertreter vergleichbare Tendenz. Mit dieser Tendenz erhöht sich gleichzeitig die Unwahrscheinlichkeit der Verwirklichung von Team und Dialog im Rahmen der Organisation. Eine entsprechende Neukonzeptualisierung des Dialogbegriffs müsste deutlich nüchterner aussehen, weniger egalisierende, demokratisierende und auf Selbstverwirklichung zielende Emphase enthalten. Sie würde sich dann mit einem deutlich geringeren Anspruch begnügen als dem von Senge, Isaacs und Bohm vorgetragenen und sich eher als, sagen wir effiziente Produktivtechnik präsentieren.

Von dem Dialogbegriff Martin Bubers würde sich eine solche Neukonzeption, nennen wir sie Dialog 2.0, wohl weitgehend entfremden. Ein „echtes Gespräch" in seinem Sinne würde unmöglich, da man von Rollenträgern realistischerweise nicht erwarten kann, dass sie eine wahrhafte und wesenhafte Hinwendung zur menschlichen Person des Anderen vollziehen werden. Auch ihr Selbst wird hinter die Rolle, die sie spielen, zurücktreten müssen. Das, was Buber den zu überwindenden Schein nennt, ist mit der Rollenausübung untrennbar verbunden. Die vielen Prädispositionen, die die Mitgliedschaft in einer Organisation mit sich bringt, können nicht wirklich suspendiert werden.

Im Dialog 2.0 würde also auf einiges verzichtet werden, das dem Dialog herkömmlichen Verständnisses eigen ist.[537] Dann bleibt die Frage, ob die Kapazitäten neuen Verhaltens, Zuhören, Respektieren, Suspendieren und Artikulieren, wie sie von Isaacs vorgestellt werden, in diesem einschränkenden Organisationsrahmen nutzbar gemacht werden können, um einige Leistungsversprechen des Dialogs einzulösen. Können Organisationssettings geschaffen werden, in denen Rollenträger diese Kapazitäten fruchtbar ausüben können, obwohl klar ist, dass es sich eben um Rollenträger und nicht um kontextfreie Vollmenschen handelt? Kann der Dialog auf die Komponente menschlicher Nähe verzichten und trotzdem hinreichend Wirkungen in der Organisation entfalten?

Auf dem Weg zu einer Antwort auf diese Fragen sollen weitere Aspekte untersucht werden.

---

[536]Wimmer (2006):178 f.

[537]Dabei stellt sich die Frage, bei wie viel Verzicht überhaupt noch von Dialog die Rede sein kann oder ob man bereits bei den typischen Kommunikationen zwischen Rollenträgern in der Organisation angelangt ist. Die können ja durchaus fruchtbar und werthaltig sein – auch ohne dialogisch zu sein.

5.3.2 Chancen einer Kulturentwicklung analog zu „High Reliability Organizations"

Karl Weick und Kathleen Sutcliffe haben in ihrer Forschung über „High Reliability Organizations"[538] gezeigt, dass die Entwicklung einer Stellengrenzen überwindenden und Hierarchie temporär suspendierenden Kultur[539] durchaus möglich ist. In dem von ihnen untersuchten spezifischen Organisationstypus wie z. B. Flugzeugträgern oder Kernkraftwerken, hängt der Erfolg in besonderer Weise davon ab, dass die Leistungserbringung äußerst zuverlässig und sicher gelingt, da sonst dramatische, unerwünschte Folgen entstehen können. Ein Misserfolg im betrieblichen Ablauf würde u. U. fatale Folgen nach sich ziehen.

Erfolgreichen Organisationen diesen Typs gelingt es, eine kollektive Achtsamkeit in Bezug auf das Eintreten und die Behandlung unerwarteter Umstände zu entwickeln: „We attribute the success of HROs in managing the unexpected to their determined efforts to act *mindfully*. By this we mean that they organize themselves in such a way that they are better able to notice the unexpected in the making and halt its development. If they have difficulty halting the development of the unexpected, they focus on containing it. And if some of the unexpected breaks through the containment, they focus on resilience and swift restoration of system functioning."[540]

Für die Kulturentwicklung einer Organisation in dieser Art bedarf es einer ganzen Reihe von Bedingungen, deren Realisierung in der Organisation ähnlich voraussetzungsvoll ist wie die der Dialogimplementierung. Dazu gehört eine konstruktive Fehlerkultur: „And research shows that people need to feel safe to report incidents or they will ignore them or cover them up. Managerial practices such as encouraging questioning and rewarding people who report errors or mistakes strengthen an organizationwide culture that values reporting."[541] Ein weiterer Aspekt ist die Achtung der Expertise von Organisationsmitgliedern unabhängig von ihrer hierarchischen Positionierung (deference to expertise): "Since people in these positions often get nothing but filtered good news, they continue to believe that they are on top of things. Hierarchies and deference to power and politics are the rule. This can work against managing the unexpected. With every problem, someone somewhere sees it coming. But those people tend to be low rank, invisible, unauthori-

---

[538] Weick, Sutcliffe (2001)
[539] Vgl. Weick, Sutcliffe (2001): 64
[540] Weick, Sutcliffe (2001): 3, „HROs" = High Reliability Organizations.
[541] Weick, Sutcliffe (2001): 54 f.

zed, reluctant to speak up, and may not even know they know something that is consequential."[542] Sehr nah am Dialogkonzept ist das Hinterfragen von Erwartungen und Annahmen, da diese die Achtsamkeit einschränken[543]: „People in HROs try to weaken the grip of this invisible hand of expectations so they can see more, make better sense of what they see, and remain more attuned to their current situation."[544] Ein entscheidender Erfolgfaktor ist die Aufrechterhaltung von Komplexität bzw. die Ablehnung von Vereinfachung. In diesem Zusammenhang betonen Weick/ Sutcliffe die Bedeutung von Diversität: „With closer attention to context comes more differentiation of worldviews and mindsets. And with more differentiation comes a richer and more varied picture of potential consequences...."[545]. Und diese Diversität erhöht die 'Sehfähigkeit' des Systems: „This diversity enables people to see different things when they view the ‚same' event."[546] "It takes variety to control variety."[547] Dieser Aspekt ist dem dialogischen Denken, das Isaacs als Kunst gemeinsamen Denkens charakterisiert, sehr ähnlich.

Die folgende Definiton von Achtsamkeit macht den organisationskulturellen Anspruch von High Reliability Organizations deutlich und fasst zusammen, worum es in diesem Ansatz geht: "By *mindfulness* we mean the combination of ongoing scrutiny of existing expectations, continuous refinement and differentiation of expectations based on newer experiences, willingness and capability to invent new expectations that make sense of unprecedented events, a more nuanced appreciation of context and ways to deal with it, and identification of new dimensions of context that improve foresight and current functioning."[548]

Die Kultur der Achtsamkeit ist also eine Kultur besonderen kollektiven Bewusstseins. Hier stellt sich die Frage, ob eine solch spezielle Form des Miteinanders von Rollenträgern sich evolutiv, selbstorganisiert in manchen

---

[542] Weick, Sutcliffe (2001): 73 f., mit „people in these positions" meinen Weick, Sutcliffe hier hochranige Organisationsmitglieder.

[543] Vgl. Weick, Sutcliffe (2001): 41

[544] Weick, Sutcliffe (2001): 41 f.

[545] Weick, Sutcliffe (2001): 59

[546] Weick, Sutcliffe (2001): 60

[547] Weick, Sutcliffe (2001): 62, eine Möglichkeit, Ashbys „law of requisite variety" zu formulieren. Weick betont die Bedeutung von Diversität auch in seinen Überlegungen zur Sinnerzeugung in Organisationen: „The more general point is that vivid words draw attention to new possibilities, suggesting that organizations with access to more vivid images will engage in sensemaking that is more adaptive than will organizations with more limited vocabularies." [Weick (1995): 4].

[548] Weick, Sutcliffe (2001): 42

Organisationen entwickelt, weil die System-Umweltdisposionen dies gerade begünstigen, oder ob es möglich ist, durch Management- oder Beraterinterventionen eine solche Kultur zu schaffen. Dies ist deshalb interessant, weil m. E. der Implementierungsanspruch einer High Reliability-Kultur vergleichbar hoch ist wie der einer Dialogkultur. Wenn also Methoden der Kulturentwicklung in High Reliability-Organisationen erfolgreich eingesetzt wurden, könnten daraus möglicherweise Schlüsse für die Entwicklung einer Dialogkultur in Organisationen gezogen werden. Weick/ Sutlcliffe führen eine Reihe von Aspekten an, die die Institutionalisierung einer Kultur der Achtsamkeit fördern oder ermöglichen. Dabei nehmen sie Bezug auf die Beobachtung von Peters/ Waterman[549], dass das Teilen einiger wirkmächtiger Werte kulturbildend ist. Sie stellen fest, dass die Vorbildwirkung des Top Managements erfolgskritisch ist.[550] Nicht zuletzt bieten sie diverse Fragebögen für das Assessment der Kultur oder der Kulturentwicklung an.[551] Diese Hinweise scheinen gewiß nützlich, sind jedoch weit davon entfernt, als planmäßige Kulturentwicklungsstrategie mit substanzieller Erfolgsaussicht zu dienen, wenn man ein systemisches Organisationsverständnis hat.

5.3.3 Dialogischer Kulturauftrag für die Mächtigen

Eine notwendige Voraussetzung für eine dialogische organisationskulturelle Entwicklung wäre, dass die Rollenträger in den oberen hierarchischen Ebenen des Unternehmens, v.a. der Vorstandsvorsitzende oder der CEO, in aller Entschlossenheit den Auftrag annehmen, eine dialogförderliche Kultur zu schaffen. Topmanager können sich, außer unter ihresgleichen, wegen ihrer hierarchischen Positon nur schwer an einem Dialog in der Organisation beteiligen. Aber sie können erkennbar machen, dass sie das dialogische Verfahren schätzen. Dies kann gelingen, wenn sie ostentativ die entscheidungsverzögernde Wirkung des Dialogs billigen, wenn sie querdenkerischen Einlassungen erkennbar und nachhaltig Aufmerksamkeit schenken und die Ergebnisse des Dialogs in ihre Enscheidungen einbeziehen. Entscheidungsträger und Dialoggremien müssten so gekoppelt werden, dass die Risiken und Nebenwirkungen des dialogischen Verfahrens nicht zu seiner Ausgrenzung führen. Diese kulturelle Agenda erkennbar, dauerhaft und konsistent beim Top-Management zu verankern, ist m. E. unverzichtbar, wenn man dialogische Formen nachhaltig implementieren möchte. Ihre dauerhafte Veran-

---

[549]Vgl. Peters, Waterman (1982)
[550]Vgl. Weick, Sutcliffe (2001): 124 f.
[551]Vgl. Weick, Sutcliffe (2001)

kerung ist allerdings auch ein ungeheuer hoher Anspruch, der nur schwer zu verwirklichen sein wird.[552]

5.3.4 Mehr personennahe Kommunikation und kommunikatives Unternehmertum ermöglichen

Das Wesen großer Organisationen bringt es mit sich, dass ein Großteil der Kommunikationen nicht unter Anwesenden stattfindet. Neben dem Interaktionssystem hat v. a. die schriftliche Kommunikation eine erhebliche Bedeutung für die organisationale Leistungserbringung. Insbesondere die Emailkommunikation hat in der letzten Dekade eine besonders wichtige Stellung erlangt.[553] Organisationale Entscheidungen brauchen Bindungswirkung über Interaktionssysteme hinaus. Deshalb sind sie auf die Wirksamkeit schriftlicher Kommunikationsformen angewiesen. Diese anonymeren, personenfernen Kommunikationsweisen haben aber gleichzeitig den Nachteil, dass sie wenig Möglichkeiten für die Entfaltung kollektiver Intelligenz bieten. Diese hat wesentlich mehr Chancen im Rahmen interaktiver, personennaher Kommunikationsformen. In dem Maße, in welchem Organisationen auf Mannschaftsleistungen angewiesen sind, müssen Wege gefunden werden, das Ressourcenpotenzial kollektiver Intelligenz über mehr personennahe Kommunikation für die Organisation nutzbar zu machen.

Einiges spricht dafür, dass die großen Trends zunehmender Komplexität in der Welt, wie Globalisierung und steigende Interdependenz, für Organisationen die Notwendigkeit mit sich bringen, mehr Zugang zu den ungefilterten Beobachtungsressourcen psychischer Systeme zu erlangen. Der Dialog bietet einen Ansatz, gewissermaßen die ‚Antennen' der Organisation im Zusammenhang mit der steigenden Außenkomplexität besser auszurichten und, wenn man so will, ihre Sensibilität für Umweltmöglichkeiten zu steigern. Die Implementierung dialogischer Kommunikationsformen könnte eine Maßnahme sein, die der Binnenkomplexität von Organisationen hilft, mit steigender Außenkomplexität Schritt zu halten. Dies wäre im Sinne von Ashbys oben bereits erwähntem „law of requisite variety" Voraussetzung für die Überlebensfähigkeit von Organisationen.

Die nachhaltige Herstellung dialogischer Intimsysteme in Organisationen, welche die Engführung von Organisationsmitgliedern auf ihre Rollen temporär suspendiert, ist nicht weniger als eine organisationskulturelle Ent-

---

[552]Wie übrigens alles, was nachhaltig in privatwirtschaftliche Organisationen implementiert werden soll. Das Quartalsdenken dominiert hier häufig das strategische Denken.

[553]Vgl. z. B. Nossek, Hieber (2004)

wicklungsleistung, die grenzüberschreitendes, Risiken eingehendes kommunikatives Unternehmertum fordern und fördern würde. Dieses kommunikative Unternehmertum wäre dann ein erkennbares Charakteristikum solcher Organisationen, ein Merkmal, welches sie deutlich von anderen Organisationen unterscheiden würde. Aus systemtheoretischer Perspektive ist eine solche Entwicklung jedoch kaum intentional steuerbar. Im Grunde ist zu erwarten, dass die Autopoiesis einiger Organisationen Formen entwickelt, die ihre Binnenkomplexität im Verhältnis zu der gestiegenen Außenkomplexität steigert, während andere mit den Entwicklungen in ihrer Umwelt nicht Schritt halten und im Vergleich zu Ersteren geringere Überlebenschancen haben. Analog zur Evolutionstheorie würde sich hier eine Art organisationaler Darwinismus abspielen. Wenn und insoweit Dialogformen sich als viabel für notwendige Binnenkomplexitätssteigerungen erweisen, würden sie den Forderungen dieser Evolution entsprechen und auch standhalten.

5.3.5 Dialog als Entscheidungsprämisse einbauen

Ein wesentlicher Baustein von Organisationen im Sinne der neueren Systemtheorie sind die Entscheidungsprämissen in ihren vielfältigen Formen als Rollen, Kommunikationsroutinen, Entscheidungsprogramme etc. Wie bereits dargelegt, ist ihr verbindlich präjudizierender Charakter nur schwer vereinbar mit der Idee des Dialogs, Prädispositionen zu suspendieren. Wenn es nun aber gelingt, den Dialog selber als Entscheidungsprämisse in den kommunikativen Routinen einer Organisation zu etablieren? Er könnte für Entscheidungen bestimmter zu definierender Art und Tragweite institutionalisiert werden, um die Entscheidungsfähigkeit des Managements im Sinne einer guten und zielführenden Entscheidung zu stärken. Dabei würde es sich wahrscheinlich um Entscheidungen mit hoher Komplexität und strategischer Bedeutung handeln. In solchen Fällen würde die Organisation die Verlangsamung des Entscheidungsganges am ehesten akzeptieren. Damit würde eine bewusste Entscheidung des Managements getroffen, die herrschende Hierarchie temporär und kontrolliert außer Kraft zu setzen, um dem Dialog Raum zu geben.

Eine Art betrieblicher Dialogausschuss, der sich aus Mitgliedern verschiedener Hierarchieebenen zusammensetzt, könnte den Auftrag erhalten, solche anstehenden Entscheidungen zu identifizieren, die einer dialogischen Vorbereitung zugeführt werden sollen. Dann müsste ein eigens für jede anstehende dialogische Entscheidungsvorbereitung zusammengesetztes Dialoggremium den Dialog führen. Aus meiner Sicht kann ein solches Dialoggremium nur entscheidungsvorbereitend wirken, nicht aber die Enscheidung selber treffen, da sonst die Bauweise der Organisation hinsichtlich Hierarchie, Einfluss- und Verantwortungsverteilung zu sehr in Frage gestellt würde. Das hätte dann nämlich einschränkende Rückkopplungeffekte auf die Realisierbarkeit des Dialogs. Das Dialoggremium hätte also eine mit den klassischen Stäben vergleichbare Funktion, nämlich die der Entscheidungsvorbereitung. Der Dialog wäre in diesem Sinne als Prozess zu etablieren, mit dessen Hilfe Unsicherheit und Komplexität verarbeitet werden können, um eine qualitativ hochwertige Entscheidungsvorbereitung zu leisten. Dabei müsste deutlich gemacht werden, dass das Aufschieben der Entscheidung auf einen zeitlich für die Organisation akzeptablen Rahmen beschränkt bliebe, damit die Aussicht auf den Fortgang des Entscheidungsflusses erkennbar bleibt. Wenn das Dialoggremium als Interaktionssystem einen Dialog, verstanden als (Kommunikations-) System, schafft, muss im Wege der Penetration dieser Dialog seine vorkonstituierte Eigenkomplexität der Organisation zur Verfügung stellen können, um in die Organisation zu gelangen. Das dialogische System muss also an die Entscheidungen der Organisation anknüpfen können. Wenn dann die vorkonstituierte Eigenkomplexität der Organisation auch auf das System Dialog zurückwirkt, herrscht eine Beziehung der Interpenetration bzw. der strukturellen Kopplung.

Alternativ zur situativen Identifikation von „Dialogfällen" durch einen betrieblichen Dialogausschuss könnte das Top-Management auch ganz bestimmte regelmäßig wiederkehrende Anlässe oder Prozesse benennen, in welche dialogische Elemente eingebaut werden sollen. Aus Sicht des Autors würde sich dafür v. a. der Prozess der Strategieentwicklung nach systemischem Verständnis anbieten. Ihm soll der folgende Anschnitt gewidmet werden, da er beispielhaft deutlich macht, wie die Chancen des Dialogs im Rahmen eines bedeutenden Führungsauftrages genutzt werden könnten. Die oben angeführten Chancen und Bedingungen für eine Dialogimplementierung wie neue Nüchternheit, Kulturentwicklung und Kulturauftrag für die Mächtigen, personennahe Kommunikation und kommunikatives Unternehmertum sowie die Einführung des Dialogs als Entscheidungsprämisse, lassen sich am Beispiel der systemischen Strategieentwicklung überprüfen.

6 Strategieentwicklung und dialogische Kommunikation

Im folgenden Abschnitt soll gezeigt werden, wie eine der wichtigsten Aufgaben des Managements, nämlich die Strategieentwicklung, als Anwendungsfeld für die Dialogmethode dienen kann, wenn man sich ihr mit einem systemtheoretischen Verständnis nähert.

6.1 KATEGORIEN DER STRATEGIEENTWICKLUNG

Bei der Strategieentwicklung handelt es sich um einen organisationalen Prozess, der sich aus Sicht des Autors sowohl für eine systemtheoretisch-konstruktivistische Betrachtung als auch für die kommunikative Organisation kollektiver Intelligenz besonders gut eignet.

Reinhart Nagel und Rudolf Wimmer[554] haben den Ansatz einer systemischen Strategieentwicklung dargelegt. Zunächst unterscheiden sie vier grundsätzliche Muster in der Strategieentwicklung, die sich aus zwei vorhergehenden Unterscheidungen ergeben.[555] Die erste Unterscheidung betrifft die Frage, ob der Strategieprozess in einer Organisation eher implizit oder explizit läuft. Wird der Strategieprozess ausdrücklich als solcher bezeichnet oder werden die „Fragen der Zukunftsbewältigung eher auf implizite Weise"[556] beantwortet? Die zweite Unterscheidung bezieht sich auf Ort und Akteure: Wer befasst sich mit der Strategiefindung und wo geschieht dies? Dies kann entweder „außerhalb der Organisation als Vorgabe für den Managementprozess" oder „als Leistung innerhalb des Systems, insbesondere innerhalb des Managementprozesses"[557] geschehen.

Aus diesen grundlegenden Unterscheidungen leiten die Autoren vier Formen der Strategieentwicklung ab:

a. Intuitive Strategieentwicklung: außerhalb und implizit[558]

---

[554] Nagel, Wimmer (2002)

[555] Für einen Überblick bietet sich z. B. auch Henry Mintzbergs „Strategy Safari" an. [Mintzberg (1999)] Mintzberg hat ca. 2000 Quellen zum Thema Strategie gesichtet und unterscheidet zehn Schulen in zwei Kategorien. Die präskriptiven Schulen entwickeln Vorschriften für den Strategieprozess und für die Strategieauswahl, während die deskriptiven Schulen sich um ein Verständnis des Strategieentwicklungsprozesses bemühen und ihn auf dieser Grundlage beschreiben.

[556] Nagel, Wimmer (2002): 32

[557] Nagel, Wimmer (2002): 33

[558] Nagel, Wimmer (2002): 35 ff.

Der unternehmerische Entscheidungsträger steht im Mittelpunkt der Strategiefindung. Er lässt sich von seinen Erfahrungen und seinem Gespür für Märkte und Produkte leiten, gibt den Führungskräften in der Organisation entsprechende Leitlinien vor und trägt die Verantwortung. Diese Form ist häufig bei mittelständischen, inhabergeführten oder Familienunternehmen anzutreffen.

b. Expertenorientierte Strategieentwicklung: außerhalb und explizit[559]
Managergeführte, meist börsennotierte Großunternehmen greifen zunehmend auf die Unterstützung von spezialisierten Strategieberatungen zurück, die ihnen auf Zahlen, Daten und Fakten basierende Strategieoptionen vorlegen, unter welchen dann im Zuge einer rationalen Wahl die beste ausgewählt werden kann.

c. Evolutionäre Strategieentwicklung: innerhalb und implizit[560]
Strategische Weichenstellungen sind nicht das Ergebnis rationaler Wahl, sondern entspringen „eher zufällig und beiläufig aus einer Vielzahl kleiner Beobachtungen und Entscheidungen verschiedenster Funktionsträger."[561] Solche inkrementalen Schritte können dann im Zeitablauf in einem quasi-kumulativen Effekt durchaus auch zu radikalen Kursänderungen führen.

d. Systemische Strategieentwicklung: innerhalb und explizit[562]
Das Unternehmen schafft kommunikative Räume, in denen sich die strategische Intelligenz der verschiedenen Geschäftseinheiten und Schlüsselpersonen artikulieren und organisieren kann. Der Strategieprozess ist ausdrücklicher und integraler Bestandteil des Führungsgeschehens. Die Strategie ist Ergebnis von gemeinschaftlichem Denken und Handeln.

Diese Beschreibung von „kommunikativen Räumen" bietet m. E. den Ansatzpunkt für dialogische Kommunikationsverfahren. Statt um einen reinen Topdown-Prozess und das Vorantreiben von Entscheidungen geht es um Integration, Artikulation und Gemeinschaftlichkeit. Nagel und Wimmer begründen die Notwendigkeit eines solchen Strategieprozesses damit, dass drei traditionelle Grundüberzeugungen hinsichtlich der Unternehmenswelt nachhaltig unhaltbar geworden sind:

a. Die Durchschaubarkeit der Unternehmensumwelt
Nagel/Wimmer stellen fest: „Die Intransparenz der Umwelt ist prinzipiell nicht überwindbar."[563] Damit seien generische Strategien, wie sie z. B. im

---

[559] Nagel, Wimmer (2002): 42 ff.
[560] Nagel, Wimmer (2002): 56 ff.
[561] Nagel, Wimmer (2002): 57
[562] Nagel, Wimmer (2002): 71 ff.
[563] Nagel, Wimmer (2002): 17

Rahmen der von Mintzberg angeführten Positionierungsschule[564] entwickelt werden, hinfällig.

b. Die Möglichkeit, Gewissheit über die Zukunft zu erlangen[565]

Die Zukunft einer Unternehmung sei grundsätzlich nicht berechenbar und strategisch-unternehmerisches Handeln damit der grundlegenden Paradoxie ausgesetzt, sich auf eine Zukunft festzulegen, die man nicht kennen kann.

c. Das Unternehmensverständnis im Sinne eines Maschinenmodells

Unternehmen seien nicht direkt, planmäßig und intentional steuerbar, sondern „eigensinnige, lebende Einheiten, die ihren historisch gewachsenen Erfolgsmustern folgen."[566]

Hieraus ziehen die Autoren weit reichende Konsequenzen hinsichtlich ihres Strategieverständnisses[567]. So plädieren sie für eine Renaissance des Unternehmerischen in der Strategieentwicklung, so dass Intuition und Gespür des Unternehmers im Umgang mit Ungewissheit und Nichtberechenbarkeit genutzt werden können.[568] Weiter stellen sie fest, dass die Organisation mit dem Mittel der Entscheidung jederzeit in der Lage ist, einen anderen Kurs als den bisherigen einzuschlagen, also eine neue Geschichte zu beginnen. Damit wird Strategieentwicklung „weniger zu einem Problem des Errechnens richtiger Lösungen, sondern zu einer Frage des kreativen Erfindens einer attraktiven Zukunftsperspektive"[569]. Diese Idee des Schöpfungsakts wird noch weitergeführt und auf das Verhältnis zwischen Unternehmen und Umwelt bezogen, welches nun nicht mehr als einseitig gerichtete Wirkung von der Umwelt auf das Unternehmen, das sich entsprechend anpasst, zu verstehen ist. Vielmehr wirkt das Unternehmen, z. B. indem es durch Alleinstellungsmerkmale eigene Märkte schafft, bei der Hervorbringung relevanter Umwel-

---

[564] Mintzberg (1999): 99–145

[565] Vgl. Nagel, Wimmer (2002): 17f.

[566] Nagel, Wimmer (2002): 18, kurz: Die Organisation Unternehmen ist als autopoietisches System zu verstehen.

[567] Nagel, Wimmer (2002): 19 ff.

[568] Dieses Bild vom unternehmerischen Strategen erinnert an den sich auf das ‚Situationspotenzial' stützenden chinesischen Strategen, wie ihn Francois Jullien beschreibt: „Den alten Abhandlungen zufolge besteht das Besondere der chinesischen Strategie darin, daß sie sich auf das der Situation innewohnende Potential stützt, um sich von ihm im Verlauf seiner Entwicklung tragen zu lassen. Von vornherein ausgeschlossen ist dabei die Idee, den Gang der Ereignisse gemäß einem Plan vorherzubestimmen, den man vorher wie ein zu verwirklichendes Ideal entworfen hat, und der mehr oder weniger endgültig feststeht (in dem Sinn, in dem Clausewitz vom ‚strategischen Plan' spricht: ‚er bestimmt, wann und mit welcher Streitkraft ein Kampf geliefert werden muß')." [Jullien (1999): 37].

[569] Nagel, Wimmer (2002): 21

ten mit.[570] Die Autoren sprechen von einem „wechselseitigen Hervorbringungsprozess von System und Umwelt"[571]. Strategieentwicklung ist also ein Vorgang, der gemeinsame Erkenntnis im konstruktivistischen Sinne erzeugt. Diese Erkenntnis muss sich im koevolutiven Verhältnis zwischen System und Umwelt immer wieder bewähren. Dass der Dialog sich als kommunikative Methode anbietet, um diesen kreativen Schöpfungsakt zu vollziehen, liegt m. E. auf der Hand.

Der Strategieentwicklung kommt dann eine Rahmenfunktion zur Erhaltung der notwendigen Lernfähigkeit im Kontext des Selbsterschaffungsprozesses des Unternehmens zu: „Strategieentwicklung ist demnach jener bewußt gestaltete Managementprozess, der den Spannungsbogen zwischen gegenwärtig realisierter und künftig angestrebter Identität immer wieder erzeugt und damit rund um das in der Realität gelebte Businessmodell die Lernfähigkeit des Unternehmens sicherstellt."[572] Diese Lernfähigkeit ermöglicht letztlich die Entscheidung, wo die Organisation an Bewährtem festhalten kann und wo sie ernsthafte Veränderungen vollziehen muss, um das angestrebte Zukunftsbild konsequent zu verfolgen.[573] Die unkalkulierbare Umwelt und die nicht berechenbare Zukunft machen es notwendig, regelmäßig die Bestätigung oder Enttäuschung von Erwartungen und Zielen zu überprüfen. Im Sinne dieser periodischen Selbstreflexion macht die Strategieentwicklung sichtbar, wie die Entwicklung des Unternehmens sich unter den Bedingungen der Ungewissheit vollzieht.[574]

6.2 SYSTEMISCHE STRATEGIEENTWICKLUNG ALS FALL FÜR DIE ANWENDUNG DER DIALOGMETHODIK IN DER ORGANISATION

Aus dem geschilderten Strategieverständnis in Kombination mit der neueren Systemtheorie und den Erfahrungen der systemischen Organisationsberatung entwickeln Nagel und Wimmer ein Prozessmuster, welches sie „systemische Strategieentwicklung"[575] nennen, weil das Unternehmen als System lernen soll, mit der geschilderten Ungewissheit umzugehen. Diese Notwendigkeit ergebe sich auch aus dem grundlegenden Wandel in den wirtschaftlichen Rahmenbedingungen, etwa der Globalisierung, der Bedeu-

---

[570]Vgl. Nagel, Wimmer (2002): 21 f.
[571]Nagel, Wimmer (2002): 21
[572]Nagel, Wimmer (2002): 22
[573]Vgl. Nagel, Wimmer (2002): 24
[574]Vgl. Nagel, Wimmer (2002): 23 f.
[575]Nagel, Wimmer (2002): 25

tungszunahme von Finanzsektor und Kapitalmärkten oder der Innovations-
dynamik in den Informations- und Kommunikationstechnologien, welche
die Welt der Unternehmen noch schnelllebiger, brüchiger und instabiler gemacht haben.[576] Im Grunde ist das Motiv von Nagel und Wimmer vergleichbar mit jenem der Lernenden Organisation von Senge, nur bezieht es sich
ausdrücklich auf den Prozess der Strategieentwicklung und es operiert mit
einem systemtheoretischen Organisationsverständnis.

Die systemische Strategieentwicklung zeichnet sich durch drei Eigenschaften[577] aus. Sie ist erstens eine Leistung der gesamten Führungsmannschaft, die nicht an Stäbe oder Berater delegiert werden kann. Die Führungsmannschaft ist verantwortlich für Prozess, Ergebnisse und Qualität des strategischen Nachdenkens in der Organisation und hat die Pflicht, sich an der
Diskussion zu beteiligen. Offen bleibt zunächst die Frage, welche weiteren
Funktionsträger einbezogen werden sollen, um den Prozess des gemeinsamen Nachdenkens, die Organisation der kollektiven Intelligenz, zu gestalten
und seine Ergebnisse in der Organisation zu verankern. In jedem Fall ist die
Strategieentwicklung nach diesem Verständnis Teil der gemeinsamen Verantwortung der Führungscrew. Daraus folgt, dass sie Ergebnis einer kollektiven Intelligenzanstrengung sein muss. Zur systematischen Organisation dieser kollektiven Intelligenz kann aus meiner Sicht der methodische Rahmen
dialogischer Kommunikation ins Spiel kommen. Er ermöglicht die Nutzbar-
machung der Beobachtungskapazitäten der psychischen Systeme vieler Organisationsmitglieder und kann auf diese Weise helfen, die immer komplexer
werdenden Umweltherausforderungen, die gerade auch im Zusammenhang
mit der Strategie einer Organisation angesprochen werden, zu meistern.

Zweitens handelt es sich bei der systemischen Variante der Strategieentwicklung um eine Art Metaform, die andere Varianten zu integrieren in der
Lage ist. Ihr „Raffinement ... besteht darin, für die Entwicklung der Strategie und ihrer periodischen Überprüfung eine Prozessarchitektur zu bauen,
die in unterschiedlichen Phasen die angesprochenen Potentiale"[578] der anderen Spielarten entfaltet. Die Strategieentwicklung ist drittens kein separater
Prozess, der losgelöst vom sonstigen Führungsgeschehen im Unternehmen
läuft und gemanagt wird, sondern integraler Bestandteil desselben. Dies ist
schon deshalb notwendig, weil Strategie und andere Elemente des Führungsgeschehens, wie z. B. die Personalpolitik, sich wechselseitig bedingen und

---

[576] Vgl. Nagel, Wimmer (2002): 71 f.
[577] Vgl. Nagel, Wimmer (2002): 72 ff.
[578] Nagel, Wimmer (2002): 73

beeinflussen. In diesem Sinne ist Strategieentwicklung auch nicht ein projekthaftes Vorhaben mit definiertem Ende, sondern permanenter Prozess wie das Führungsgeschehen selbst.

Um diesem Strategieverständnis gerecht zu werden, muss das Unternehmen sich „spezielle kommunikative Räume des gezielten Nachdenkens über sich selbst, mit dem Ziel, sich in seiner gewachsenen Identität grundsätzlich auf den Prüfstand zu stellen"[579], schaffen. Die damit einhergehenden Konsequenzen und Notwendigkeiten für die Praxis der Strategieentwicklung werden im Folgenden geschildert. Der Strategieprozess muss in Distanz zu den operativen Alltagsroutinen stattfinden können, um nicht im Modus der üblichen Problemlösungsformen zu arbeiten, denn es sollen Fragen behandelt werden, für die es keine schnellen oder wohlfeilen Antworten gibt.[580] Dafür bedarf es geschützter Kommunikationsräume, die, „herausgelöst aus dem Tagesgeschäft, gesondert zu institutionalisieren"[581] sind und in denen zu arbeiten man sich die Zeit nehmen muss und darf. Dabei gilt es, die „gemeinsamen blinden Flecken in einem Unternehmen auszuleuchten"[582] und sich „emotional auch auf Beunruhigendes einzulassen"[583].

Hier wird deutlich, dass systemische Strategieentwicklung sehr voraussetzungsvoll ist und insofern nicht leicht in das Managementgeschehen einer Organisation zu integrieren. Die Distanz zu den „operativen Alltagsroutinen" an sich ist noch nicht untypisch für Strategieentwicklungsprozesse. Dass die strategische Leistung aber kollektiv von internen Rollenträgern in „speziellen kommunikativen Räumen" erbracht werden soll, ist als Anspruch nicht zu unterschätzen, denn hier wird es auch notwendig sein, Distanz zu den Rolleninteressen, den Macht- und Einflussdynamiken sowie zu der hierarchischen Logik zu gewinnen. Der damit einhergehende Anspruch wird noch dadurch erhöht, dass auch „emotional Beunruhigendes", wie z. B. das Infragestellen der bisherigen Identifikationsbasis, verarbeitet werden soll.

Die Autoren stellen auch besondere Anforderungen an das Managementteam[584]. Es soll Offenheit und Besprechbarkeit auch hinsichtlich emotionaler Störungen üben, woraus wechselseitige Verwundbarkeit entsteht. Zudem soll es sich offen halten für überraschende gedankliche Wendungen. Zu Recht konstatieren Nagel und Wimmer, dass real existierendes Management

---

[579] Nagel, Wimmer (2002): 75
[580] Vgl. Nagel, Wimmer (2002): 75
[581] Nagel, Wimmer (2002): 76
[582] Nagel, Wimmer (2002): 76
[583] Nagel, Wimmer (2002): 76
[584] Vgl. Nagel, Wimmer (2002): 76 f.

über die entsprechenden Kompetenzen bei weitem nicht verfügt. Darüber hinaus stellt sich die Frage, inwieweit Dynamik und Eigenlogik moderner Organisationen überhaupt solches Verhalten zulässt oder gar belohnt, jedenfalls nicht bestraft.

In jedem Falle weisen die geschilderten organisationalen und personalen Anforderungen für die systemische Strategieentwicklung eine hohe Kongruenz mit jenen Bedingungen auf, die das Praktizieren der Dialogmethode an Organisation und Person stellt.

Die Praxis der systemischen Strategieentwicklung entspricht nach Nagel/ Wimmer dem Grundverständnis kybernetischer Steuerung.[585] Das Unternehmen nimmt strategische Weichenstellungen vor und ergreift dazu Maßnahmen, die auch wieder rückgängig gemacht werden können. Dabei kommt es darauf an, die Beobachtungsfähigkeit des Systems sich selbst gegenüber sowie seine Lernbereitschaft und Lernfähigkeit zu erhalten. Damit verknüpft ist die Rekursivität zwischen strategischen Weichenstellungen und operativ-geschäftlichem Handeln. Die Autoren führen dafür das „Bild vom Fluß des operativen Geschehens und dem daraus auftauchenden Strategieprozess, der wiederum steuerungs- und richtungsweisend auf diesen Fluß zurückwirkt"[586], an. Dieses Geschehen ist nicht in einem durchformalisierten Prozess durchführbar, sondern soll „ausreichende Freiräume zum Denken schaffen, »heilige Kühe« hinterfragbar machen und einen kreativen Rahmen setzen, der das Aufgreifen sich zufällig bietender Chancen systematisch fördert."[587]

Am Anfang des Strategieprozesses steht die gezielte Aufdeckung der das Alltagshandeln leitenden Prämissen und mentalen Modelle[588]. Dieser Akt der Dekonstruktion von selbstverständlichen Grundüberzeugungen über Branchenstrukturen, Wettbewerbsumfeld oder Geschäftsmodelle ermöglicht die Neuorientierung zu bisher ungenutzten Wertschöpfungspotenzialen. Dies ist ein Schritt, für welchen offensichtlich wiederum die Dialogmethode besonders geeignet erscheint. Allerdings betonen die Autoren selbst, wie schwierig das Aufdecken und Hinterfragen mentaler Modelle in der Praxis wahrscheinlich sein wird: „Der Dialog über die Art und Weise, wie jeder die Welt aus seiner Perspektive sieht, ist in der Praxis jedoch ein emotio-

---

[585]Vgl. Nagel, Wimmer (2002): 77 f., „Kybernetische Steuerung" ist hier im Sinne der Kybernetik zweiter Ordnung zu verstehen, die eine selbst organisierte Steuerung (wie beim Thermostat) ist, also keine Steuerung im Sinne eines gezielten Eingriffes in das System von außen (Kybernetik erster Ordnung).

[586]Nagel, Wimmer (2002): 79 f.

[587]Nagel, Wimmer (2002): 80

[588]Vgl. Nagel, Wimmer (2002): 81

nal höchst anspruchsvolles Unterfangen"[589], denn insbesondere erfolgreiche Managementteams werden nicht geneigt sein, erfolgreichen Strategien zu Grunde liegende Annahmen in Frage zu stellen oder Unsicherheiten zu zeigen.

Beobachtungsmuster, Suchraster und Aufmerksamkeitsfokussierungen der Organisation schaffen die orientierenden Leitdifferenzen in ihrer Wahrnehmung oder auch Schöpfung von Wirklichkeit. Damit verbunden sind aber auch bestimmte Einseitigkeiten im Weltbild von Organisationen, die zu Wahrnehmungsverzerrungen, Illusionen oder blinden Flecken führen können. Der Prozess der systemischen Strategieentwicklung ist in der Lage, durch die Integration von verschiedenen Instrumenten mit jeweils unterschiedlichen Leitdifferenzen eine Vielfalt von Perspektiven zu erzeugen, so z. B. die Leitdifferenz „Innen/Außen" mit Hilfe des Kernkompetenzenkonzepts und der Wettbewerbsanalyse nach Porter sowie die Leitdifferenz „Gestern/Morgen" durch die Kombination von vergangenheitsorientierten Analysetools mit der Szenariotechnik. Die eingesetzten Instrumente und Modelle sind im Rahmen des systemischen Strategieprozesses nicht Mittel zur Erlangung objektiver Erkenntnisse, sondern Vehikel zur Schärfung organisationaler Beobachtungsmuster, zum Abgleich innerer Landkarten der Akteure sowie zur Systematisierung der Diskussion.[590]

Während in der traditionellen Vorgehensweise eines Strategieprozesses Strategieentwurf, also das Denken, und Strategieumsetzung, also das Handeln, voneinander getrennt bewerkstelligt werden, bemüht sich der systemische Ansatz um eine Verzahnung dieser Elemente. Strategieentwicklung ist eher ein Schöpfungsprozess als ein Findungsprozess, weshalb es wichtig ist, dem schöpferischen Moment Raum zu geben. Dafür führen die Autoren zwei zentrale Ansatzpunkte an: die unternehmerisch-schöpferische Dimension, wie sie schon von Schumpeter beschrieben wurde, und die Schaffung von Kommunikationsräumen für den strategischen Dialog.[591] Nagel/Wimmer betonen, „welche Sorgfalt dem Kommunikationsgeschehen in dieser Spielart gewidmet wird"[592]. Statt um Informationsbeschaffung und Informationsweitergabe im Sinne von Instruktion geht es um „eine echte kommunikative Auseinandersetzung mit den verschiedenen Betroffenen"[593], welche aber im traditionellen Ansatz eher vermieden werde. Für die Praxis der Invol-

---

[589] Nagel, Wimmer (2002): 81
[590] Vgl. Nagel, Wimmer (2002): 82 ff.
[591] Vgl. Nagel, Wimmer (2002): 84 ff.
[592] Nagel, Wimmer (2002): 90
[593] Nagel, Wimmer (2002): 90

vierung breiter Mitarbeiterschichten haben sich entsprechende Designs wie z. B. hierarchieübergreifende strategische Dialoge oder Real Time Strategic Change – Konferenzen entwickelt.[594] Die Autoren merken an, dass ein entscheidender Erfolgsfaktor die Kooperationsfähigkeit des Managementteams ist, welche durch das Topmanagement angeregt und verpflichtend gemacht werden muss. Auf diese Weise sei der inhaltliche Wert, die Verbindlichkeit sowie die orientierende Wirkung der Strategie sicherzustellen. Der grundlegende Charakter jedes ernsthaften Strategieprozesses stelle gegebene Strukturen, Abläufe und Beziehungsmuster in Frage und löse damit Verschiebungen im Macht- und Einflussgeflecht aus. Aus diesem Grunde seien produktive Konflikt- und Streitkulturen für die Bewältigung der korrespondierenden Veränderungen nützlich. Die systemische Spielart der Strategieentwicklung ist also v.a. auch ein Weg zur Entwicklung der organisationalen Fähigkeit, vorausschauende Selbsterneuerung zu betreiben.[595]

Entsprechend definieren die Autoren systemische Strategieentwicklung vor dem Hintergrund eines systemtheoretischen Verständnisses: „Strategieentwicklung beschreibt demnach eine Führungsleistung, die gemeinsame Vorstellungen von der eigenen Zukunft in einer sich ändernden Umwelt produziert und regelmäßig weiterentwickelt und diese Identitätsentwürfe mit dem eigenen Leistungsvermögen und seinen Weiterentwicklungsnotwendigkeiten verknüpft."[596]

6.3 ZWISCHENBETRACHTUNG ZU STRATEGIEENTWICKLUNG UND DIALOG

Zusammenfassend lässt sich feststellen, dass Ansprüche, Eigenschaften und Charakter des Dialoges auffällige Ähnlichkeiten mit dem Prozess der systemischen Strategieentwicklung aufweisen: Es geht um die Organisation kollektiver Intelligenz, Erkenntnis ist Ergebnis eines gemeinsamen schöpferischen Prozesses, ein wesentlicher Faktor ist die Aufdeckung individueller mentaler Landkarten, die Beteiligten müssen einer Reihe anspruchsvoller Anforderungen genügen, welche eher selten dem typischen Verhalten von Rollenträgern in Organisationen entsprechen, v.a. müssen sie ein hohes Maß an emotionaler Reife mitbringen. Diese Entsprechungen legen aus meiner Sicht die Schlussfolgerung nahe, dass der Dialog als kommunikative Methode für die Durchführung eines systemischen Strategieentwicklungsprozesses

---

[594]Vgl. Nagel, Wimmer (2002): 90 f.
[595]Vgl. Nagel, Wimmer (2002): 91 f.
[596]Nagel, Wimmer (2002): 98

besonders geeignet ist. Man könnte auch sagen: Eine Organisation, die den Dialog beherrscht, ist auch in der Lage, den anspruchs- und voraussetzungsvollen Prozess der systemischen Strategieentwicklung durchzuführen und umgekehrt.

Die Chancen für eine Implementierung der systemischen Strategieentwicklung sind m. E. ähnlich gelagert wie diejenigen für die Implementierung des Dialogs. Insbesondere ist es aus meiner Sicht gerechtfertigt zu sagen, dass das Konzept der systemischen Strategieentwicklung mit seinen durchaus partizipativen Elementen ohne die damit traditionell einhergehende emotionale Emphase auskommt. Partizipation ist gewissermaßen geschäftliche Notwendigkeit und kann insofern ganz nüchtern als Konstruktionselement für den Strategieprozess angesehen werden. Weiterhin bin ich der Ansicht, dass die systemische Strategieentwicklung einen viel weiter reichenden Effekt auf die Organisation hat als die Anwendung eines Strategietools wie z. B. der Szenariotechnik. Dieser Effekt ist kultureller Natur: Während herkömmliche Strategieprozesse das Managementgeschehen und die organisationale Eigenlogik nicht ernsthaft tangieren müssen, fordert der Strategieprozess nach Nagel und Wimmer sowohl auf der personalen als auch auf der Organisationsebene erhebliche Umgewöhnung. Ein derartiger kultureller Impuls kann nur Wirkung entfalten, wenn er von den mit Macht ausgestatteten Verantwortungsträgern als Auftrag angenommen wird. Die kommunikativen Räume, in denen quergedacht und in Frage gestellt wird, sind m. E. Räume für mehr personennahe Kommunikation und für kommunikatives Unternehmertum. Hier soll sich die aus der Intimität entstehende Fruchtbarkeit einstellen und es sollen kommunikative Wagnisse eingegangen werden, vor denen Mitglieder von Organisationen üblicherweise zurückschrecken.

Bei den Konzepten der systemischen Strategieentwicklung und des Dialogs hängen die Leistungsversprechen von der gelingenden Organisation kollektiver Intelligenz ab. Es konnte m. E. dargelegt werden, dass dieses Gelingen wiederum von vergleichbaren Faktoren der Implementierung abhängt. Weiterhin ist aus meiner Sicht erkennbar, dass der verbindende Charakter beider Konzepte die Steigerung der organisationsinternen Komplexität ist, die dazu dient, die Antwortfähigkeit auf komplexere Umweltherausforderungen zu erhalten.

7 Ergebnis und Abschlussbetrachtung

In den Tagen und Wochen der Fertigstellung dieser Arbeit steht die Welt unter dem Eindruck einer für die Nachkriegszeit beispiellosen Wirtschafts- und Finanzkrise, die uns deutlich vor Augen führt, wie stark in den letzten Jahrzehnten die gegenseitigen Abhängigkeiten in der Welt gestiegen sind. Außerdem ist sie beispielhaft für die immer komplexeren Herausforderungen an Wirtschaftssubjekte, seien sie Organisationen oder Personen. Das krasse Versagen von Wirtschaftsforschungsinstituten und Ratingagenturen, denen traditionell hervorragende Beobachtungs-, Analyse- und Prognosekompetenzen zugeschrieben wurden, wirft die Unternehmen gewissermaßen wieder auf die Nutzung ihrer eigenen sensorischen Fähigkeiten und das Vertrauen in ihre eigene Urteilsfähigkeit zurück. Die Produktion einer gemeinsamen Wirklichkeitskonstruktion kann nicht outgesourced werden und die Organisation kollektiver Intelligenz ist nicht delegierbar. Sie sind Mannschaftsleistungen, welche höchst elaborierte Ansprüche an die Führungsarbeit in Unternehmen stellen. Solche Mannschaftsleistungen brauchen neue Managementformen, die die Binnenkomplexität von Organisationen steigern und den Umgang mit Unsicherheit und Widersprüchen erträglicher und produktiver gestalten.

Auf Grund der vorliegenden Untersuchung komme ich zu dem Schluss, dass der Dialog als Kommunikationsmethode von seiner Konzeptualisierung her ein probates Instrument sein kann, um solche Leistungen zu vollbringen. Insofern schließe ich mich der von Senge und anderen Protagonisten des Dialogs vertretenen Auffassung an.

Die Untersuchung zeigt aber auch, dass die erwähnten Dialogvertreter ihre Erörterungen in keinen soliden organisationstheoretischen Kontext betten. Folglich ist es fraglich, ob die dem Dialog zugeschriebenen Leistungsversprechen in einer Organisation überhaupt zum Tragen kommen können. Der Autor hat systemtheoretisch-konstruktivistische Konzepte, insbesondere die systemische Organisationstheorie herangezogen, um diese Theorielücke zu schließen. Dabei hat sich gezeigt, dass die allgemeine neuere Systemtheorie Luhmannscher Prägung in vieler Hinsicht mit der Dialogtheorie, die v. a. auf den Arbeiten Bubers und Isaacs fußt, vereinbar ist. Beim Abgleich systemisch-organisationstheoretischer Konzepte mit denen des Dialogs sieht das Ergebnis anders aus: Die Eigentümlichkeit und Eigenlogik von Organi-

sationen lässt gravierende Zweifel an der Implementierbarkeit von Dialogmethoden in Organisationen aufkommen.

Man könnte es dabei bewenden lassen, zumal Alltagserfahrungen und -
beobachtungen des Autors den ‚augenschein-empirischen' Schluss nahe legen, dass echte Dialoge in Organisationen nicht stattfinden. Allerdings stellen auch nach meiner Überzeugung die eingangs dieser Abschlussbetrachtung erwähnten steigenden Umweltkomplexitäten Herausforderungen neuer
Qualität für Organisationen dar, die die herkömmlichen Komplexitätsverar-
beitungsformen überfordern und damit die gängigen Operationslogiken von
Organisationen in Frage stellen könnten. Solchermaßen gestiegenen Herausforderungen müsste mit neuen Antworten begegnet werden. Rudolf Wimmer
plädiert in diesem Zusammenhang für einen neu konzeptualisierten Team-
begriff. Die von Nagel und Wimmer präsentierte systemische Strategieentwicklung hätte ebenfalls eine innovative Antwortqualität. Und auch der Dialog würde aus meiner Sicht in diese Kategorie neuartiger Antwortfähigkeit
fallen. Den erwähnten Konzepten ist gemeinsam, dass sie Konventionen und
Kultur einer Organisation in provozierender Weise herausfordern. Deshalb
müssen sie auch mit entsprechendem Widerstand rechnen. Vorausschauen-
des Management hat m. E. die Aufgabe, die Weichen in die richtige Richtung
stellen. Aber hier stellt sich natürlich die Frage, ob das System eher durch
Personen oder Personen eher durch das System determiniert werden. Selbst
Senge räumt eine erhebliche Strukturdeterminierung von personalem Verhalten ein[597], womit er im Grunde die Machbarkeit seiner eigenen Vision
einer Lernenden Organisation unterminiert.

Nach meiner Überzeugung lautet deshalb die Schlüsselfrage: Werden Organisationen ganz allgemein in ihrer Autopoiesis komplexitätssteigernden
und kulturprovozierenden Formen wie dem Dialog Bedeutung zuschreiben,
d. h. Zugang zu ihren Kommunikationen verschaffen, um angesichts sich
dramatisch verändernder Umweltbedingungen überleben zu können? Oder
werden es immer spezifische System-Umwelt-Dispositionen sein, die dafür
sorgen, dass einige wenige Organisationen, ähnlich wie die von Weick und
Sutcliffe untersuchten High-Reliability-Organisationen, veränderte Kulturen
des Miteinanders entwickeln? Auch hier muss man ja feststellen, dass nicht
in jedem Kernkraftwerk die gleichen Standards gelebt werden.

Simon hat auf den Punkt gebracht, welche Veränderungen für die Verantwortung von Führungskräften sich aus einer entsprechend veränderten
Organisationskultur ergeben: „Die Rollendefinition der Führungskraft ver-

---

[597] Wie in Abschnitt 2.7 dargelegt wurde.

ändert sich dementsprechend: Sie muss nicht mehr Entscheidungen treffen, sondern sie hat ihre hierarchische Macht und Verantwortung dafür zu nutzen, dass Kommunikationsprozesse zustande kommen, die zur Abstimmung der individuellen Landkarten und Ziele und schließlich zu Entscheidungen und ihrer Umsetzung führen. Dabei gilt es, einen intelligenten Kommunikationsprozess wahrscheinlich zu machen."[598]

Jedoch: Es klingt einfacher, als es ist.

---

[598] Simon (2004): 37

Literatur

Ashby (1956): *Ashby, W. Ross, An Introduction to Cybernetics, London 1956*

Auster (1994): *Auster, Paul, Leviathan, Reinbek 1994*

Backhausen, Thommen (2003): *Backhausen, Wilhelm, Thommen, Jean-Paul, Coaching, Durch systemisches Denken zu innovativer Personalentwicklung, Wiesbaden 2003*

Backhausen, Thommen (2007): *Backhausen, Wilhelm, Thommen, Jean-Paul, Irrgarten des Managements, Ein systemischer Reisebegleiter zum Management 2. Ordnung, Zürich (2007)*

Baecker (1994): *Baecker, Dirk, Postheroisches Management, Ein Vademecum, Berlin 1994*

Baecker (1999): *Baecker, Dirk, Organisation als System, Frankfurt 1999*

Baecker (2003): *Baecker, Dirk, Organisation und Management, Frankfurt 2003*

Baecker (2005): *Baecker, Dirk, Kommunikation, Leipzig 2005*

Baecker (2005a): *Baecker, Dirk, Form und Formen der Kommunikation, Frankfurt am Main 2005*

Birnbacher, Krohn (2002): *Birnbacher, Dieter und Krohn, Dieter (Hrsg.), Das sokratische Gespräch, Stuttgart 2002*

Bodenheimer (1999): *Bodenheimer, Aron Ronald, Warum?, Von der Obszönität des Fragens, Stuttgart 1999 (5. Auflage)*

Bohm (1996): *Bohm, David, On Dialogue, London 1996*

Boni & Liveright's (1927): *Boni & Liveright's selection from Benjamin Jowett's translation, The Dialogues of Plato, New York 1927 (Diese Quelle ist ohne Autor, der Verlag Boni & Liveright fungiert als Herausgeber).*

Buber (2002): *Buber, Martin, Das dialogische Prinzip, Gütersloh 2002 (9. Auflage), enthält folgende Schriften: Ich und Du (1923), Zwiesprache (1929), Die Frage an den Einzelnen (1936), Elemente des Zwischenmenschlichen (1953)*

Capra (1990): *Capra, Fridjof, Das neue Denken, München 1990*

Crozier, Friedberg (1993): *Crozier, Michel und Friedberg, Erhard, Die Zwänge kollektiven Handelns, Über Macht und Organisation, Frankfurt 1993*

Dörner (1989): *Dörner, Dietrich, Die Logik des Mißlingens, Reinbek 1989*

Duden (1974): *DUDEN, Das Fremdwörterbuch, Mannheim 1974*

Ehmer (2004): *Ehmer, Susanne, Dialog in Organisationen, Praxis und Nutzen in der Organisationsentwicklung, Eine Untersuchung, Kassel 2004*

Feyerabend (1975): *Feyerabend, Paul, Against Method, London 1975*

Fisher, Ury, Patton (1984): *Fisher, Roger und Ury, William und Patton, Bruce, Das Harvard- Konzept, Sachgerecht verhandeln – erfolgreich verhandeln, Frankfurt 1984*

Foerster (1993): *Foerster, Heinz von, KybernEthik, Berlin 1993*

Foerster (1998): *Foerster, Heinz von und Pörksen, Bernhard, Wahrheit ist die Erfindung eines Lügners, Heidelberg 1998*

Foerster (2002): *Foerster, Heinz von und Poerksen, Bernhard, Understanding Systems, Conversations on Epistemology and Ethics, Heidelberg 2002*

Forrester (1961): *Forrester, Jay W., Industrial Dynamics, 1961*

Fromm (1976): *Fromm, Erich, Haben oder Sein, Die seelischen Grundlagen einer neuen Gesellschaft, München 1976*

Fuchs (2004): *Fuchs, Peter, Der Sinn der Beobachtung, Begriffliche Untersuchungen, Weilerswist 2004*

Fuchs (2007): *Fuchs, Peter, Das Maß aller Dinge, Eine Abhandlung zur Metaphysik des Menschen, Weilerswist 2007*

Gergen, Gergen (1991): *Gergen, Kenneth J. und Gergen, Mary M., Toward reflexive Methodologies, in: F. Steier (Hrsg.), Research and Reflexivity, London 1991, S. 76-95*

Glasersfeld (1996): *Glasersfeld v., Ernst, Radikaler Konstruktivismus, Frankfurt am Main 1996*

Glasersfeld (1997): *Glasersfeld v., Ernst, Wege des Wissens, Heidelberg 1997 (1. Auflage)*

Habermas (1981): *Habermas, Jürgen, Theorie des kommunikativen Handelns, Bände 1 und 2, Frankfurt 1981, (vierte durchgesehene Auflage, 1987)*

Heisenberg (1955): *Heisenberg, Werner, Das Naturbild der heutigen Physik, Hamburg 1955*

Houellebecq (1999): *Houellebecq, Michel, Elementarteilchen, Köln 1999*

Houellebecq (2002): *Houellebecq, Michel, Plattform, Köln 2002*

Isaacs (2002): *Isaacs, William, Dialog als Kunst, gemeinsam zu denken, Bergisch Gladbach, 2002*

Jullien (1999): *Jullien, Francois, Über die Wirksamkeit, Berlin 1999*

Kieserling (1999): *Kieserling, André, Kommunikation unter Anwesenden, Studien über Interaktionssysteme, Frankfurt 1999*

Kluge (2002): *Kluge, Etymologisches Wörterbuch der deutschen Sprache, 24. Auflage, Berlin, 2002*

Königswieser (1999): *Königswieser, Roswita, Exner, Alexander, Systemische Intervention, Architekturen und Designs für Berater und Veränderungsmanager, Beratergruppe Neuwaldegg, Stuttgart 1999 (2. Auflage)*

Liesenfeld (1999): *Liesenfeld, Stefan, Alles wirkliche Leben ist Begegnung, München 1999*

Lewin (1963): *Lewin, Kurt, Feldtheorie in den Sozialwissenschaften, Bern 1963*

Looss (2006): *Looss, Wolfgang, Eröffnungsrede zur 1. Berliner Coaching Tagung am 3. März 2006*

Luhmann (1984): *Luhmann, Niklas, Soziale Systeme, Frankfurt 1984*

Luhmann (1990): *Luhmann, Niklas, Soziologische Aufklärung, 5. Konstruktivistische Perspektiven, Opladen 1990*

Luhmann (1997): *Luhmann, Niklas, Die Gesellschaft der Gesellschaft, Frankfurt 1997*

Luhmann (2000): *Luhmann, Niklas, Organisation und Entscheidung, Opladen/ Wiesbaden 2000*

Luhmann (2002): *Luhmann, Niklas, Baecker, Dirk (Hrsg.), Einführung in die Systemtheorie, Heidelberg 2002*

Macchiavelli (1986): *Macchiavelli, Niccolò, Der Fürst, Stuttgart 1986*

March, Simon (1948): *March, James G. und Simon, Herbert A., Organizations, New York 1948*

Maturana (1988): *Maturana, H.R., Kognition, in: Schmidt, S.J. (Hrsg.), Der Diskurs des radikalen Konstruktivismus, Frankfurt 1988, S. 94f.*

Maturana (1998): *Maturana, Humberto R., Biologie der Realität, Frankfurt 1998*

Maturana (2001): *Maturana, Humberto, Was ist erkennen?, Die Welt entsteht im Auge des Betrachters, München 2001*

Maturana, Varela (1987): *Maturana, Humberto R., und Varela, Francisco J., Der Baum der Erkenntnis, Die biologischen Wurzeln menschlichen Erkennens, München 1987*

Meadows (1982): *Meadows, Donella, Whole Earth Models and Systems, in: Co-Evolution Quarterly (Sommer 1982)*

Mercier (2006): *Mercier, Pascal, Nachtzug nach Lissabon, München 2006*

Mingers (1996): *Mingers, Susanne, Systemische Organisationsberatung, Eine Konfrontation von Theorie und Praxis, Frankfurt, New York 1996*

Mintzberg (1999): *Mintzberg, Henry und Ahlstrand, Bruce und Lampel, Joseph, Strategy Safari, Eine Reise durch die Wildnis des strategischen Managements, Wien/ Frankfurt 1999*

Nagel, Wimmer (2002): *Nagel, Reinhart und Wimmer, Rudolf, Systemische Strategieentwicklung, Modelle und Instrumente für Berater und Entscheider, Stuttgart 2002*

Nietzsche (1996): *Nietzsche, Friedrich, Der Wille zur Macht, Versuch einer Umwertung aller Werte, Stuttgart 1996 (erstmals erschienen 1906)*

Nossek, Hieber (2004): *Nossek, Silvia und Hieber, Christoph, Sie haben Post!, Effektiver Einsatz neuer Kommunikationsmedien in Organisationen, Heidelberg 2004*

Novik (2001): *Novik, Peter, Nach dem Holocaust, Stuttgart/ München 2001*

O'Toole (2001): *O'Toole, James, When Leadership is an Organizational Trait, in: Bennis, Warren G. und Spreitzer, Gretchen M. und Cummings, Thomas. G. (ed), The Future of Leadership, San Francisco 2001, S. 158-174*

Peters, Waterman (1982): *Peters, Thomas J. und Waterman, Robert H. Jr., In Search of Excellence: Lessons from America's Best-Run Companys, New York 1982*

Pörksen (2001): *Pörksen, Bernhard, Abschied vom Absoluten (2.Auflage: Die Gewissheit der Ungewissheit), Heidelberg 2001*

Portele (1992): *Portele, Gerhard Heik, Der Mensch ist kein Wägelchen, Köln 1992*

Rodriguez Mansilla (1991): *Rodriguez Mansilla, Darío, Gestion Organizacional: Elementos para su estudio, Santiago de Chile 1991*

Scharmer (2009): *Scharmer, C. Otto, Theorie U – Von der Zukunft her Führen, Heidelberg 2009*

Schein (1993): *Schein, Edgar H., On Dialogue, Culture, and Organizational Learning, REFLECTIONS, Volume 4, Number 4, Reprinted from Organizational Dynamics, Edgar H. Schein, vol. 22, Summer 1993, with permission from Elsevier Science*

Schein (2000): *Schein, Edgar H., Prozessberatung für die Organisation der Zukunft, Der Aufbau einer helfenden Beziehung, Köln 2000*

Schein (2003): *Schein, Edgar H., Organisationskultur, The Ed Schein Corporate Culture Guide, Bergisch Gladbach 2003*

Schlippe, Schweitzer (2007): *Schlippe, Arist von und Schweitzer, Jochen, Lehrbuch der systemischen Therapie und Beratung, Göttingen 2007*

Selznik (1948): *Selznik, Philip, Foundations of the theory of organization, in: American Sociological Review 13, 1948*

Senge (1998): *Senge, Peter, Die fünfte Disziplin, Stuttgart 1998 (6. Auflage)*

Senge, Kleiner, Smith, Roberts, Ross (1996): *Senge, Peter M. und Kleiner, Art und Smith, Bryan und Roberts, Charlotte und Ross, Richard, Das Fieldbook zur Fünften Disziplin, Stuttgart 1997 (2. Auflage)*

Senge, Scharmer, Jaworski, Flowers (2004): *Senge, Peter und Scharmer, C. Otto und Jaworski, Joseph und Flowers, Betty Sue, Presence, An Exploration of Profound Change in People, Organizations, and Society, New York 2004*

Shannon, Weaver (1976): *Shannon, Claude E. und Weaver, Warren, Mathematische Grundlagen der Informationstheorie, München 1976*

Simon (1999): *Simon, Fritz B., Meine Psychose, mein Fahrrad und ich, Zur Selbstorganisation der Verrücktheit, Heidelberg 1999*

Simon (2004): *Simon, Fritz B., Gemeinsam sind wir blöd!?, Die Intelligenz von Unternehmen, Managern und Märkten, Heidelberg 2004*

Simon (2007): *Fritz B., Einführung in die systemische Organisationstheorie, Heidelberg 2007*

Simon (2007a): *Fritz B., Einführung in Systemtheorie und Konstruktivismus, Heidelberg 2007*

Simon, Simon-Rech (1999): *Simon, Fritz B. und Rech-Simon, Christel, Zirkuläres Fragen, Systemische Therapie in Fallbeispielen, Ein Lernbuch, Heidelberg 1999 (1. Auflage)*

Simon, H. A. (1947): *Simon, Herbert A., Administrative Behavior, New York 1947*

Skinner (1977): *Skinner, Burhuss Frederic, Why I am not a cognitive psychologist, in: Behaviorism 5 (2)*

Spencer-Brown (1979): *Spencer–Brown, George, Laws of Form, New York 1979*

Steinbeck (1986): *Steinbeck, John, Die Straße der Ölsardinen, München 1986*

Stierlin (1976): *Stierlin, Helm, Das Tun des Einen ist das Tun des Anderen, Eine Dynamik menschlicher Beziehungen, Frankfurt am Main 1976 (1. Auflage)*

Taylor (1913): *Taylor, Frederick Winslow, Die Grundsätze wissenschaftlicher Betriebsführung, The Principles of Scientific Management, New York 1911, München und Berlin 1913*

Watzlawick (1981): *Watzlawick, Paul (Hrsg.), Die erfundene Wirklichkeit, München 1981*

Watzlawick (1997): *Watzlawick, Paul, Wie wirklich ist die Wirklichkeit?, Wahn, Täuschung, Verstehen, München 1997 (23. Auflage)*

Watzlawick, Weakland, Fisch (1992): *Watzlawick, Paul und Weakland, John H. und Fisch, Richard, Lösungen, Zur Theorie und Praxis menschlichen Wandels, Bern 1992 (5. Auflage)*

Watzlawick, Beavin, Jackson (2000): *Watzlawick, Paul und Beavin, Janet H. und Jackson, Don D., Menschliche Kommunikation, Formen, Störungen, Paradoxien, Bern 2000 (10. Auflage)*

Weick (1995): *Weick, Karl E., Sensemaking in Organizations, Thousand Oaks 1995*

Weick, Sutcliffe (2001): *Weick, Karl E. und Sutcliffe, Kathleen, M., Managing the Unexpected, Assuring High Performance in an Age of Complexity, San Francisco 2001*

Wiener (1948): *Wiener, Norbert, Cybernetics, Cambridge 1948*

Wimmer (1989):*Wimmer, Rudolf, Ist Führen erlernbar?, Gruppendynamik 20. Jg., Heft 1, 1989*

Wimmer (1995): *Wimmer, Rudolf, (Hrsg.), Organisationsberatung, Neue Wege und Konzepte, Wiesbaden 1995 (Nachdruck der 1. Auflage)*

Wimmer (2004): *Wimmer, Rudolf, Organisation und Beratung, Heidelberg 2004*

Wimmer (2006): *Wimmer, Rudolf, Der Stellenwert des Teams in der aktuellen Dynamik von Organisationen, in: Edding, Cornelia und Kraus, Wolfgang (Hrsg.), Ist der*

Gruppe noch zu helfen? Gruppendynamik und Individualisierung, Opladen 2006, S.169–191

Wimmer (2006a): *Wimmer, Rudolf, Das besondere Lernpotenzial der gruppendynamischen Traininggruppe, in Heintel, Peter (Hrsg.), TEAM, Dynamische Prozesse in Gruppen, VS Verlag für Sozialwissenschaften, Wiesbaden 2006, S. 43 ff.*

Wimmer (2007): *Wimmer, Rudolf, Die Gruppe – ein eigenständiger Grundtypus sozialer Systembildung? Ein Plädoyer für die Wiederaufnahme einer alten Kontroverse, in: Aderhold, Jens und Kranz, Olaf, (Hrsg.), Intention und Funktion. Zur Vermittlung von sozialer Situation und Systemkontext, Wiesbaden 2007, S. 270–289*

Wimmer (2009): *Wimmer, Rudolf, Führung und Organisation – zwei Seiten ein und derselben Medaille. Einige systemtheoretische Überlegungen zur aktuellen Leadershipdiskussion, Revue für postheroisches Management, Heft 4, Heidelberg, März 2009, S. 20–33*

Wolf (1992): *Wolf, Siegbert, Martin Buber zur Einführung, Hamburg 1992 (1. Auflage)*

Wollnik (1998): *Wollnik, Michael, Interventionschancen bei autopoietischen Systemen, in: Götz, Klaus (Hrsg.), Theoretische Zumutungen, Vom Nutzen der systemischen Theorie für die Managementpraxis, Heidelberg 1998 (zweite Auflage), S. 118–159*

Zeitlexikon (2005): *Die Zeit, Das Lexikon in 20 Bänden, Hamburg 2005, Band 10*

Zimbardo (2008): *Zimbardo, Philip, Der Luzifer-Effekt, Die Macht der Umstände und die Psychologie des Bösen, Heidelberg 2008*

Claus Otto Scharmer
Theorie U –
Von der Zukunft her führen
Presencing als soziale Technik

496 Seiten, Gb, 2009
ISBN 978-3-89670-679-9

Mit seiner „Theorie U" legt der deutsche MIT-Forscher und Berater Otto Scharmer hier eine zeitgemäße Führungsmethode vor, die den Erfordernissen von Nachhaltigkeit und globaler Verantwortung im Management gerecht wird und die notwendigen Führungsinstrumente bereitstellt.

Scharmers zentraler Gedanke: Wie sich eine Situation entwickelt, hängt davon ab, wie man an sie herangeht, d. h. von der eigenen Aufmerksamkeit und Achtsamkeit. „Von der Zukunft her führen" bedeutet, Potenziale und Zukunftschancen zu erkennen und im Hinblick auf aktuelle Aufgaben zu erschließen. „Presencing" – aus „presence" (Anwesenheit) und „sensing" (spüren) – nennt Scharmer diese Fertigkeit zur Entwicklung. Von ihr profitieren sowohl die Organisation als Ganzes als auch der einzelne Mitarbeiter persönlich.

Anhand von vielfältigen Beispielen aus seiner internationalen Beratungspraxis illustriert der Autor die Prinzipien und Techniken von Presencing. Das Buch hilft Beratern wie Führungskräften, verbreitete, immergleiche Fehler zu vermeiden und Herausforderungen auf wirklich neue Art zu begegnen.

„‚Theory U' ist meine Basis für attraktive und attraktivierende Reformen. Die höchstmögliche Zukunft, die in uns und unseren Organisationen steckt, in die Gegenwart zu holen, das ist auch die Leitungsaufgabe einer Ministerin."   Dr. Claudia Schmied,
Österreichische Bundesministerin für Unterricht, Kunst und Kultur

 Carl-Auer Verlag • www.carl-auer.de

Fritz B. Simon

Gemeinsam sind wir blöd!?
Die Intelligenz von Unternehmen, Managern und Märkten

333 Seiten, 35 Abb., Gb, 3. Aufl. 2009
ISBN 978-3-89670-436-8

„Mit trockenem Humor und analytischer Präzision beschreibt Fritz B. Simon verschiedene Erfolgsstorys und liefert zudem neue Erkentnisse aus der System- und Organisationstheorie."
Personalmagazin

„Ein provokatives, kurzweiliges Buch über die Intelligenz von Unternehmern und Beratern."
Informationsdienst Wissenschaft

„Ein Buch für Manager, die erhellende Einsichten über Unternehmen als soziale Systeme mitnehmen wollen."
HandelsZeitung Schweiz

„Das Buch fordert die Leser intellektuell heraus. Zur Belohnung gibt es die definitiv endgültige Antwort auf die Frage, warum Unternehmen nur ‚von innen' verändert werden können."
Wirtschaft & Weiterbildung

„Das zurzeit interessanteste systemtheoretische Buch, das gerade für Training und Beratung praxisrelevante und leicht verständliche Anregungen geben kann."
Training aktuell

„Sehr flüssig und leicht lesbar geschrieben, hält die Neugier von Seite zu Seite an."
Organisationsentwicklung

Carl-Auer Verlag • www.carl-auer.de

Rudolf Wimmer

Organisation und Beratung
Systemtheoretische Perspektiven für die Praxis

336 Seiten, Gb, 2004
ISBN 978-3-89670-296-8

Die Branche der Organisationsberatung steckt in einer Phase tiefgreifender Umorientierung: Hochgepuschte Managementmoden sind verblasst, herkömmliche Berateraufgaben sind obsolet geworden, es herrschen Ernüchterung und Ratlosigkeit vor.

Rudolf Wimmer, Professor für Führung und Organisation an der Universität Witten/Herdecke, geht in diesem Buch den entscheidenden Fragen nach, die sich jeder Organisationsberater stellen muss:

– Wie „ticken" Organisationen heute, und wie kann man sie steuern?
– Wohin führt der aktuelle Strukturwandel in Wirtschaft und Gesellschaft, und welche Konsequenzen hat das für die Beratung von Unternehmen?
– Wie weit lassen sich Organisationen überhaupt verändern?

Wimmers zukunftsorientierte Antworten weisen Möglichkeiten, Grenzen und Zukunft der Organisationsberatung auf.

„Berater, Trainer, Führungskräfte und Forscher, die sich mit Organisationsberatung beschäftigen, dürften von der Lektüre profitieren und einen lebendigen Eindruck gewinnen von der Komplexität des Beratungsgeschehens und von den Herausforderungen, denen sich systemische Berater stellen müssen."
Zeitschrift für Arbeits- und Organisationspsychologie

 Carl-Auer Verlag • www.carl-auer.de